50種以上
常備水果、蔬菜、
肉類和香草乾燥法

給新手的

The Beginner's Guide to
Dehydrating Food

食物乾燥

指　　　　南

The Beginner's Guide to Dehydrating Food, 2nd Edition:
How to Preserve All Your Favorite Vegetables, Fruits, Meats, and Herbs
© 2014, 2018 by Teresa Marrone
First Published in English by Storey Publishing, LLC
Chinese complex translation texts O Maple Leaves Publishing Co., Ltd
Published by arrangement with the Storey Publishing, LLC
through LEE's Literary Agency

給新手的食物乾燥指南

出　　　版／楓葉社文化事業有限公司
地　　　址／新北市板橋區信義路163巷3號10樓
郵 政 劃 撥／19907596　楓書坊文化出版社
網　　　址／www.maplebook.com.tw
電　　　話／02-2957-6096
傳　　　真／02-2957-6435
作　　　者／特雷莎・馬羅尼
翻　　　譯／邱鈺萱
企 劃 編 輯／陳依萱
港 澳 經 銷／泛華發行代理有限公司
定　　　價／480元
出 版 日 期／2021年4月

國家圖書館出版品預行編目資料

給新手的食物乾燥指南 ／ 特雷莎・馬羅尼作；
邱鈺萱翻譯 . -- 初版 . -- 新北市：楓葉社文化
事業有限公司, 2021.04　面；　公分

譯自：The beginner's guide to
　　　dehydrating food : how to preserve
　　　all your favorite vegetables,
　　　fruits, meats, and herbs.

ISBN 978-986-370-266-5（平裝）

1. 食物乾藏

427.73　　　　　　　　　　110001368

致謝

若沒有菲利斯・霍布森（Phyllis Hobson）《製作＆使用乾燥食物》（Making & Using Dried Foods，原版爲《Garden Way's Guide to Food Drying》於1983年出版）開創性的靈感與說明，這本書就不可能出現。霍布森女士的成就已經將如何在自家中製作乾燥食物的教導傳承了數代，並幫助他們保存來自花園與園圃裡的恩惠。

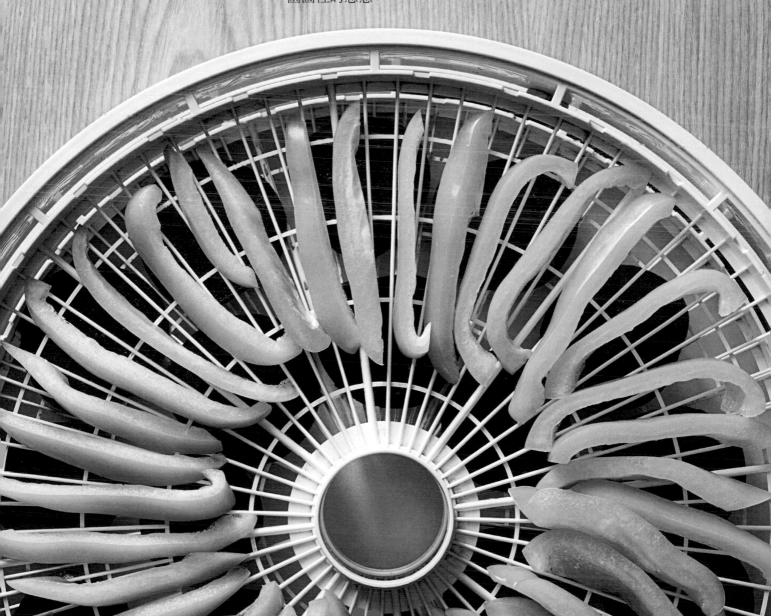

CONTENTS

PART 1
準備
SETTING
UP

第一章

在家製作乾燥食物

Drying Foods At Home

乾燥食物是罐頭和冷凍食物的天然替代品，對預算緊縮的家庭來說是個不錯的選擇。這個歷史悠久的食物準備與保存方式，對於追求能在背包裡輕鬆攜帶口糧的登山客、露營者或釣客來說受益無窮。此外，乾燥食物也能幫助家庭主婦提供家人美味、健康的零食，那些時常旅居各地的遊子，也能因而受益，因為乾燥是一種能讓食物長時間保存、度過寒冬的安全方式；對於居住在缺乏電力運作冰箱，或根本沒有冰箱的偏遠地區人們來說，乾燥是個保存食物的好主意，乾燥同樣也是能在小型儲存空間裡儲存緊急食物的妙計。

天然的方式

乾燥食物主要的目的是去除多餘的水分，減少大部分食物裡百分之十到二十的含水量，使造成食物腐敗的細菌無法生存。此外，乾燥食物通常只需要原始食材約一半至十二分之一的重量與儲藏空間，因此乾燥且俐落的小型壁櫥空間，就足以存放度多所需的食材。

再者，比起罐頭和冷凍食物，乾燥是保存食物更天然的方式；大部分的人相信乾燥食物保留了原始食材更多的營養價值。美國農業部（United States Department of Agriculture，簡稱 USDA）的報告也支持這樣的看法；雖然以汆燙——食物在乾燥前推薦的預先處理方式——處理食材會使食物裡的維他命流失，不過如果在特定的時間內將食物以蒸煮的方式進行，就能使食物營養流失降到最低限度。

幾乎所有的食物皆能透過本書接下來的指示進行乾燥，同時也能以保留食物最多營養與最佳風味為目標。

不過，你的乾燥食物能像市場販售的商品一樣保持良好的狀態嗎？雖然一般商家擁有昂貴冷凍乾燥食物設備的優勢，不過你卻有能嘗到甜美、自然生長的水果，以及剛摘下、新長出的蔬菜的優點。自家摘種的蔬果或在當地農家市集、鄉間攤販購買的蔬果，會比加工食物更美味且營養豐富。

為什麼在家做乾燥食物？

除了上述提及的好處之外，自家製乾燥食物在各種情況下都會是個不錯的選擇。以下是許多人準備與使用自家製乾燥食物的理由。

節省費用

乾燥是一種安全、簡單的保存食物方法，比起其他食物的保存方式來說，也能節省費用——你不需要買密封罐（或是罐子破掉時的其他替代品），即便將乾燥食物放在密封罐中，罐子也能清洗重複使用；同樣也能將食物放在其他不是用於製作罐頭的罐子裡，像是原本用來裝花生醬、美乃滋與其他加工食品的乾淨玻璃罐。大多數的乾燥食物可以在室溫下保存——比起冷凍保存能節省驚人的電力。另外，如果居住在明朗、乾燥、多日照的地區，可以將乾燥食物放在戶外吸收更多免費的太陽能量。

當然，若能從自家園圃裡獲得蔬果，勢必能省下更多費用。即便不種植，也可以從自製乾燥食物裡節省費用——豐收季節時，可以在農家市集、果園以及路邊攤販購買到價格實惠的蔬果。農會會在生產季節以合理的價格提供大量鮮度絕佳、產地直銷的蔬果；在合作社和大型零售超市購買大量的農產品和肉類，其價格會比想像中要便宜許多。如果採購時在意食物經過長時間的運輸風險，那麼就留意食物的原產地；只挑選品質最佳、新鮮的農產品和肉類。此外，留意超市裡的特價商品——帶有褐色斑點的香蕉通常會

變成原本的半價，這也能製成優良的果乾。通常當新的一批船運到來時，農產品就會開始降價，這些特價商品只要外觀仍保持完整，都適合用來乾燥。

此外，也能藉由乾燥食物達到避免浪費與節省的作用。將剩的煮過肉塊或蔬菜切成小塊，並乾燥到酥脆的狀態，可將乾燥肉塊或蔬菜加入湯品、砂鍋料理或是燉菜中增添風味將。剩下的醬料或濃湯鋪在實心層板上，乾燥到呈粗糙狀。在時間有限、想快速用餐時，將醬料或濃湯再水化；煮過的水果也可放在果汁機裡打成泥狀，製成如第七章的美味自製果乾。

維護收成

當園圃裡長滿番茄、果園的蘋果結實累累、鄰居的櫛瓜爬到你的門廊時，就是拿出食物乾燥機、捲起袖管的時機了！即便原本打算將大量的蔬果做成罐頭或是冷凍，不過之後就會發現乾燥是另一種製作出實用糧食的選擇。

將李子番茄和其他小型蔬果切半後乾燥，以取代市售（而且昂貴）的日曬番茄乾；大顆番茄則可使用相同的方式切片乾燥；乾燥蘋果片可以成為午餐的點心，自家製蘋果乾不會像大部分市售商品帶有防腐劑；乾燥過的櫛瓜片會變成可口、低卡路里的零食，適合用來沾醬，將櫛瓜片弄碎後，也能成為沙拉不錯的點綴。此外，大部分的乾燥蔬果都可以再水化，並像新鮮或罐頭食物般使用。

紅蘿蔔

大黃

節省空間

蔬果含有極高的含水量；以蘋果、杏桃和藍莓的重量來說，大概含有百分之八十五的水分，成熟番茄幾乎有百分之九十五，即便像紅蘿蔔這樣紮實、堅硬的蔬菜也含有超過百分之八十五的水分。乾燥的過程會使蔬果水分急遽減少，通常會少百分之十到二十的重量；水分去除後，食物的尺寸也會隨之縮減。例如 3 磅的新鮮大黃經過乾燥後，重量大概只剩下 3 到 4 盎司，約裝滿 2 杯的分量。若是將相同分量的大黃切片或做成罐頭，基本上需要 4 到 5 個容量 1 品脫的罐子。因此，乾燥食物與罐頭食物在櫥櫃所占的空間會相差四倍；若是將乾燥食物裝進食品袋裡真空包裝，甚至能騰出更多的空間。

選擇性或限制性飲食控制

有少部分但數量不斷成長的一群人，會根據其飲食習慣，選擇未經烹煮的蔬菜、水果、種子、核桃、穀物、豆芽，以及其他像是海藻與椰子或燕麥奶等的食物──「**生機飲食**」（raw-food and living-food diets）通常能廣泛運用自製乾燥食物。在生機飲食中，乾燥食物明顯的好處就是蔬果能在當季乾燥，並在寒冷季節食用；另外，乾燥食物也提供飲食不一樣的質感和形式，像是蔬菜片取代烘焙餅乾或炒墨西哥玉米片作為沾醬的佐料。特別設計用來製作乾燥食物的蘇打餅乾，像是羽衣甘藍、芥蘭菜片以及其他乾燥蔬菜點心，也能替生機飲食增添多樣性。

如果你正進行「**限鈉飲食**」（sodium-restricted food），乾燥食物能提供幫助；大多數市售商品含有高鈉，很難在蔬菜罐頭、蘇打餅乾、現成食物，甚至是早餐麥片中找到低鈉的商品；不過只要有台食物乾燥機，就可以讓食物櫃裡充滿健康的自製蔬菜、低鈉點心、自製蔬菜漢堡餡、混合粉末肉湯，取代高鈉的肉湯、自備湯品和其他食物，甚至是自製早餐麥片──由「你」自己控制鈉含量。

那些對於「**麩質**」（gluten）──穀物裡的一種蛋白質──過敏且人數不斷成長的人們來說，超市架上的商品可能都是地雷，你會對於大部分商品都含有麩質感到驚訝。用食物乾燥機製成的蔬菜片以及未含麩質的蔬菜餅乾、零食，都會是穀物製成商品的絕佳替代品。蔬菜粉以及由蔬菜片製成的肉湯能取代市售商品，自備湯品和綜合點心可取代超市裡含有麩質的商品。

另外無須多說，乾燥蔬菜對於「**素食飲食**」（vegan diet）的人也相當合適，大部分的果乾只要不沾蜂蜜也是。如前所述，自製肉湯粉是取代市售商品另一種健康的選擇，對素食者來說也相當有用。因此，來製作 262 頁介紹的各式美味蔬菜點心吧！

特別用途

大部分的人會為了惡劣氣候、停電或其他災難等備齊**緊急用品**，乾燥食物應該也要涵括在內。當你因家事忙得不可開交，或是看到超市架上因暴風雨或其他自然災害被一掃而空時，你會慶幸家中櫥櫃或是地下室還有一批健康的乾燥食物，以及隨時可以烹煮的綜合食物。

如果家中有小嬰兒，則可略過超商架上裝有寶寶副食品的昂貴罐子，而是用新鮮蔬果製作**自製嬰兒副食品**；對於知道將什麼樣的食物放進寶寶嘴中這件事，會讓你感到欣慰，自己準備也是確保食物經過自我認證的最好方式。可參考 200 頁製作與使用自製乾燥嬰兒副食品的指示。

露營者和背包客通常會攜帶乾糧以減輕重量和空間，並避免使用冰箱。自製果乾、蔬菜乾、醬汁，甚至肉乾都可以為一餐增添全新風味；自行準備的乾燥綜合食物會比市售的冷凍乾燥食物包要便宜許多，可以根據口味和胃口自行調整。可參考 227 頁的食譜和包裝指示。

乾燥食物也能成為美妙、獨特的**禮物**。可參考 218 頁的食品儲藏禮物方案，包含湯品、餅乾、茶和其他廚房內可食用的美食。

第二章

基本方式

Basic Methods

乾燥或食物脫水是保存食物的古老方式，此方式將食物中的水分移除，使得最終含水量變成食物重量的百分之十到二十（根據食物而異）；其目標是乾燥而非烹煮，因此會使用穩定的熱度，大部分的乾燥溫度會低於 66 度。以空氣循環幫助去除食物的水分；空氣若沒有循環，食物可能會在變乾前變質。因此，乾燥的基本概念在幾世紀以來不曾改變，但還是需要特定的技巧和設備。

古老與新穎的方式

直到十八世紀末食物乾燥機問世前，乾燥食物其實是使用有點粗糙的方式進行。在古老的日子裡，食物收成（或尋覓）後會依需求先切成小段，並曝曬在陽光之下——普遍鋪在墊子上、掛在竿子上或放在石頭上；有時候則是將食物放在住家或戶外曝曬在溫火裡煙燻。靠近海岸的美國印地安部落通常會在乾燥前，以鹽巴浸泡魚或肉，這麼做不僅能增添風味，也能防止食物腐壞。當木頭或煤炭爐子常見於家中時，人們通常會將食物以繩子吊掛或垂掛在爐子附近乾燥，爐子經過一晚運作後的溫度很適合乾燥食物。

不過，這些使用早期方式乾燥食物的成果並非相當理想——有時食物會在乾到足以收納

時腐壞；或是乾得不夠徹底，使得在儲存時腐敗。在早期，有時放在戶外的食物會被小生物偷走，或是受到灰塵和泥土汙染，使得乾燥食物無法像享用新鮮食物般美味；許多水果會變黑或變硬，蔬菜通常會變苦或軟爛，肉類則會硬到幾乎無法咀嚼的地步。

現今，我們已知道更多關於食物安全，以及酵素、細菌和其他影響食物保存的知識。在 18 和 19 頁列出了 8 個現代食物乾燥的基本步驟，包括食物選擇和準備、事先處理、烘乾、測試以及保存成品；關於食物烘乾設備可參考 27 頁開始的第三章內容。

無論哪一種乾燥方法，我們都很難在乾燥食物時給予確切的時間；完整時間會受到當天乾燥食物時的溼度和溫度所影響，此外，食物的含水量也會有差異，通常冷凍蔬果的含水量會比新鮮商品多；每台烘乾機的功能也略微不同，不過無論是市售的或自製的乾燥機，當放愈多食物，就需要愈多的時間烘乾。如果是用日曬，就得受到天氣變化的控制。每種食物的時間範圍可參考接下來的章節。確認乾燥食物所需的最短時間，如果仍尚未烘乾，則大概每 30 分鐘檢查一次，直到完成為止。此外也要注意同一批次的部分食物可能會比較快乾，此時就先拿出已經乾燥完成的食物，再繼續乾燥剩下的食物直到完成。

乾燥時使用的溫度

使用食物乾燥機或烤箱時，必須決定特定的溫度，使乾燥時維持固定的溫度狀態；這樣不是單純地在面板上調整乾燥機或烤箱的溫度設定，然後置之不理，而是因為內部的實際溫度會在烘乾時自行調整，除非是經過自己或藉由一些高端乾燥機智慧型的調整。在開始的前一、兩個小時，新鮮食物會產生許多水分，接著溼氣會吸收大部分由加熱元件產出的熱氣，此時的食物還尚未變熱，而是等到空氣和食物開始變乾時才會開始乾燥。一旦空氣中的溼氣變少，乾燥機內的溫度就會上升。此外，一些市售食物乾燥機和所有的烤箱會進行循環開關，造成實際溫度的波動；也就是說，即便設定乾燥機或烤箱的溫度，例如設定 57 度，內部的溫度範圍可能會在 54 度到 60 度之間，溫度變動範圍可能會比這個大。

大多權威認同不同種類的食物，應該使用不同的溫度；像是肉類需要在食物壞掉前用較高的溫度快速烘乾，香草則要用相當低的溫度，以避免香草內充滿香氣和風味的熱敏性油流失。

本書使用 60 度到 63 度乾燥肉類；擁有高含水量、如天然糖分的水果則使用 57 度；蔬菜使用 52 度乾燥防止表面硬化，表面提早乾燥能避免內部過度乾燥；香草類則用 38 度到 41 度乾燥以保留香精油。有些人使用會在前一、二小時設定較高的溫度以加快乾燥速度。

在其他季節裡可以選擇不同的溫度設定。

也許使用的自製乾燥機溫度達不到 63 度；或是因為想讓機器運作整晚，選擇低溫乾燥以確保食物不會過度烘乾。若將溫度設定在比本書寫的要低 9 到 12 度，還是能正常烘乾，只是需要比較長的時間。不過，溫度如果「太」低，會使乾燥時間變長，導致食物在乾燥前就壞掉了，尤其在乾燥肉類與禽肉時需特別注意。

那些遵循生食主義的人在製作蔬果乾時，會將溫度設定在 41 到 43 度，避免破壞生食裡健康、含熱敏性成分的酵素；若溫度高於 48 度，就會使其產生。雖然一些權威認為食物內的細菌在低溫烘乾時，會造成健康上的問題；生機飲食者則認為，如果食物是自然生長並在乾燥前仔細清洗，就能將風險降到最低。一些生機飲食者會在乾燥前幾個小時將溫度設定在 63 度，接著調降至 41 到 43 度。這個方式適合用在箱型伊卡莉柏（Excalibur）——箱型食物乾燥機的頂尖製造商—— 食物乾燥機。起初溫度愈高，乾燥的時間愈短，愈能確保食物的安全性，如同上述，食物並不會達到設定的溫度，因為空氣會吸收大部分的熱氣。

選擇和準備食物

如同製作罐頭食物和冷凍食物，高品質的新鮮食物能做出最佳的乾燥食物。乾燥水果、蔬菜和香草應該在其風味在最佳狀態時摘取；比起購買從其他地區或國家運送、非當季的食物，當季食物和在地生長的食物能製作出最佳的產品。

挑選

大部分的水果應該在成熟後收成；杏桃、櫻桃、水蜜桃以及李子在樹上成熟時，會變得更甜、風味更佳（注意，西洋梨則是在未成熟時摘取，以冷凍保存，依需求從保存處取出放到成熟）。如果讓莓果類的果實在樹上成熟，則能使其富含濃郁的汁液。

蔬菜則不同於水果，基本上要在尚未成熟時摘取；豆類蔬菜在豆莢還稚嫩、豆子尚未膨脹前摘取；菠菜及其他葉菜類的蔬菜則是在葉子成熟時摘取；大部分的根莖類蔬菜應該在果實尺寸尚小時拉出；玉米則是在天然糖分轉化為澱粉前收成，而玉米粒則是在指甲尖刺穿、噴出汁液時收成。大多數的甘藍類蔬菜，包含綠花椰菜、高麗菜和芥蘭菜，則應該在蔬菜完全成形後採收，若在這之前採收，味道會變得很強烈；不過抱子甘藍則在早霜後採收最佳。

乾燥

基本上，食物愈快乾燥，愈能保持品質，不過溫度不能太高以免過熟。為了加速乾燥，食物應該在烘乾前先去除表面水分。如果正打算從園圃裡摘取食物，清洗前一晚先用水灑蔬菜，待隔天早上陽光曬乾露珠後再摘取；若是使用市售食物，要先仔細清洗，自然放置乾燥；如果食物在乾燥前先做浸泡處理，盡量讓浸泡時間比指定短；若食物部分曾用水汆燙或蒸煮，則應該完全脫水後再放進食物乾燥機。

清洗

衛生對於食物乾燥的準備相當重要；在處理食物前或正在處理時，應經常刷洗雙手。使用熱肥皂水清洗砧板，仔細沖洗；噴上 ¾ 茶匙漂白劑以稀釋 1 夸脫的水也是不錯的方式，靜置幾分鐘後，使用前再次清洗。如果蓄有長髮，則將頭髮綁起（或戴上頭套），防止雜毛掉進食物；觸摸頭髮、擤鼻涕或咳嗽後，也要清洗雙手。另外也要確認所有的碗、湯匙或量杯都一塵不染。

去皮

帶有堅硬外表與果皮的蔬果應先削皮，讓空氣能夠接觸到內部柔軟的果肉；當食物表面接觸愈多空氣，愈能加速乾燥速度。先將食物切成小段，如將草莓和杏桃切成小塊、蘋果和櫛瓜切片、高麗菜切碎。使用銳利的刀子能切

曼陀林刨絲機

得俐落，反之則會弄傷食物或切得參差不齊。鋸齒狀的番茄料理刀就很適合用來處理番茄、李子和其他較軟、皮薄的水果。比起使用碳鋼製成的刀子，不鏽鋼和陶瓷刀更不會使食物變色。在使用食物處理機或手持式刨刀時，一些像是洋蔥、紅蘿蔔和蕪菁等蔬菜可能會處理得較粗糙，使用食物處理機較能將蔬果切得厚薄均一。一台曼陀林刨絲機同樣也能完美、快速地處理——這個特別的廚房工具就像是在中間放有鋒利刀片的板子，只要將食物利用特別的推力推向刀片，食物就會處理好掉到下方；切成哪種厚薄度都可以簡單調整，也能使用特別的內建刀片切成比切絲還要粗、但比用手切還細的方形細條狀。記住在使用曼陀林刨絲機時，一定要使用刀片安全護罩。

預先處理

　　所有蔬果皆含「酵素」——使食物發生催化的生物催化劑；酵素使種子發芽，持續發展出莖、葉子等。最後，酵素使植物可食用部分成熟或腐壞——這是我們感興趣的階段。酵素持續作用，接著收成蔬果；不過若是食物持續成熟，細菌就會成長，最後食物會腐壞，這一系列的過程稱作「腐敗」。

　　食物乾燥並不會使酵素完全停止作用，像是冷凍、再水化也只是減緩酵素作用。有些乾燥食物不需經過預先處理仍可保持原狀，有些則是在乾掉後，其外觀、味道、質感和營養價值方面會持續敗壞，除非這些食物能在乾燥前就經過處理。一些特定的蔬菜若缺乏預先處理乾燥，可能會在一段時間後產生老化和強烈的味道；一些水果像是蘋果、杏桃、香蕉、水蜜桃、西洋梨和油桃，會在乾掉後變黑，並在儲存階段加速變黑。不過變黑並不表示水果腐壞，而是代表酵素作用仍在運作。

　　大多數的蔬菜會在乾燥前進行預先處理，就像經過冷凍、用水汆燙或蒸煮。汆燙是一種快速、使食物半熟的烹調方式；食物如經過一定的料理時間，會使自然酵素作用停止；大部分的水果不會汆燙，而是泡在一些液體中防止因發酵所產生的褐變。如下所述，在第四章會列出特定水果預先處理的推薦方式。不過像是藍莓和蔓越莓等水果則需用水燙過，破壞像塗上蠟般以防止水分逸失的表面。

　　有些人喜好在乾燥食物前不做預先處理；他們主張這樣的食物能保留更多的營養與消化酵素，並對汆燙食物以及其他方式，像是在食物內加入不受歡迎的化學物質的加硫處理感到爭議。蔬果確實可以在不做預先處理的情況下乾燥，不過這樣的狀況只發生在食物曝露在優良的空氣循環裡，以及在完全乾燥前有足夠的溫度防止腐壞。幾世紀以來，變黑的水果和味道變質的蔬菜都可以食用，即是在現今也認為不含危險物質——這完全僅是個人的偏好所致。

預先處理方式

　　以下方式所需的乾燥時間，比起相同、但未做預先處理的食物還長。

汆燙

　　蒸煮或汆燙是使食物呈半熟狀態的前置方式，一般來說只要讓食物酵素達到未活動程度，如前所述，這也能破壞食物臘狀般的表面塗層。比起汆燙，蒸煮能保存食物更多的天然維他命和礦物質，但需要較長的處理過程；汆燙則不需要特別的設備。

　　以糖水汆燙的方式類似水煮，只是比起無味的水更能增添甜味，而且嚴格來說只適用於水果，而非蔬菜。用糖水汆燙的水果比起使用其他預先處理方式，會變得更軟嫩，顏色也會更鮮明，儲存時也較不會變黑；所有的水果預先處理方式中，糖水汆燙最適合用來處理乾燥水果，因為在質感與外觀上會最接近市售的水果乾。糖漬料理類似糖水汆燙，只是其糖水液

體又更濃稠，在處理乾燥食物時會變得更甜且紮實；參閱 204～205 頁的製作指南。

　　為了得到最佳成果，**蒸煮汆燙**應使用蒸鍋，蒸鍋特色在於附有像雙層蒸籠的工具，上層鍋子底部有孔洞。使用蒸鍋時，先在底部的鍋子加入 2 英寸高的水以產生熱氣；將食物均勻擺放在上層鍋子的薄隔板，上層鍋子的蓋子蓋緊。當下層底部的水開始沸騰時，將上層鍋子向上移動高過下層鍋子並開始計時。每一種食物都有特定的蒸煮時間，汆燙時間超過 3 分鐘，攪拌食物一次，移開蓋子時要小心鍋內的蒸氣會溢出鍋子。汆燙後，將食物迅速移到冰水靜置，再移到乾燥盤（或在原本的位置直接處理）瀝乾。對於居住在高海拔的人，則是海平面每上升兩千英尺就增加 1 分鐘的汆燙時間。

　　折疊式不銹鋼蒸鍋是另一種選擇，這是由底部帶有支架與孔洞底座所組成的器具，使食物可以放在含有淺層水分的上方；可調節基底的葉片，並依照不同的鍋子尺寸調整大小，是一種相當值得購入、品質優良的款式；不過，便宜的葉片款式可能品質不佳或是難以折疊。

　　你可以隨手拿一個不鏽鋼的濾網放在深鍋上，作為另一種方式；濾網底部必須能懸掛在鍋底上方 2½ 英寸的位置。將食物鋪平在濾網上方的薄層架，並用鋁箔紙覆蓋在上方與側面，露出底部，接著在鍋中加入 2 英寸的水使其沸騰、產生熱氣，最後如上述將濾網放在鍋子上方開始計時。

　　用水汆燙：倒入鍋子三分之二高的水，每 1 磅食物約使用 1 加侖的水，將水加熱至沸

蒸鍋可以為蒸煮料理帶來最佳的效果。

騰產生熱氣；備好的食物放在網狀籃子內，放入水中，或直接將食物放進鍋中加蓋，根據每種蔬菜或水果沸騰至特定的時間。汆燙後，將食物迅凍移到冰水靜置，再移到乾燥盤（或在原本的位置直接處理）瀝乾。居住在高海拔的人，海平面每上升兩千英尺，就增加 30 秒的汆燙時間。

糖水汆燙：將 1 杯的糖、1 杯食用糖漿和 2 杯水混合（或不使用食用糖漿，改成 1½ 杯的糖和 2½ 杯的水）倒入不沾鍋燉鍋內，加熱到沸騰並攪拌至糖分完全溶解後，加入備好的水果；適時調整火力讓鍋內呈燉煮而非沸騰；根據每種食物烹煮至特定的時間。居住在高海拔的人，海平面每上升兩千英尺就增加 30 秒的汆燙時間；接著用漏勺取出水果後瀝乾，若想讓乾燥食物不那麼黏膩，則是迅速放在冰水後瀝乾。

　　這樣分量的糖水適用於 2 至 3 杯的水果，

糖水大約能使用三批次的水果，之後則是加入一半分量，在進行前先將水煮沸。如果喜歡用糖水汆燙的果乾，先從顏色較淺的水果開始；因為水果會染上糖水的顏色，隨後放入的水果顏色會更混濁。另外，如果喜歡，也能將汆燙後的水果糖漿放置於冰箱冷藏，當作輕盈、帶有果香的糖漿使用。

浸泡、沾醬、噴灑

浸泡在「酸化水」中，是形容水含有檸檬汁或其他含酸性成分的花俏說法。每 1 夸脫的水，加入一份以下內容：

- 1 到 3 杯的檸檬或萊姆果汁（罐裝果汁也無妨）
- 1 到 3 茶匙的檸檬酸粉（可在酒商或其他藥局購買）
- 2 到 6 茶匙的維他命 C 結晶或粉末（可在藥妝店貨或健康食品店內購買）
- 利用杵臼將 6,000 到 1 萬 8,000 毫克的維他命 C 片搗碎（可能會在水中看到一些白色殘渣，這是製造商在錠片內使用的黏合劑，可以忽略）

酸化水雖可減少但不會消除蘋果、杏桃、香蕉、油桃、水蜜桃、李子、番茄和蕪菁上的黑斑。此外，沒有比使用食物添加劑亞硫酸鹽（sulfite）還更有效率的作法——使用酸化水浸泡剛烘乾好的水果，會比泡在亞硫酸鹽還容易變黑，在儲藏時也會不斷變黑；不過，酸化水較能降低引發過敏反應的風險，而且也是比較天然的方式。

以下列出含有低分量酸性物質的各種液體，能多少防止食物褐變，而且也不需要再次清洗。雖說含量愈高，愈能達到較佳的保護作用，不過味道上多少會變得較酸澀，除非浸泡後快速將食物放入冰水沖洗；也許可以在這兩個方式中試試看不同的劑量，先嘗試一批，評估看看你喜歡哪一種。將食物浸泡在備好的液體 5 到 10 分鐘（特定水果依照指示進行），用漏勺取出、瀝乾；這樣的分量大概可以製作 2 杯產品。經過浸泡二到三輪的食物後，再次使用時先額外加入一半的酸劑到水中，使用完畢後倒掉液體。

浸泡在亞硫酸鹽：亞硫酸鹽是一種有點爭議性的處理方式，亞硫酸鹽粉可能對患有氣喘的人產生不好的影響，其他人也可能會因身體健康等理由，盡量避免使用這種化學成分。通常水果商在乾燥前會使用亞硫酸鹽，因為可以讓乾燥後的水果仍維持軟嫩及色澤，而且放置一段時間後也能維持鮮度。大部分的市售乾燥蘋果、杏桃、李子、水蜜桃和葡萄乾都會經過硫化處理，有時其他水果亦然。傳統上，是藉由燃燒粉狀硫產生二氧化硫的煙來煙燻水果，雖然也可以在家完成，不過過程可能會搞得一團糟並產生味道，也會造成呼吸上的問題。比較簡單的方式是，將食物快速浸泡在含有食物添加劑偏亞硫酸鈉（sodium metabisulfite）的液體裡，這種化學物質大多會用在紅酒上以防止細菌生長。

可以在紅酒製造經銷商或網路上購得偏

亞硫酸鈉粉末，要注意確認不是買到亞硫酸氫鈉（sodium bisulfite）或亞硫酸鈉（sodium sulfite）——這些力道更強，且需要不同的混合配方。準備硫化液體時，混合 1 茶匙的偏亞硫酸鈉和 1 夸脫的水，攪拌至粉末溶解。將備好的水果浸泡 5 分鐘，或是依照個別類型指示進行；使用漏勺取出後，立刻將水果移到濾盆中，也能用冰水稍微清洗後放在乾燥盤上。這個分量的液體可用於 2 杯備好的水果，也能在同一天用到四批水果；如果有超過四批水果要製作，與新鮮水果混合一起進行。使用完的液體不要保留到隔天使用，完成後直接倒掉。注意，如果使用的是偏亞硫酸鈉，記得在收納盒備註這批水果含有硫，以提醒任何患有氣喘的人不要誤食。

浸泡在果汁裡：將備好的水果浸泡在未稀釋的鳳梨汁或柳橙汁裡 5 分鐘，接著清洗後放在乾燥盤上，當你完成預先處理後，可以將果汁喝掉。

沾果膠：可以用果膠粉（可在超市罐頭區找到）準備一點果膠，在乾燥杏桃、香蕉、藍莓、櫻桃、越橘莓、油桃、水蜜桃和草莓前，沾一些果膠能使水果維持原有的鮮味、色澤和質地。準備果膠糖漿的方式如下：將 1 盒（1¾ 盎司）的果膠粉混合 1 杯水在深鍋攪拌，用中火加熱沸騰 1 分鐘，加熱時不斷地攪拌；接著加入半杯的糖持續燉煮，不斷攪拌直到糖分溶解，過程大概要花 30 到 45 秒。從火源移開，加入 1 杯冷水攪拌約 1 分鐘，使其冷卻。將清洗過的水果放入攪拌盆，加入足夠的果膠糖漿，使水果表面帶有一層含有光澤的薄膜。仔細攪拌水果，讓每一顆都沾到糖漿，接著將水果瀝乾，放到乾燥盤（或是在裡面直接處理）。將未使用的糖漿放置冰箱，需要再取出，這樣分量的糖漿大概能處理 5 磅的水果。

稍微沾上蜂蜜：蜂蜜裡所含的複合物，其作用如同柑橘類果汁裡的酸性物質，能抑制像是蘋果、李子、香蕉，還有很意外的番茄等水果產生褐變；蜂蜜並沒有添加加工甜味，因此水果乾可能會比使用其他方法處理的還要酥脆。

混合半杯到 ¾ 杯的蜂蜜以及 1 夸脫的溫開水，攪拌至完全混合；將少量的水果裹上蜂蜜，用漏勺取出，乾燥前完全瀝乾。這樣分量的液體可以處理 2 杯的水果。浸泡二至三批的水果後，再次使用前額外加入一半分量的蜂蜜到水裡，使用後倒掉液體。

使用市售水果保鮮劑：如果看到超市櫃上的罐頭區，會發現市售商品都有抑止切片水果褐變的設計，「Fruit-Fresh」就是其中一個品牌，其結合維他命 C（抗壞血酸）、檸檬酸和葡萄糖（醣的一種），根據包裝指示使用。可以將此粉撒在水果上，或加水混合浸泡使用。浸泡時間最多不超過 10 分鐘，不然水果會吸收過多的水分。清洗處理過的水果放在乾燥盤上。

灑檸檬汁：這看起來很像只是將水果放在乾燥機盤上，並灑上檸檬汁。這個預先處理方式雖簡單，但所增加的酸味可能不太吸引人；也可以使用柳橙汁，不過柳橙的檸檬酸只有檸檬約六分之一的含量，在減少褐變上效果不佳。

乾燥度測試
以及其他最後步驟

當你已經在選擇產品或其他食物的階段告一段落，也已經在準備乾燥前小心做好事前處理，最後終於來到可依照自己的方式乾燥食物的階段（參閱第三章各種特別的乾燥方式和設備）。不過，如何知道何時完成呢？

首先在測試乾燥度前，將食物降溫到室溫這點相當重要——食物剛從乾燥機取出時仍相當溫熱，其質感會不太一樣。若覺得已經接近完美，可以從乾燥機取出幾片，並冷卻數分鐘。將一些冷卻的食物放在手掌上，比較看看本書記載的其他種類食物。

大多情形下，通常會描述食物應該呈現粗糙或柔軟的狀態——代表食物表面應該已經乾燥，應該能夠彎折而非弄斷；可能會想切（咬）斷最厚的部分，擠壓食物中心是否已經沒有殘留水分。有些食物完成時會被形容成易脆的，代表嘗試彎折時會斷掉或突然斷裂；有些則會特別說明食物在擠壓時富有彈性，表示食物受到擠壓，仍具有彈性，放開時又會彈回來；如果感覺食物呈現軟嫩而非具彈性，代表尚未乾燥完全。若食物完成度不足，則放回食物乾燥機內，然後再次檢查。比起乾燥不完全，過度乾燥會比較好。另外也要注意同一批食物裡，食物會有不同的乾燥度；取出已經乾燥完成的食物，放至室溫，再放入罐子裡密封；其他的完成後一樣冷卻，持續放入罐子裡。

有些食物需要較長的乾燥時間。當食物在乾燥機或烤箱內已經烘乾一整天，差不多快要完成，此時若準備睡覺，可以先關掉乾燥機或烤箱，直接將食物移到乾燥盤上——大多時候，食物到隔天早上已差不多完成。

如果食物到一天結束時還是呈現半成品的狀態，而你又是使用市售的食物乾燥機，那麼可以將溫度調降至 32 至 38 度，讓機器持續整晚運作；若使用自製乾燥機或普遍用的烤箱時，不建議使用這個方式。不過，使用有烤箱燈的燃氣烤箱時，可以直接關掉烤箱，讓食物放整晚——烤箱燈的溫度可提供足夠的熱度，讓食物持續緩慢地乾燥。

如果食物需要烘乾整天，但不是在晚上完成，此時就可以使用開始／停止的方式——雖然可能不是很好的方式。日曬乾燥需要時間測試，通常以開始／停止為基礎，因為停止乾燥時，也就是指太陽下山、將食物移進室內。使用其他方式時，普遍來說若食物已經差不多乾燥，就可以讓蔬果放在盤子上靜置在室溫下（不過乾燥肉類時的溫度過於潮溼，或是食物還是沒有很乾時，此時最好的方式還是將食物放入冰箱保存）。確認食物在乾燥盤上不會被寵物食用，也許可以在盤子上蓋上薄布以免滋生蚊蟲，待隔天早上再迅速重新進行乾燥。

比起斷斷續續地進行乾燥，持續乾燥能產生更好的成品，以食物安全的觀點來說也較佳。一些使用市售食物乾燥機的人，喜好從晚上開始進行乾燥，讓機器以低溫狀態整晚運作——以這樣的方式進行時，可以在早上確認食

物的狀態。若是需要，也可以在白天持續乾燥，這樣等於可以隨時觀察進度。如果在其他較遠的房間烘乾整晚，同樣也不會聽到機器風扇的聲音。

乾燥食物的狀態

當要包裝和儲存乾燥食物時，必須確認食物的水分已經完全去除，以減少黴菌或細菌滋生、使食物腐敗的可能性；最佳方式是將乾燥食物放入罐子裡（同一種食物裝一個罐子）密封，於室溫下保存。有些食物可能會過度乾燥，有些會保留過多的水分，當這兩種狀態的果乾放在同一個罐子裡時，溼氣會使所有的食物呈現同樣的含水量——這就是所謂的「食物狀態」，也是最後一個決定食物乾燥度的步驟。

將罐子放至遠離光線的地方，持續觀察三、四天。如果在罐子內看到任何的水珠，或是食物看起來有點黏稠，將食物取出，放置乾燥機再烘乾幾小時，冷卻後再次觀察。

食物狀態特別重要，要做到適當的乾燥其實不太容易，因為判斷食物乾燥度相當困難，特別是一些蜜餞和沾有糖漿的類型；此外，像是肉乾類的食物當你覺得已經足夠乾燥時，其實在保存時仍含有過多的水分。雖然這需要花幾天的時間確認，但相當值得——比起因為保存時整批食物腐壞而丟棄，寧願在此階段多花一些時間確認。

乾燥食物的巴式滅菌法

確認狀態後，日曬的食物在保存前一定得經過「巴式滅菌法」（pasteurizing，巴斯德滅菌法）；一些食品專家也建議無論使用哪一種設備進行乾燥，任何在乾燥前沒有削皮的蔬果都建議使用巴式滅菌。進行日曬時，蚊蟲可能會進入食物表面，在肉眼看不見的地方產卵；日曬的溫度通常無法殺死這些卵，因此巴式殺菌能確保食物不會在保存時受到蚊蟲產卵的損害。有兩種方式可以在家替乾燥食物進行殺菌：熱巴式滅菌法與冷凍巴式滅菌法。

在食物分裝前，可以在烤箱內進行**熱巴式滅菌法**。烤箱溫底設定在 80 度，食物鬆散地鋪放在帶邊緣、放有烘焙紙的烤盤，或放在深度不超過 1 英寸烤肉盤的網架上烘烤 15 分鐘，包裝前確實冷卻。

冷凍巴式滅菌法通常在包裝後完成，食物藉由冷凍進行殺菌能保存熱巴式滅菌時遺失的熱敏性維他命。為了進行適當的殺菌過程，冷凍溫度必須達到負 18 度或更低；並不是所有的冷凍設備都能達到這樣的溫度，因此進行前先確認設備的溫度。

將食物包裝好或直接放入冷藏設備內的收納盒或袋子中，並放在裡面溫度最低的位置冷藏 48 小時。

快速掌握乾燥食物

1

挑選乾淨、完整且成熟度適中的食物。參考第9至11頁「選擇和準備食物」介紹的大致資訊，以及第四至七章水果和蔬菜的完整流程、香草與香料、肉類與家禽肉，以及肉乾、蜜餞水果和其他的內容。

2

準備設備以及其他需要的盤子、架子、隔板或層板。關於特定的資訊請見「市售食物乾燥機」（27至31頁）、「自製食物乾燥機」（31至32頁）、「日曬乾燥」（36至38頁）以及第三章全部內容。除非使用日曬，不然也會需要一支快速讀取溫度計或一個小型的遠端溫度探測計（見32頁），測量介於32度到71度的溫度。

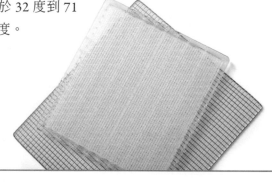

3

備齊工具，包含尖銳的刀子、砧板、削皮器、金屬濾網或濾盆以及乾淨的毛巾。根據預先處理的方式，可能也需要量杯和湯匙、玻璃瓶或其他不會產生化學反應的碗、不鏽鋼製或其他不沾鍋的深鍋或鍋子、夾子、漏勺、廚房烘焙紙以及不沾黏的廚房噴油。也可參考20至24頁「儲存乾燥食物」單元介紹關於保存完成後的乾燥食物之相關器具與設備。

4

清理工作區域以及清洗雙手。即便待會要削皮的蔬果，也須清洗。根據步驟1所列出關於特定食物的指示準備食物，注意將每種食物（像是蘋果或紅蘿蔔）切整齊，這樣才能讓每批水果烘烤均勻。如果建議做預先處理，可參考12至15頁「預先處理方式」的介紹。

5

將食物平均鋪平在盤子上（或適合的架子、隔板或層板），依照特別的指示，注意每一片的距離，盡量不要重疊。當每個盤子都放滿後，放入乾燥機（或其他設備／方法）開始乾燥；持續準備食物，填滿盤子，直到裝滿或挑選的食物都準備好。將相同類型和尺寸的不同食物，如兩種水果或蔬菜，以相同分量放一起也沒問題；但不要同時將味道溫和的食物，像是水果，與味道較重的食物像是洋蔥一起烘烤。

6

當所有的盤子都準備好時，依照特定的指示備註時間和檢查食物；有些食物乾燥時需要頻繁地翻面或攪拌，主要根據使用的設備和方法；也有可能需要旋轉盤子或頻繁換位置，根據步驟 2 列出的使用器具或方法而定。不要將新鮮食物放入已經烘烤超過 30 分鐘的盤子，因為新鮮食物的水分可能會移轉到已經部分乾燥的食物，而且得增加乾燥時間。根據特定食物標示的指示，快速測試食物的乾燥度，或是參閱 16 至 17 頁的「乾燥度測試以及其他最後步驟」。取出幾片確認食物狀態，先將食物冷卻到室溫，仔細確認是否達到該食物應有的乾燥度。乾燥食物在恢復常溫後會變得較軟，因此判斷乾燥度時將食物冷卻就相對重要。

7

當食物變乾後，如果可以則**取出已經乾燥的食物**（特別是乾燥以片為單位或大塊的食物）。當同一種食物乾燥時，依照 17 頁確認食物狀態；日曬的食物必須按照 17 頁的描述，在確認狀態後進行巴式滅菌。一些專家建議無論使用哪一種方式乾燥，所有未削皮的蔬果皆須殺菌。盤子、架子、隔板以及其他設備在乾燥一批食物後都需要清洗乾淨。

8

將**乾燥、狀態好的食物包裝**如 20 至 24 頁「儲存乾燥食物」所描述；將食物放在常溫、陰暗或依照個別食物指示儲存。

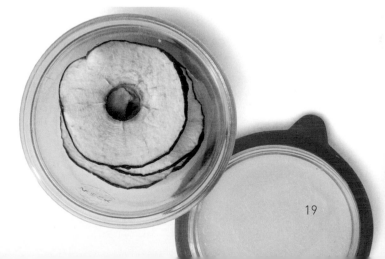

19

儲存乾燥食物

密封、防蟲的容器應用來儲存乾燥、狀態好的食物；蓋子內附有軟墊的玻璃瓶或塑膠罐蓋子效果最好。原本用來裝花生醬、果醬或其他食物的罐子都可以重複使用，不過得確保使用前這些罐子已經完全洗淨且乾燥。雖說並不一定需要，但也可以用滾水消毒玻璃罐和金屬蓋子，特別是當要分裝食物並長時間保存時。當要包裝大分量的乾燥食物時，將食物分類、分裝成小袋會是個聰明的做法；即便其中一批食物有問題，也不用擔心損失整批食物。

若乾燥食物曝曬在光線與高溫下，顏色、風味和營養成分皆會流失；因此要將容器保存在陰暗、乾燥、常溫的地方，不過並不代表需要一個特別的保存空間──家中封閉、沒有日曬的任何地方都能達到目的，涼爽、乾燥、陰暗的地下室空間更佳。如果儲藏的空間有自然或人工光線，將紙箱反過來蓋上玻璃瓶，或是用木桶或黑色塑膠板蓋在上面。金屬容器能使內容物免於曝曬在光線之下──餅乾盒、易開罐或咖啡罐，以及裝爆米花的大型金屬容器都能達到作用。

記得要將罐子塑膠容器標上食物的名字和乾燥時間，可以在家或公司印製標籤，或是直接將資訊寫在貼紙上。如果你正在包裝露營或禮物（參閱第八章）、要立刻使用的食譜調味料，可以列出包裝數量以及準備食物的方向；如果乾燥食物事前有泡過硫化液體，也要在標籤上標註，告知對此過敏的人。每次使用乾燥食物時，選擇日期較近的，以確保儲存的食物都能保持在新鮮狀態。

真空包裝設備可以使用在包裝乾燥食物；最好的設備是有電泵能推開空氣，接著使用內建熱壓條密封專門為此設計的真空袋；這種袋子雖然不便宜，不過比起使用手動推出空氣、便宜、具透水性密封的夾鏈袋較易密封。一旦密封好，可以將袋子堆疊在箱子內。一些真空密封系統附有彈性管子以及一組特別的附屬設備，用來吸取密封罐（或其他特殊容器）內的空氣以產生真空狀態；這樣不僅能延長乾燥食物的保存期限，好處是每當食物取出時還能重新密封。

關於安全與真空包裝食物，必須提及當使用真空密封方法時，要確保食物確實乾燥以避免肉毒桿菌──一種會對生命造成威脅、產生肉毒桿菌中毒的細菌──的滋生；不像大部分其他細菌會使食物變質，肉毒桿菌雖然可以生長在無氧的環境下，但還是需要低酸與適當的水分才能生存。水果只要適當乾燥，即便內含足夠酸性也能避免肉毒桿菌生長，但蔬菜和肉

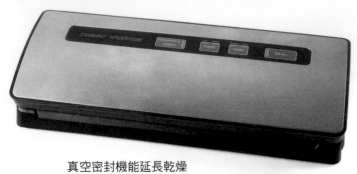

真空密封機能延長乾燥
食物的有效期限。

類含有低酸，要是沒有適當乾燥則很有可能會
讓其生長。如果真空密封罐的蓋子鼓起，或是
打開罐子時有異味以及任何腐敗的跡象，請不
要嘗試，直接丟棄。食品安全專家建議所有真
空包裝的蔬菜或肉類，即便沒有壞掉的跡象，
也應該用水煮沸 10 分鐘（居住在海平面每升
高一千英尺就增加 1 分鐘）；如果食物有異味，
產生泡沫狀，或是在料理時看起來腐敗，一定
要立刻倒掉。

去氧劑是另一種放在罐子裡不錯的選擇。
這個小包裝填滿粉末狀的氧化鐵，此能吸收氧
氣，讓罐子（使用去氧劑的罐子應換上新的蓋
子，使橡膠密封條常保乾淨）內部呈真空狀

態。雖然去氧劑無法食用，不過放在食品安全
材質製成的包裝袋內就不會有大礙；可以在網
路或販賣緊急準備商品的商店尋找。依照包裝
的使用方式進行，最好是買小袋包裝的類型，
因為每次將袋子打開後，所有的去氧劑就會開
始吸收氧氣，最後會喪失原有的效用。迅速將
袋子取出後，立刻放進罐子裡密封。有些人會
將未使用的包裝放到小罐子內，並在打開袋子
後盡可能地快速密封。罐子關起後，去氧劑會
儘速使罐子呈真空密封，對未來使用上仍可維
持良好狀態。

矽膠雖然比去氧劑傳統，但容易尋覓；矽
膠會吸收水分，但不會產生真空，可以在花店
或是模型店找到矽膠結晶。將 2 茶匙的矽膠結
晶放入咖啡濾紙中間，聚集矽膠結晶後，用廚
房麻繩綁緊，放入 1 夸脫的密封罐裡（也可以
自己做一個抽繩袋裝結晶，或使用百分之百純
棉新的嬰兒襪，再用廚房麻繩綁緊）；將袋子
放在食物上方，密封罐子。另外也能將半杯的
矽膠結晶放入一個大布袋，將布袋放入內有捲
好、含乾燥食物塑膠袋的大收納盒裡。使用矽
膠結晶時，要不時檢查狀況；如果結晶變成粉

去氧劑

矽膠

紅色，代表已經吸收過多的水分，此時將結晶鋪平在實心隔板上，用 60 度乾燥直到變回白色，接著重新用咖啡濾紙包裝（或重新裝回抽繩帶或襪子內）。矽膠結晶無法食用，需要在任何含有此物的收納盒外註明，以告知他人此結晶並非是調味粉。

冷凍加厚食物夾鏈袋可用來收納水果乾和蔬菜乾，特別是短暫的收納。將乾燥食物分裝，密封前捲起擠出空氣；前幾天需觀察是否有潮溼的跡象，像是水珠或袋內食物表面變黏稠。如果出現水氣，有可能是因為食物尚未乾燥，抑或密封不夠確實導致水分進入。如果食物沒有發霉，再將食物放回乾燥機乾燥（丟棄已發霉的）。為了長期保存，在使用塑膠袋時建議做額外的保護；一旦確認食物已經確實乾燥，可以將多包捲好的食物放進大且輕的密封金屬罐或罐子，也許也可以放進前面提及的大矽膠結晶包裝。不要將洋蔥或其他任何味道強烈的食物放進去，這樣會讓食物味道混在一起。若是要將食物保存在度假小屋內，蚊蟲和小生物可能會是個問題——將食物裝入冷凍袋內，再放進玻璃或金屬製的收納盒，用蓋子緊緊蓋上。

此外，香草、混合香草和香草茶的味道容易逸失，最好將這些分別放入非常小的收納盒裡，像是乾淨、乾燥的香料粉罐或裝維他命的罐子；放置前，必須確認罐子和蓋子都沒有味道。在幾個月內使用的香草葉可能在被放在安全位置保存前，葉子就碎掉了，不過為了在長時間保存時保留最佳風味，應該要讓葉片完整，並在使用前才弄碎。見 163 頁「香草的保存與使用」取得更多資訊。

如何使用乾燥食物

大多數的乾燥食物都會作爲隨手取用、立即食用的零食，特別是水果乾更具這樣的功能，同樣也能以乾燥的形式用於烘焙和其他食譜。乾燥、切片的蔬菜乾是種特別、美味的點心，可直接吃或沾調味料；櫛瓜切片、小黃瓜片、蘿蔔片和歐防風片也都是很棒的食物；乾燥香草能隨時使用，與市售的乾燥香草用法相同；肉條經過乾燥後變成肉乾，食用肉乾時通常不需要特別的準備。

大部分的乾燥食物在使用前會經過再水化；「再水化」（rehydrate）是一種將水加入乾燥食物的過程，大多數果乾或蔬菜都可藉由浸泡再水化，可以像新鮮產品般大量地使用。大部分再水化食物的質地較軟，與煮過或罐頭食物相像，像是再水化的蘋果片口感就很柔軟，不像新鮮水果般脆；再水化乾燥肉的口感通常相當紮實，有時還有點硬。除了浸泡之外，一些乾燥食物在乾燥的狀態下，可以加在湯品或燉煮料理中；如果希望像在煮新鮮的產品般，則需要多加一點水直到滿意目前的狀況，最好還是依照個別乾燥食物的食譜料理。

肉乾應處理成入口大小的條狀，密封在罐子內；其他乾燥肉類也需要保存在玻璃或塑膠瓶裡，不過應該使用小型罐子，因爲乾燥肉類是非常濃縮的食物，使用時只需少量即可。每當打開罐子時，空氣中的溼氣就會跑進罐子裡，當然還有食物裡。我們應該記住一點，包含肉乾的乾燥肉只能在室溫下保存短暫的時間，因爲肉內的任何油脂最後都會腐臭。爲了能長時間保存，乾燥肉類應放進冰箱，或最好放入冷凍。見第六章參考更多儲存技巧。

水果和蔬菜皮革捲從乾燥機盤子取出時（見 195 頁包裝技巧），應該用塑膠包裝紙或蠟紙捲起，將捲好的食物直立放進玻璃或金屬收納盒裡：乾淨、乾燥的咖啡罐會是不錯的選擇，再用蓋子蓋好密封。食物可以冷藏或冷凍以維持新鮮度，食用前先放至常溫。

露營者或背包客使用的即食混合食物，最好密封在冷凍夾鏈袋或眞空袋，這兩種袋子重量都很輕且防水；見第八章 218 至 226 頁「儲藏室的綜合乾燥食物」獲得更多資訊。

乾燥食物再水化

乾燥食物通常會放入水中再水化，也可用果汁、肉湯或其他液體取代：液體必須無鹽，因爲鹽分會減緩水分的吸收。以下提供兩種再水化的方式。

泡熱水是最快的方式。將乾燥食物放入耐熱碗中，建議使用派熱克斯玻璃（pyrex）或是不鏽鋼材質的容器。將滾水或其他液體倒入，剛好蓋住食物，或是依照個別食物進行；有些食物需要額外的液體，有些可能比起滾水，溫熱水會更適合。攪拌後，靜置直到食物變軟，過程中偶爾攪拌，可能需要 15 分或長至幾小時的時間。

泡冷水需要花費較長的時間；比起熱水，冷水的吸收作用較慢。不過泡冷水時，維他命流失的分量比泡熱水少。將乾燥食物放進碗中或塑膠收納盒，接著倒入常溫水或冷液體剛好蓋住食物，或依照個別食物進行；有些食物需要額外的液體。攪拌食物後，加蓋放入冰箱整晚。

用來泡食物的水也同樣帶有味道和營養，可以加入湯品、燉煮或砂鍋料理中；用來泡水果的水通常帶有果香，可當作飲料享用，如需要可增加糖分。

泡冷水比熱水還花時間，但是可以保留更多的維他命。

堆疊式食物乾燥機

第三章

器材設備

Equipment

如果你對乾燥食物感興趣，第一個面臨的選擇就是使用方法和器材。雖然大多數的香草可以無需任何器材，直接在常溫下乾燥，但基本上還是需要一些工具或器材乾燥其他食物。大多數人使用烤箱，經歷他們「第一次」的乾燥經驗，這能先嘗試一、兩小批食物，且不需要初期的投資，但是用烤箱乾燥並不是一個長遠的解決方法，因為比起市售或自製的乾燥機，長時間操作一台烤箱所需要的乾燥時間會更耗費成本。

市售食物乾燥機

一般家用市售食物乾燥機就像其他廚房器具般，擁有各種不同特色的機型；有些是適用公寓廚房的小型乾燥機，有些則是適用農家花園房子的落地型食物乾燥機。加熱範圍從 200 瓦到 1,000 瓦，甚至更多；有些附有風扇，有些則沒有。

購買市售食物乾燥機時，有可能無法在店內挑選到想要的機型；多數的乾燥機只會在網路上販售，而非透過當地的家用家電經銷商。另外少有品牌會提供無風險的試用期，甚至不太可能根據你知道且信任的公司名聲來判斷，因為你可能對市售食物乾燥機根本就不熟悉。

好消息是，我們可以從網路搜尋豐富的資訊，比較各機型的特色與性能。

品牌的網站只是起點，有些網購商家會提供範圍廣泛的產品比較表，甚至還有操作不同品牌和機型的影片；還有使用者會將操作機器的技巧製作成影片上傳。這些在評估機器時都非常有幫助。

搜尋像是材質、構造、加熱元件的瓦數、加熱能量以及風扇的位置；比較各機型的操控位置、盤子數量和尺寸以及構造、每單位的平面面積、開關門設計（如果可以）等功能；每單位能放的空間（乾燥區域的總尺寸）是另一個要考量的重要因素。你想要在相同空間裡有4個盤子還是10個呢？根據經驗，12平方英尺的乾燥空間足以製作半蒲式耳重（約23公斤）的蔬菜。另外也要確認產品提供的保固，需要考量保固期的長度，以及遇到問題時要如何解決。如果需要花錢支付送修缺陷的零件，並等待數月直到零件送回時，可能已經錯過完整的收成季節了。

一台品質優良的食物乾燥機，會提供剛好的熱能調節，能將溫度完美地控制在32度到66度。接著考量控制板的設計與位置；一些機型會將位置設計在處於特殊情形下難以操作

的地方；三孔插座能確保適當的接地與安全。另外也要確認UL認證（Underwriters Laboratories Inc.，簡稱UL；美國一家獨立產品安全認證機構）；可以在吊牌或標籤尋找。此認證標誌代表此產品有達到安全標準，通過火災與觸電測試。一些產品也附有自動斷電功能，當遇到機器過熱或電力故障時就能發揮作用。

大多市售乾燥機的盤子材質為塑膠製，帶有實心邊框與中空網格，這樣能使熱氣流通，並帶走食物的水分；有些盤子的網格較緊密，這樣能將切片食物直接放在上面，不用擔心掉落；其他網格較寬鬆的，通常需要使用網狀實心層板（隔板），網格的寬度約⅛英寸寬。大多數的市售食物乾燥機都附有隔板，即便是可以放切片的款式，還是需要隔板裝盛莓果類的水果或切成更小尺寸的食物。

製作食物皮革捲或烘乾其他鬆散的混合食物時，就需要實心層板；通常需要額外加購，不過購買幾個特別適合乾燥機的層板，對於起步來說會是個不錯的主意。無論是實心或網狀的層板（隔板）都可以清洗、重複使用，加上如有適當保存，則可像乾燥機一樣永久使用；

計算成本

為了計算市售食物乾燥機的操作成本，可以機器的千瓦區分，並依照當地費率將每小時所用的千瓦相乘。舉例來說，在每千瓦十美分的地區，若使用600瓦的乾燥機，一小時需花費6美分。烤箱的成本又更難計算，不過以普遍的標準來看，一台電烤箱耗費的成本是乾燥機的兩倍；依據地區的燃料成本，瓦斯烤箱的成本通常比電烤箱低。

無論是盤子、隔板和實心層板通常都可用洗碗機清洗。

機器所占的空間、風扇不斷發出的聲音、空氣中的溼氣，使得小廚房裡原本就充滿溼氣的房間變得有點失控。大多製造商會明確指出乾燥機不應該在戶外使用，不過也許可以找像是附加的後陽台、雜物間，甚至在空房間裡使用。一張附有腳輪的小桌子就適合放乾燥機，以方便移動到別的房間。

市售的家用食物乾燥機會分成兩種類型：一種是附有可堆疊盤子；另一種則是附抽取式盤子的箱型乾燥機。以下將介紹一些比較差異的資訊，以及各設計的優缺點。

堆疊式食物乾燥機類型，通常最容易在大型特價商店、廚房用品店以及農產品經銷大型特價商店內發現；由一層一層堆疊的個別塑膠盤子所組成，大部分的機型帶有圓形盤子，不過也有能有效利用空間的方形盤子的類型。以堆疊的盤子為基礎，通常還包含加熱元件以及風扇；有些機型則是將這兩項設置在上端（完全不要考慮連風扇都沒有的機型，這種機型並不適合，即便價格昂貴；因為通風對於適當乾燥食物相當關鍵。）零件內建於上層的款式較佳；因為若食物掉在盤子的網格上，或是液體滴落，位在底層的光滑盤子較易清洗；若是設在底部，通常會有作為通風口和加熱的開口，若食物掉到這個開口，底部可能會變得難以清洗。

這個款式最大的優點是可以擴充；大多數的機型為四到六層盤子，不過可以加購額外盤子增加乾燥容量，只要將盤子簡單地疊上去；

堆疊式食物乾燥機

不過，缺點是在熱氣傳送到其他盤子前，一定是吹向最靠近元件的盤子。品質優良的類型會將通風口設計圍繞在邊緣上，讓新鮮空氣傳送到各層，但比起箱型的款式還是相對缺乏效率；這種款式是直接將元件內建在機器後方，讓新鮮熱氣水平傳送到各層。使用堆疊式的機器，可能需要在烘烤過程中，從上到下轉開，多次確認每層都有接觸到完整的熱氣及通風；另外，實心層板也會干擾空氣流通。因次，如果準備製作大量的水果皮革捲或乾燥像是濃湯和醬汁時，箱型的款式會是更好的選擇。

實心箱型食物乾燥機是附有開口的堅固容器，盤子直接從前方放入。通常很難在店鋪內發現，因此有可能在無法親眼看到的狀況下購

箱型食物乾燥機

買；這種款式也非常昂貴，多數時候會比堆疊式的類型昂貴，而且只能放入固定數量的盤子。這款食物乾燥機的風扇通常安裝在內部後方，新鮮的熱氣比起堆疊式款式，是一層一層地吹送，更能將空氣傳送到每一層。大多數的款式都是塑膠製的外觀和盤子，有些則有金屬零件，其他還有整體都由不鏽鋼金屬製成的類型。（完全不要考慮鋁製或鍍鋅製金屬所做成的乾燥盤子，這些類型會因食物內的酸性腐蝕；乾燥時，金屬的化學物質會流入食物裡。）

箱型食物乾燥機比起堆疊式更有效率、更容易調整；多數款式設有隔熱層防止熱氣逸失。若是設計優良的款式，則可在不用轉開盤子的情況下乾燥一大批的食物。另外，若需要烘烤整晚或是離開家時，它會是個不錯的選擇。此類型的體積通常較龐大，會占據廚房料理台較多空間。如前所述，它僅能放入一定數量的盤子，因此無法像堆疊式的一樣擴充容量。另外一點要考量的是盤子的堅固性；有些盤子材質較薄，或是在裝食物時會彎曲或彎折，這會難以將盤子推入機器內。因此，請找尋厚度至少 1 英寸的堅固盤子。

使用市售食物乾燥機的訣竅

購買市售食物乾燥機時，應詳細閱讀內附的說明書，但不要將提及的內容視爲唯一。以下提供一些建議，幫助你製作高品質的乾燥食物。

針對特定食物的乾燥最佳溫度，廠商的建議並非絕對。舉例來說，你正要乾燥生食，會想要將溫度保持在48度或更低，無論這是否是廠商推薦的溫度；你可能會有其他不同於廠商所推薦的溫度的理由，或正如本書推薦的；根據經驗，記錄使用的溫度和結果，以此作爲未來的標準。

不要依賴食物乾燥機的溫度設定；數據可能會設定57度，但實際上機器運作時，溫度可能會位在49度到66度之間；可能影響溫度的原因，包括放入機器的食物分量、房間溫度、機器熱源的品質以及溫度的準確度；將一支快速讀取溫度計或一個小型的遠端溫度探測計插入開口或是滑入盤子間，確認機器運作20分鐘後的溫度。如果需要，可以重新調整設定；乾燥時，盡可能定時持續確認，因爲實際溫度會在食物失去水分時產生變化（溫暖空氣比冷空氣含更多熱氣）。另外，也要小心有些市售機器會從高熱氣到低熱氣間頻繁地循環，因此可能需要觀察這樣的波動；看是要調整設定，讓實際的運作溫度永遠不要超過最高溫度，或是設定在高溫與低溫的平均值，例如54度到60度間的平均溫度57度。

即便廠商建議不要旋轉盤子或移動食物，請不要自動遵照其說法。剛開始使用機器時，最好每一、二個小時就確認食物狀態一次，可能會發現每一層、甚至是同層的食物沒有乾燥地很平均，此時以眼前當下所見爲主。如果使用堆疊式的機器，定時旋轉盤子的位置，像是每一小時將頂層的移動到底層，讓所有盤子花點時間直接靠近熱源；若使用箱型的機器，定時將盤子從前方旋轉到後方，從上方移到下方。無論哪一種類型，食物若烘烤不夠平均，可將食物從中間放到邊緣（如果你很幸運，發現乾燥機受熱平均且通風良好，那麼就不需要動手移動盤子。）

如果發現蔬果或其他食物容易黏在盤子、隔板或層板上，只要稍微噴上不沾黏的廚房噴油塗層。乾燥裹上糖漿的食物或蜜餞水果時，可以頻繁地使用廚房噴油。

自製食物乾燥機

這裡有許多製作自製食物乾燥機的方式，在網路上查詢就會發現許多想法。思考計畫時，記住兩個最重要的要素：適當的熱度和空氣流通——只要缺少一項，食譜就不會成功。你可能會發現許多人使用一排100瓦的白熾燈來製造足夠的熱度；不過這些燈泡已經逐漸被淘汰，現在則使用其他不會產生過熱的燈器。

還有一點要指出的是，自製的食物乾燥機通常體積很大；此外，如果需要購買所有材料，花費的費用可能會比市售的堆疊式乾燥機

還多。不過，若有一些空間可以容納一個大箱子，也能找到一些免費材料，那就好好享受手動的樂趣，這時自家製的乾燥機或許就會是個好方案。

可以參考 284 頁的附錄，獲得完整組裝自製乾燥機的介紹。

烤箱烘烤

一些現代烤箱都有內建的對流系統，其風扇會使烤箱內部產生空氣循環、加速烹調時間，以及減少集中熱源、提供烘焙以外的功能。大部分的旋風式烤箱內部附有專門烘乾的特殊風扇，這能將溫度設定在低於 38 度。如果很幸運地擁有一台這樣的烤箱，可以將其直接當作市售食物乾燥機使用；其他僅需要架子放食物，以及溫度計監測溫度。參考下方烤箱的使用指南，或是參考「設定烤箱」，以獲得更多資訊。

不過大部分的烤箱並沒有對流系統，如果計畫製作大量的乾燥食物，這並不是最好的選擇；此外，也必須使用比乾燥機更多的能量，少於三層的容量會使每一次製作的分量受到限制。對於大部分的食物乾燥，多數的類型無法設定低溫，所以會變成在「煮」食物而非「乾燥」；烤箱同時需要數小時運作，不僅會使廚房變得熱氣騰騰，也會讓你無法料理其他食物（即便旋風式烤箱也是如此）。

最後，傳統烤箱則是缺少良好的對流系統——這對製作適當的乾燥食物來說相當關鍵。

不過，如果你只是剛好開始製作乾燥食物，想要先不投資新的機器，此時就可以在無須耗費冗長的乾燥時間之際，使用一般烤箱製作；另外，在製作日曬食物時，天氣可能會突然變差，此時烤箱就是很好的備案。若烤箱無法調整到 66 度或更低，就不太適合乾燥食物；除非你願意頻繁地來回開關，讓溫度不會過熱。

設定烤箱

首先需要可以裝食物的容器，參閱 34 頁「烤箱烘烤或自製乾燥機的架子」所建議的類型。確認好架子和隔板時，只需要一些完成設定的物品；除了風扇，這些指南也適用於旋風式烤箱和一般烤箱。

一開始需要溫度計測量烤箱實際的溫度——不要依賴烤箱的設定溫度，因為未必準確（特別在低溫時）。你可能需要將烤箱門打開一點，這可能會使控板上的溫度指示改變；此時，**遠端溫度探測計**會是最好的選擇——這個手持的小工具有一個小型金屬溫度探測計連接細薄的強化電線，此電線插入一個放置在烤箱外的讀取器。如果沒有這個工具，很值得投資相對小的款式；你會發現在做其他料理和燒烤時會派上用場；也可以使用標準的烤箱溫度計——附有支撐的金屬盒溫度計，可放在烤箱架子上。不過這種類型難以讀取，通常需要打開烤箱門檢查溫度（熱氣因此逸失）。

你也需要某些物品頂住烤箱門以產生 1、2 英寸的開口——用鋁箔紙做成一顆球，或是

像平滑、裝鮪魚的空罐頭，鳳梨罐頭也能達到作用。如果使用傳統烤箱烘烤，也需要架子等物品支撐風扇，讓風扇能稍微向微開的烤箱送入風。

無論使用哪一種烤箱，在準備食物前最好先將烤箱打開運轉，以維持固定溫度，這會是個好注意；設定到要的溫度前，可能需要多次調整。開始後，放好溫度計；如果有一台遠端溫度探測計，將探測計放在中層架子，讀取計放在烤箱旁（不是烤箱裡面！）若是使用標準的烤箱溫度計，則放在架子邊緣。使用鋁箔紙製的球或扁罐頭稍微抵住烤箱門，烤箱門關上時會抑制烤箱燈的開關。烤箱門的開口至少維持 1 英寸或更多。烤箱溫度調到滿意狀態後，放好風扇，朝內部送風。

烤箱會頻繁地開關循環，應至少臨測溫度 20 分；若按照正常操作將門關起，則很難注意到溫度的循環。乾燥時，因為門處於微開狀態，因此循環會變得頻繁（如果使用一般烤箱，風扇會將熱風吹到另一邊）。因此，對於調整溫度設定這件事不用太過驚訝；當烤箱循

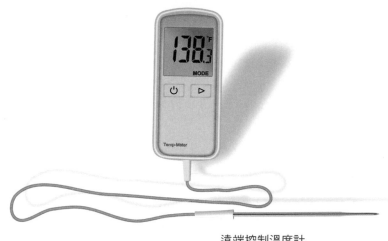

遠端控制溫度計

環時，實際的溫度會不斷變化，但溫度應該是盡可能地接近期付的溫度。

一旦將溫度設定在滿意範圍後，準備食物，放上架子，如果需要也可使用隔板，接著將架子放入烤箱；在最底層或是底部放入空的烤盤來接水珠或任何掉落的食物，會是不錯的想法。15 分鐘後確認溫度，如果需要再做調整。

烤箱乾燥的訣竅

▪ 為了使用牢固的乾燥盤，可以到二手家用電器暢貨中心尋找比家中烤箱小的二手烤箱架，這些產品通常很便宜，甚至不用錢；加上如35頁所述的尼龍網布或隔板，或是用尼龍網織一個枕頭套型的套子。

▪ 家中若有小孩或大型犬，可能不適合使用烤箱乾燥；可以隨意開啟的烤箱門對幼兒來說相當危險。

▪ 大部分的標準尺寸烤箱僅能處理5磅左右的新鮮食物，因此並不是製作大量乾燥食物的最佳選擇。

烤箱受熱不均勻的狀態通常會比乾燥機嚴重。厚實的外殼會保留及放射熱能，這使得放在邊緣的食物比中間的更快乾燥。此外，烤箱頂部與底部的溫度也不一樣。使用烤箱烘烤時，每一、二個小時更換架子位置與調整前後位置就相當重要；此外，應該偶爾重新調整食物的位置，像是從中間放到邊緣等，反之亦然。定時觀察與調整溫度，以維持理想溫度。

如果食物在快結束前還沒完全乾燥，可以直接關掉烤箱，讓食物待在微開的烤箱內；如需要，取出盤子，放在廚房台上，使其冷卻，並稍微蓋上毛巾直到隔天。你可能會發現食物到隔天時就會乾燥完全（記住，若肉類或食物還相當溼潤的話，應該放入冰箱整晚）。

附有乾燥食物設定的旋風式烤箱，可以運作地很好，其乾燥時間會與前面列出的乾燥機差不多；一般烤箱就較難預料，因為狀況可能變化多端。本書提供的，僅是暫時將一般烤箱當作食物烘乾機非常粗略的指引。如果能有效率地控制溫度和良好的空氣流通，乾燥時間就會和列出的乾燥機一樣。此外，一般烤箱可能會比食物乾燥機需要花費兩倍以上的時間。記住，使用烤箱烘烤時，最後會發現烘烤時間會與列出的乾燥機時間相差無幾，不然就是長很多。

注意：若食物需要花費超過 18 小時乾燥，則不建議用一般烤箱進行。

烤箱烘烤或自製乾燥機的架子

無論使用烤箱或自製乾燥機烘烤食物都需要架子：可以使用烤盤，但因為空氣僅能在上層循環，效果不佳；金屬製的蛋糕架子會是不錯的選擇，這能讓空氣上下流通；最好的類型是有兩組槓子橫跨在右側角形成一個網架，這能有效防止食物從槓子間掉落（也可以使用僅有平行槓條的架子）；理想的槓條空間是架子為網架類型或平行，彼此間的距離為半英寸或更少。如果架子網格空間較寬，可以將兩個架子上下相疊，使用網格較窄的上層架子以彌補下層的空間（使用電線或綁線綁一起固定彼此）。另一種方式是使用小方形的架子以正確的角度放在另一個上面，製造出格網，也可以如下所述增加隔板使其空間加寬。

有些食物甚至會從 ½ 英寸的間隔掉落，因此需要多放一個層板；最好的選擇是購買市售乾燥機使用的聚丙烯墊子，在網路上搜尋「食物乾燥機網架／托盤」，會找到各式各樣的款式。無論是買可裁剪的捲動材質，抑或按規格裁剪好的方形類型皆可，但圓形乾燥機使用的圓形隔板無法用在方形的架子。到文具店購買長尾夾，可用來夾住夾板和架子。

另一個隔板選擇是尼龍纖維網布，可以在布料行按照碼數以非常便宜的費用購買；這裡通常會販售工藝品以及用來清理和沐浴時使用的茶瓜布。選購適用於鐵製產品的類型，也就是指能承受乾燥時的溫度和熱度。此外，網布容易用手或機器清洗，邊緣也不會受損。裁剪

與架子長一樣的寬度，以及與架子寬幾乎三倍長度的網布（也就是，一個 18×12 英寸的架子，裁剪 18 英寸寬以及約 30 英寸長的網布）。將架子反過來放在網布上，將 3 英寸的網布面向自己，將邊緣的網布摺起，這樣就有 1 英寸的網布重疊，再使用 3 個別針固定架子，將網布拉緊。將架子轉兩圈，這樣就覆蓋了兩層的網布，此時再次面向底部。將網布拉緊，折疊邊緣，別上別針。雙層紗布也能與尼龍網布使用相同的方式，不過可能會結成團狀、黏住許多食物，在處理與清洗時會磨損，作業上會較困難。

像是紗窗材質的類型也能達到作用 ——只要找到正確的類型；可參閱 37 頁紗窗材質的資訊。將隔板裁切成架子的大小，若要避免因邊緣刮傷可以使用冷凍膠帶黏貼，並用長尾夾夾住邊緣固定架子和隔板。

在乾燥藍莓、蔓越莓和其他會從盤子滾落的圓形食物時，可在盤子的四周放一些乾淨、未上漆的細長木製阻隔物，並用長尾夾夾住以確保位置，製作出小柵欄的感覺。

另一個能讓自製乾燥機達到作用的選擇，是在舊物販售或線上二手網站購買二手乾燥機，那麼就能使用乾燥機的盤子；這些商品的好處是已經做好邊緣處理防止食物掉落，通常都有鐵架隔板，因此就不用擔心隔板的材質問題。如果將烤箱當作乾燥機使用的話，市售乾燥機附的塑膠盤子可能就不太理想，因為烤箱的溫度循環很短暫，塑膠製的盤子會無法承受其熱度。

對於製作水果皮革捲或其他散裝食物會需要實心層板，見 193 頁介紹的「使用實心層板裝果泥」。

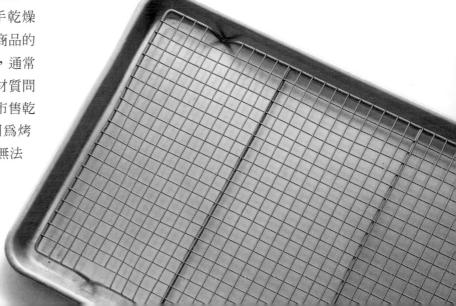

日曬乾燥

日曬水果相當美味;其實大多數在店裡購買的葡萄乾都經過日曬,其他還有像是杏桃、水蜜桃和其他食物也會經過日曬。如果居住在擁有乾淨空氣、低溼度、足夠熱度以及天氣良好的地區,日曬將會是乾燥水果(第四章)與皮革捲(第七章)最經濟實惠的方式。日曬的優點顯而易見——完全免費的太陽能量、完全不需要支出電費;此外,所有必要的材料都可以在家組裝,也不需要投資購買設備,僅需要支付一些其他費用;不像其他乾燥方式,日曬不受到容量的限制。唯一的限制是一次大量乾燥食物所需要的盤子,以及保存空間。

食物安全

為了在家製作出可靠的日曬食物,日照溫度必須在 32 度或更高,相對溼度則須在百分之六十以下,愈低愈好;如果溫度太低、溼度太高,或是都太低或太高,食物在適當乾燥前就會腐壞。美國西南地區擁有理想的日曬氣候,不過其他地區就沒這麼幸運,例如無法在潮溼的東南地區進行;其他像西北部、中西部、東北部雖然較佳,但可能只有邊緣地區適合;即便居住地區處於邊緣,仍可在日照狀況佳的情況下進行,若過程中遇到突然的降雨或低氣流阻礙日曬,可以再借助乾燥機或烤箱完成當天乾燥的分量。

雖然日曬蔬菜、肉類和魚是幾世紀以來就使用的技術,但現代食物科學指出在家日曬只適用於含有高營養酸性和糖分的水果(不過可直接串起、吊在太陽下的辣椒例外,見 123 頁細節)。本書並未提到關於日曬蔬菜、肉類或魚的介紹,如果你選擇用此方式,其基本的技巧同乾燥水果。記住番茄屬於水果而非蔬菜,所以可用日曬乾燥。

設置

在陽光下乾燥水果需要乾盤子,以及一些防止蚊蟲和灰塵、保護水果的物品,像是烘焙

日曬食物之其他空間選擇

現在家中若有未種植植物的溫室、日光室或日曬空間,可以將乾燥盤放在裡面;這樣可免於被小動物侵襲,另外透明的屋頂也能讓大量的日光照射到室內。在日曬食物的情況下,如果天氣轉陰或下雨,可能就需要結束日曬,改用乾燥機或烤箱進行。

有些人也會將少量的食物放在盤子或甚至烘焙紙,再放在汽車後窗上,經過好幾天才會取走。

日曬蘋果

盤或自製木製盤子就可使用；不過如果空氣能在水果周圍自由流通，會讓乾燥過程更有效率。帶有木製邊框的隔板或其他網狀材質會是不錯的選擇。大多人會使用更換後的窗架，將窗架清洗後，裝上合適的隔板作為乾燥盤子。若窗戶歷史追溯至 1978 年或更早，那時製作的窗戶可能使用含鉛油漆上色，不應該拿來使用，除非可以確認油漆未含鉛。也可以製作簡單的木架，並用食用級礦物油塗在表面，便能長久使用。

新鮮食物的重量可能會使大的隔板產生凹陷，製作木框時，盡可能地縮小間隔距離，大概 1 平方英尺（約 0.1 平方公尺）或稍微大一點。若原本框架本來的開口就較大時，可在每 2 至 4 英寸間鎖上木條，或在框架上加上十字交叉的麻線作為額外支撐，加上去前先將麻線緊緊延伸，釘在框架上。

製作乾燥食物用的框架時，隔板材質的挑選是最具挑戰的部分；市售食物乾燥機使用的聚丙烯隔板是理想的選擇，不過可能需要用郵購方式購買，可在網路上搜尋「食物乾燥機網架／托盤」，尋找整捲或方形片狀的聚丙烯隔板。用來代替紗窗隔板的材質，可以在任何 DIY 大型修繕連鎖店和大多數的五金行店鋪尋找，不過並不是所有的類型在食物安全上都毫無疑慮──絕對不要使用鋁製、鍍鋅網或鐵絲網，這些金屬會與水果的酸性產生反應，汙染乾燥食物。其他像尼龍、塑膠和不鏽鋼隔板通常使用上沒有問題，不過還是難以確認在食物安全上毫無疑慮。根據美國喬治亞大學（University of Georgia）「全美家庭食物保存中心」（National Center for Home Food Preservation，簡稱 NCHP）的報告指出，鐵氟龍塗層玻璃纖維紗窗對於作為日曬食物的盤子使用上，是相對安全的；不過如果鐵氟龍塗層受

到損害，玻璃纖維可能會脫落微小顆粒，因此要隨時注意。可以使用雙層尼龍纖維網布作為最後的選擇，這種不算昂貴的材質可以在材料行（通常用於工藝品，特別是製作荼瓜布）依碼數購買；尼龍網布比起其他材質需要更多支撐，如果長期接觸框架，可能變得更難清洗（不過，如果只是單純放在另一個隔板作為支撐，可以移開網子，放入洗衣機清洗）。

將隔板在框架上緊緊拉開，並確實固定；若是使用尼龍材質的網布，將網布在邊框捲起，這樣就能釘在較厚的部分。使用後，用管子與軟刷沖洗乾淨，若沒有小心清洗，固定處可能會輕易脫離或是割破材質。最後用釘子釘上一些木條固定在隔板的邊緣作為額外保護。

因為日曬花費的時間比起幾個小時，通常需要好幾天，水果會暴露在細菌易生長的環境中更長的時間，因此日曬水果的預先處理就比使用乾燥機還重要；見 12 至 15 頁的預先處理方式，以及第四章包含各種類水果的推薦方式。

做好預先處理後，將水果平鋪在同一層的乾燥盤，並放在通風良好、日曬充足的位置；需要將盤子清洗乾淨，放在離地位置讓空氣流通，離開地面也比較容易接近盤子。水泥磚會是很好的支撐，其他像板凳、鋸木架和堆疊的磚塊也是不錯的選擇。如果有大片的鋁製或錫製薄板，可以放在盤子下方，藉由與金屬反射的光線輻射到盤子；混泥土的表面也能提供輻射熱能。

盤子上覆蓋的布料材質必須能同時讓光線和溼度流通，但又能阻絕蚊蟲、枝條、灰塵和其他不必要的東西；最簡單的方式是上方設置一個與放水果同樣大小、有遮蓋層板的盤子，以防止隔板碰觸到水果。若兩個盤子的邊框間有空隙，在角落放上磚塊，讓它們保持緊密。

另一種覆蓋的選擇是將梭織布料材質直接懸掛在整個盤子外面，將布料撐起，不直接蓋在水果上，並包覆整個邊緣，讓蚊蟲不會從邊緣的縫隙鑽入。紗布是另一個推薦的選項，不過使用上會較困難，因為粗糙的表面線段會鬆開，使得布料紗布線覆蓋、殘留在水果上，清洗時會纏繞成一個個令人困擾的球體；細目尼龍網布是另一個不錯的選擇，便宜、不易磨損，清洗時也不會纏繞一起。若網子網目看起來太大，蚊蟲能夠進入，就使用雙層布料。

乾燥時間

一天內攪拌或翻面水果數次（或依照第四章特定水果的指示），讓所有水果表面都有曝曬在陽光之下。晚上再將盤子拿到室內，避免水果吸附清晨的露珠，以及防止夜間小動物的侵襲。

所有乾燥特定水果的時間皆是大概預估，主要是因為時間會受到溫度、日照量、空氣溼度、空氣流動量以及食物內的溼度所影響。所有沒有受到太陽日曬的時間，也是所謂的「停機時間」，並不包含在預估的乾燥時間內。日曬乾燥水果應如 17 頁所述，需進行巴式殺菌，去除放戶外時蚊蟲在水果上下的卵；另外，用來覆蓋水果的乾燥盤和任何布料都要確實清洗。

日曬番茄

日曬技巧

- 你可能會想拿一批水果測試日曬果乾在你居住的地區效果如何，以下提供快速和簡單的設置。比起直接製作一個大隔板，可以使用放蛋糕架的邊框烤盤。將備好的水果放在架子上，如需要，使用隔板、紗布或尼龍網布預防食物掉落；用紗布或尼龍網布包起邊緣，防止蚊蟲進入，再放上玻璃罐、罐頭或木塊防止紗布碰到水果。

- 如果使用木盤，將木盤確實拋光並用食物級礦物油密封；注意，像是松樹和雪松這類的木頭，味道會轉移到乾燥食物內。

- 你也可以在舊物拍賣或線上二手店鋪購買使用過的乾燥機，並用其乾燥機的盤子拿來日曬食物。放上水果後，用上述所說的隔板材質蓋住盤子。

- 如果正要用紗布蓋住乾燥食物，可以在布料行購買；在這裡能夠買到的尺寸比超市販售的小包裝類型還寬，而且每碼的價錢會低非常多。

- 為了聚集太陽的熱源，可在乾燥食物盤放一片玻璃，確保有足夠的空間讓空氣流通；做一些防護作業，防止玻璃碰撞或敲到，記住邊緣可能會相當銳利。為了提高作業效率，可以將38頁提到的用鋁製或錫製反射物結合玻璃一起使用。

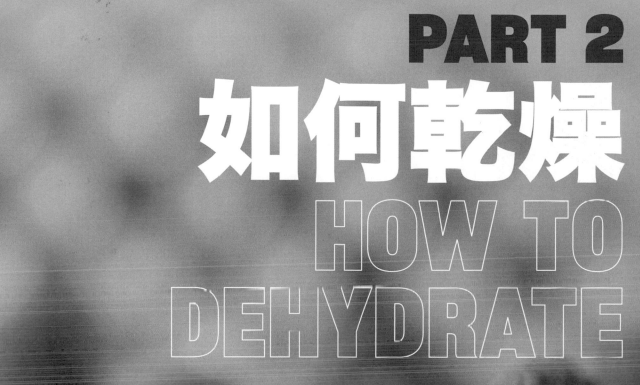

PART 2
如何乾燥
HOW TO DEHYDRATE

第四章

水果＆蔬菜

Fruits & Vegetables

在這個單元，你會發現超過 30 種特定蔬菜和水果的製作指南，包含適合預先處理的推薦介紹，書中會將不同的食物結合一起介紹，因為其乾燥資訊和使用方式一樣（像是歐防風、蕪菁甘藍和蕪菁，以及藍莓和越橘莓）。乾燥機的乾燥時間，大部分的蔬菜會設定在 52 度，水果則是設定 57 度（不過糖漬水果會設定在 63 度，可參閱第七章獲得更多細節）。如果使用過高或過低的溫度乾燥，乾燥時間則會因其而異，另外，像是乾燥機內的溼氣和食物整體分量也會影響乾燥時間，有時候可能會有極大差異，因此，請以書中指出的時間為一般準則。

水果

　　如果正準備開始乾燥食物，水果會是不錯的開始——水果容易乾燥，成品幾乎和店鋪販售的商品相差不遠，不過在家製作的乾燥類型遠遠超出店裡的數量。乾燥水果大多都可以當作零食食用，也容易經過再水化，加入派、厚皮水果派以及其他以水果為基底的料理。此外，乾燥水果也容易儲存、不需要冷藏（不過，若是希望長期保存，最好還是冷凍保存）。

　　大多數的水果可以在不做任何預先處理下乾燥，只需要確實洗淨，切成需要的大小、放到乾燥盤上進行乾燥；其他需要預先處理的水果，處理範圍包含從快速沾一下酸化水或其他液體到利用蒸氣、滾水汆燙或用糖水煮過。下列指出的任何預先處理都很推薦，關於預先處理的詳細指示可參考第二章。注意，預先處理並非必要，雖說經過建議的預先處理方式會產出最好的成果，不過若偏好避免增加步驟或額外的成分，也可以省略這個步驟。

　　最後，多數水果都可以用來製作美味的水果皮革捲；第七章涵蓋完整指示，也提供了利用新鮮水果製作自製嬰兒副食品的方式。此外，多數水果也很適合「曬成」果醬，這是一種能用乾燥機製成美味點心，可參閱 212 至 213 頁傳統日曬食物方法的細節。

蔬菜

　　蔬菜通常是儲存櫃裡最主要的乾燥食物，因為蔬菜可以使用的方式五花八門——像是再水化甜菜、玉米、花椰菜和多南瓜，這些就像煮過的新鮮蔬菜般，可以在任何時節加入各種料理中，帶來當季食材的風味。其他乾燥蔬菜也不遜色，同樣能使用在營養豐富的湯品、燉菜、砂鍋和其他料理中。乾燥食物容易保存，比起罐頭或冷凍蔬菜所占的空間也較少。

　　一些乾燥蔬菜能在乾的狀態下享用，像是花椰菜塊、歐防風薄片以及小蘿蔔切片都能成為特別的零食，其他像乾小黃瓜片，切碎後點綴在綠色沙拉上也很美味；由乾燥蔬菜做成的蔬菜粉也可以用來製作肉湯，或加在湯品以及其他液體裡增添風味，另外，也可以加入肉餅和砂鍋裡，大部分的乾燥蔬菜在使用前也能再水化。

　　多數蔬菜在經過再水化處理之前都需切片、切塊或切碎，完全取決於食物乾燥後想要如何處理；有一些蔬菜再水化前，經過蒸煮或

滾水氽燙處理最佳——這樣能減緩食物酵素活性化，不然乾燥蔬菜可能會在保存時失去原有的品質。其他像是蘋果和其他水果、馬鈴薯、歐防風以及婆羅門參，都能在預先處理後減少褐變的發生；包含氽燙在內的預先處理並非必須，這裡列出各別蔬菜推薦的預先處理方式雖能確保食物的最高品質，特別在保存時，不過是否使用完全取決於自己。

比起水果，蔬菜在酸度和糖分上原本就較低，這代表蔬菜更容易腐敗，以及受到有害生物的攻擊（這也是為什麼蔬菜無法做成以水蒸煮的罐頭，除非用醃漬）。**如同 36 頁日曬單元提及，現代食物科學指出由於會增加細菌生長的風險，蔬菜不使用日曬**。不過，番茄和墨西哥綠番茄就不受限於此，因為它們確實是含有足夠酸性、能避免如此風險的水果；如果將去莢青豆、牛豆和克勞德豌豆留在藤架上，也可以曝曬在太陽下直到部分乾燥；見 59 頁獲得更多資訊。辣椒也可以曝曬在陽光下，見 124 頁相關細節。本書並未提及日曬其他蔬菜的指南，如果選擇日曬，基本技巧與日曬水果相同。

蔬菜不推薦使用日曬的方式，因為會增加細菌生長的風險。

蔬菜的乾燥溫度應該比水果更低一些，太多熱能可能會使蔬菜切面提早硬化；這樣的表面硬化是食物中心吸收水分所致（對於水果來說就不會是問題，因為水果含有更多的水分和

糖分，這兩種成分會幫助避免硬化）。為了避免此問題，即便有些蔬菜以 57 度進行，但大部分蔬菜的溫度還是推薦設定在 52 度。

有些乾燥蔬菜像是菠菜、羽衣甘藍的綠葉蔬菜，以及小或薄的切碎洋蔥、切碎胡蘿蔔和切片蘑菇都可以快速再水化，或直接以乾燥狀態加入湯品或燉菜裡。大部分的基本乾燥蔬菜如四季豆、切片紅蘿蔔和切片蕪菁等再水化較慢。無論要直接吃或添加到其他料理中，最好可以在烹煮前依照下列方式進行再水化。

那些乾燥到過於酥脆的蔬菜則可製成粉末，使用在喜愛的湯品、燉菜、砂鍋還有其他料理中；果汁機比食物處理機更好用，因為使用果汁機比較沒有空間讓乾燥食物在葉片旁飛濺，小型電動咖啡磨豆機／研磨機會是更好的選擇；你可能會想要有一台專用的磨豆機，以免咖啡油脂或強烈的味道沾染到蔬菜粉上。將蔬菜粉倒入小玻璃罐內緊緊密封。第七章也有介紹如何使用新鮮的蔬菜製作自製寶寶副食品，製作過程和製作蔬菜粉非常類似。

準備食物

像是酸菜、烘豆和濃湯的調理食物可以再水化，並在家直接快速做出簡單的一餐；不僅能藉由快速的一餐節省費用，也能夠用這些食物滿足家人胃口。

自製調理食物也很適合露營者和背包客；露營時，調理食物可簡單再水化，快速製作出一道料理，且費用遠比市售冷凍乾燥綜合食物便宜得多，見 227 至 239 頁以獲得更多想法。

此外，調理食物能存放在氣溫涼爽的房間中數週，但自製調理食物含有高油脂，若含有肉，會使食物變質或在長時間保存過程中風味下滑，除非放在冰箱或最好冷凍。只要加一些滾水並攪拌均勻就能再水化，接著將食物靜置短暫時間直到完成。食用前加熱，如果需要可以加一些水。

使用與製作皮革捲時相同的實心隔板，見 193 頁「使用實心層板裝果泥」。將食物均勻鋪平約 ¼ 英寸的厚度，乾燥時經常翻攪；利用

再水化方法

熱泡：將乾燥水果或蔬菜放入耐熱碗中，倒入滾水或果汁剛好蓋住食物或依照指示；攪拌，靜置到室溫直到食物軟化。

冷泡：將乾燥水果或蔬菜放入攪拌碗中，倒入與室溫相同的水、冷水或果汁剛好蓋住食物或依照指示；攪拌，加蓋並放冰箱整晚。

再水化馬鈴薯

食物乾燥機或烤箱，將溫度設定在 60 度且不要超過。這樣的方式雖沒什麼問題，但會花費較長的時間。調理食物並不推薦用日曬製作。

只要調理食物的厚度足夠足以在隔板上成型，幾乎所有調理食物都可以再水化。

酸菜應該瀝乾並稍微沖洗，薄薄地鋪在隔板上，直到變脆、完全乾燥。開始變乾時，將酸菜攪拌並弄碎。

烘豆再水化前，先烹煮到有點乾的狀況最佳。若豆子含有肉類，將肉弄碎或切成小塊；接著將烘豆混合食物薄鋪在隔板上，開始乾燥時將烘豆弄碎；持續乾燥弄碎，直到烘豆變成兩、三圈，醬汁在豆子周圍結塊。豆子內部應完全變乾、乾燥，有些可能會像爆米花一樣砰的一聲爆裂；若要長期保存，放在冷藏或冷凍。

濃湯像是莢豌豆或巧達濃湯應該以少量液體、長時間燉煮，這樣才能讓食物濃稠到足以在湯匙上成型；如要將剩下的湯品再水化，進行前先稍微煮到濃稠。若湯品有肉類，將肉弄碎或切成小塊，在隔板上鋪成 ¼ 英寸的厚度，開始乾燥前先弄碎，持續乾燥與弄碎直到湯變成小碎團，中心沒有任何水分。如果湯裡有肉類，放到冷藏或冷凍做長時間保存。

番茄糊通常會小分量使用，因此通常罐頭裡會留下部分未使用的番茄糊。剩下的醬料可以鋪薄薄一層，像皮革捲般在實心層板上乾燥，不過通常乾燥在大湯匙上會更實用；當你的食譜需要 1 大湯匙的番茄糊，就可以直接加入。

米飯和香料飯也可以乾燥，通常會使用在像即時米飯作為之後的糧食；特別會使用需要花長時間烹煮的糙米和野米來製作。將米在隔板上鋪成 ¼ 英寸的厚度，乾燥時經常地翻攪。再水化直到米變成可食用的硬度。

莎莎醬能完美地乾燥且容易再水化，用湯匙挖起任何較黏稠的液體，接著將莎莎醬鋪在盤子上約 ¼ 英寸的厚度，乾燥到能從隔板上撕起，翻面，持續乾燥到變得酥脆，開始變脆時將莎莎醬弄碎。

烤肉醬可以鋪平在實心層板上乾燥。製成食物捲，對於露營來說可以派上用場，或放在儲存室裡隨時都有得用；使用時剝成小片，用一點滾水再水化。

剩下的蔬菜可以剁碎，鋪在乾燥盤上，乾燥到變得酥脆且不含水分。下次若正準備做湯品或燉菜時，加入乾燥蔬菜可增添風味和濃稠度。

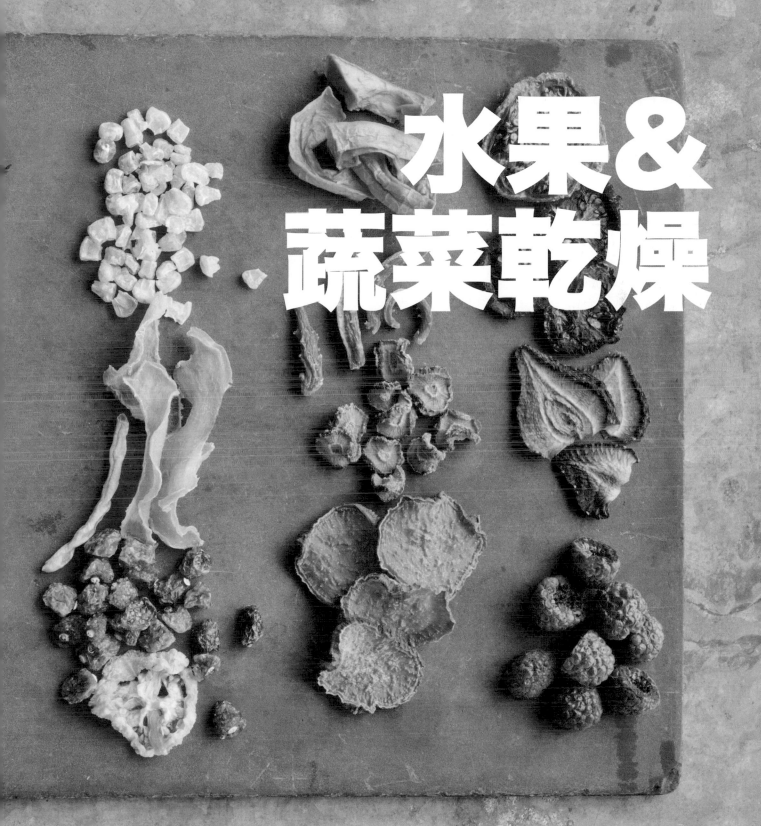

水果&
蔬菜乾燥

蘋果
APPLES

蘋果是乾燥食物的最佳選擇，特別對於初學者想測試時；無論切片、環狀或切成大塊都能糖漬，見 206 頁。由蘋果做成的水果捲，單吃或搭配其他水果都非常美味；參閱第七章的介紹。

預先準備：挑選完全成熟、不過仍紮實的蘋果，仔細清洗，依照喜好決定是否削皮；帶皮的蘋果乾燥後會較硬，不過含有好的纖維和附加營養。切掉、丟棄任何碰撞或受損部分。先將蘋果切成四等分，去除蘋果核，縱向切成 ¼ 英寸厚的半月形切片；也可以橫向切片，只是乾燥後會變得較小，可能也需要使用隔板。若要切成環狀，則用圓形的去核器去除整顆蘋果中心的核，接著橫切成 ¼ 英寸厚的環狀；若切出來的切片厚薄度相同且完美，那麼將整顆蘋果切成環狀片或半月形就能完整烘乾（半月形切片的內部較薄，會有點乾燥不平均）。

另一種方式是用放在桌面的蘋果削皮／去核器，其中心有一個螺旋固定蘋果，以及一個曲柄手輪；轉動手輪旋轉蘋果，讓蘋果接觸到刀片和去籽系統削皮和去除蘋果核。大部分的

削皮／去核器在開始削皮和去籽時，可以設定將蘋果切成連續的螺旋狀，或是單純削皮和去核。如果想要乾燥環狀的蘋果片，就將機器設定為沒有螺旋的去皮／核，然後橫向切蘋果；若想乾燥半月形的蘋果切片，就將機器設定為螺旋切法，再由上而下對半切。一台好的削皮／去核器可以約在 30 秒內處理一顆蘋果，因此，如果有大量的蘋果需要乾燥，這台機器會是很棒的選擇（另外的額外好處是，小孩很喜歡操作機器）。另外要記住，寧願多花一點錢購買有優良保固且堅固的削皮／去核器，因為便宜的款式通常在處理一些蘋果後就無法使用。

未經過預先處理的自製蘋果乾，第一次乾燥時會呈現金色或褐色，不過保存時會持續變黑，除非用真空包裝或冷凍包裝。為了減少褐變發生，可以將蘋果片沾薄薄的一層蜂蜜、酸化水或是水果保鮮劑；若想要有雪白的蘋果乾，並在保存時維持白色的狀態，就使用亞硫酸鹽液體。另外，比起等所有盤子裝好，不如將盤子放在預熱的乾燥機內裝滿會更有幫助；日曬會比在乾燥機或烤箱乾燥花費更長的時間，所有的蘋果應該使用上述任一種預先處理方式，以防止過度褐變與可能產生的腐敗。

完成度測試：最厚的部分不含水分，偏粗糙到酥脆的質地。

產量：5 磅完整蘋果大約能產出 2 夸脫的乾燥蘋果片。若再水化，1 杯乾燥蘋果片會產出 1¼ 杯的分量。

使用：乾燥蘋果片是種美味、隨手可得的點心，也可以切碎使用在乾燥綜合果乾和什錦果乾裡。若是再水化，泡熱水 30 到 45 分鐘或冷泡整晚；再水化蘋果比鮮脆的生蘋果軟，可以將瀝乾、再水化的蘋果用在派、醬汁、厚皮水果派或其他任何需要煮過蘋果的菜單。

乾燥方式

食物乾燥機或旋風式烤箱：乾燥機或烤箱預熱到 57 度。當每一個盤子／架子裝滿後，裝下一批食物前先放入預熱的乾燥機／烤箱；蘋果切片大約需要 5 到 10 小時。

日曬：每天將切片翻面和調整數次；蘋果切片完全乾燥大概需要 2 到 4 天。

一般烤箱：烤箱預熱到 57 度。當每一層架子放滿後，在裝下一層食物前先放入預熱的烤箱。烘烤時，每小時旋轉架子一次。蘋果片至少需要 4 小時，長則需要 15 小時。

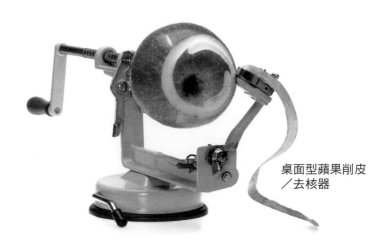

桌面型蘋果削皮
／去核器

杏桃
APRICOTS

如果居住在生長杏桃的地區，那麼杏桃會是個很棒的乾燥食物；否則就需要購買從很遠處運送而來的水果，可能會發現其價格貴得離譜，品質也讓人難以下手。因為杏桃需要經過長時間運送，因此通常是未成熟、甜度尚未達到最佳狀況的水果。

預先處理：購買成熟、但尚未變軟的杏桃，只要挑選外表白亮、風味佳的杏桃，任何尺寸或種類都能製作；罐頭杏桃也適合乾燥，除了需要用紙巾輕拍乾之外，無需做事前處理，不過需要花較長時間乾燥，因此可能不是實惠的選擇。杏桃切片與杏桃塊也能糖漬，參考 207 頁。

杏桃的皮非常薄，不需要削皮（除非做水果皮革捲），果皮可以幫助與果肉連接一起，讓果肉不會黏在乾燥盤上（若是要去除果皮，泡在滾水 30 秒，再放入冷水 1 分鐘，就能輕鬆去除）；使用小刀沿著自然接縫和切口對切，直到刀子碰到果核；雙手拿起杏桃，以反方向旋轉，若是離核（freestone）杏桃，其中一半應該會脫離果核，再從另一半取出果核，如不易取下，使用刀子刀尖小心地從果肉靠近果核直到分開為止。若用刀尖嘗試幾顆杏桃後。還是無法輕易分開，那可能是使用到黏核（clingstone）的類型，這樣的話，最好的方式是直接切開水果。

除切片或塊狀之外，（特別是使用黏核的種類）也可以忽略果核，直接由上而下切開，切成⅜英寸的杏桃片（如要乾燥成塊狀，則切成 ½ 英寸），切到中間部分時，從自然接縫平行切入，刀面沿著果核邊緣切開。開始切片時，切開中心果核邊剩下的果肉，對切果片，這樣就有兩個對切的果片；如果喜歡，也可以直接切塊。比起使用離核杏桃的方式去果核，這樣切片的方式能更容易避免將黏核杏桃的果肉弄爛。

如果水果在做預先處理和乾燥前就較扁平，切半會乾燥得比較快。用手指拿著半顆水果，切面朝上，接著再用大拇指將果肉往上推。依照喜好，可以將切半杏桃（不是扁平的）切成 ⅜ 英寸的切片或 ½ 英寸切塊。

未經過處理的杏桃並不適合乾燥，因為乾燥時會變成不太美觀的黑色且會變硬；使用酸化水、果膠、淡蜂蜜或市售水果保鮮劑做事前處理，能減少此狀況。不過比起市售、經過亞硝酸鹽處理的果乾，自製的果乾還是會在儲存時變黑、變硬。除非你想避免這樣的化學成分，亞硝酸鹽液體是最有效率的預先處理，對防止果乾變黑來說是最好的選擇。另一種做出軟嫩、色澤明亮的果乾的方式，是使用糖漬對半杏桃。將切半、切片或切塊的杏桃放入糖漬液體煨煮 5 分鐘，然後離火。若準備切半杏

桃，讓水果在液體裡浸泡 15 分鐘，鋪在盤子前先瀝乾並稍微沖洗；切片或切塊則不需要浸泡，只要瀝乾、稍微沖洗，接著鋪在盤子上。若是使用罐頭杏桃，僅要瀝乾、輕拍擦乾，如果喜歡，也可以切塊；自製的罐頭杏桃軟嫩、色澤鮮明，幾乎和市售杏桃乾差不多。如使用日曬，使用以上推薦的任一種預先處理方式。

完成度測試：呈現粗糙、最厚部分不含水分。切片果乾則有一些脆脆的質地，對半的則保有一些彈性。如果乾是軟爛而非帶有彈性，代表尚未乾燥完成。糖漬或罐頭杏桃帶有橘色、稍微的色澤以及不錯的口感和嚼勁，在外觀和質地上與市售杏桃乾都相當接近。

產量：1 磅新鮮、整顆杏桃能做出 1¼ 杯的乾燥切片、切塊或切半杏桃乾。若再水化，1 杯杏桃乾會產出 1⅓ 杯的分量。

使用：無論是切半和切片都隨時可得。烘烤食物時加一些切塊杏桃乾，或使用在乾燥綜合果乾和什錦果乾裡。將杏桃乾放入水中，用小火煨煮 30 到 45 分鐘，然後冷卻，以糖煮水果的方式享用。若將切片或切塊果乾再水化，熱泡 1 到 1 個半小時或冷泡整晚；再水化杏桃可以與剩下的浸泡水一起攪成泥狀，可加點糖作為醬汁使用。將瀝乾、再水化的杏桃使用在派、醬汁、厚皮水果派或其他任何需要煮過水果的菜單。

乾燥方式

食物乾燥機或旋風式烤箱：乾燥塊狀杏桃時使用網架；乾燥糖漬或罐頭杏桃，則用廚房噴油噴在盤子、架子或隔板上；乾燥切半杏桃時，將杏桃切面朝上放在盤子，若切面看起來已經不含水分則翻面。切半杏桃和切片通常需要在 57 度的溫度下烘烤 12 到 20 小時；切塊的時間則少一點。

日曬：如乾燥糖漬或罐頭杏桃，在乾燥盤上噴上廚房噴油；乾燥切半杏桃則將切面朝上，乾燥的第二天翻面。切半杏桃和切片可能需要 2 到 4 天才會乾燥完全；切塊的時間則少一點。

一般烤箱：因為杏桃需要花很長的時間乾燥，因此不建議使用一般烤箱製作。

蘆筍
ASPARAGUS

春季蔬菜最好的狀態是在當地生長，在摘下後快速處理；可以全年在超市購得，即便從別地運輸仍會維持良好狀態（雖然變得相當昂貴）。當蘆筍可以採收時，前端較嫩的部位會碰觸到地面，容易啪地就斷裂。購買時，挑選莖紮實、豐滿且脆、筍尖緊密的類型。若莖部已經開始枯萎、筍尖分開，或整支蘆筍莖部一半如木頭般，那麼此蘆筍已經過了最佳賞味期，不應該拿來乾燥。

特別是在開始乾燥時，蘆筍就像兩種不同的蔬菜。前端比底部柔軟許多，可以更快乾燥，也更快再水化；莖部則有堅硬的表皮，就像是圍籬般會阻隔乾燥和再水化，即便是小支的蘆筍也深受其擾。

預先處理：乾燥蘆筍最佳的準備是，在切成較短長度前，先切掉前端花苞部分，接著將莖部完整削皮或垂直撕開；削皮或垂直撕開大概會花費跟乾燥和再水化差不多的時間，使用筍尖也一樣。蘆筍再水化和料理後，會變成討喜的明亮綠色。如沒有削皮或撕開就乾燥莖部，將會花費兩倍的時間，再水化時也無法膨脹得很完整，外表會變成土褐、暗沉的顏色。雖然削皮或撕開是額外的工作，大可忽略這個步驟，不過若花時間多下功夫，成果會更佳。

清洗、瀝乾蘆筍，切掉或折斷任何乾燥的末端，為了獲得更佳的成果，如前所述將前端分開，接著莖部削皮或撕開；若想得到較薄的莖部，從莖部兩側撕成長條狀的空間綽綽有餘。切掉筍尖，並依照喜好決定是否削皮、撕開或是不削皮，大概切成 1½ 英寸長，莖部厚度超過 ½ 英寸；無論是否有削皮都應該從縱向撕開。蒸煮汆燙 2 到 3 分鐘，或滾水汆燙 1.5 分半到 2 分鐘。靜置於冰水後，瀝乾、輕拍乾燥。

完成度測試：呈現枯萎、脆和不易彎曲的狀態；如蘆筍可以彎曲，代表還沒乾燥完成。

產量：1 磅新鮮切段蘆筍約可產出⅔杯乾燥蘆筍；再水化時，1 杯乾燥蘆筍產出 1½ 到 2 杯的分量。

使用：若要再水化，以熱水浸泡 30 分鐘到 1 小時或冷泡整晚。再水化蘆筍可加入湯品或燉菜做額外燉煮，或是在滾水裡煨煮直到變軟，作為一道簡單的料理。若要增添額外變化，可將蘆筍放入起司醬或奶油醬裡燉煮；乾燥蘆筍也能做成粉末加在湯品或砂鍋料理。

乾燥方式

食物乾燥機或旋風式烤箱：蘆筍在切段前，先將前端和莖部削皮或撕開，以 52 度乾燥通常需要 12 小時烘烤。莖部若沒有削皮，則可能需要至少 18 小時。

一般烤箱：乾燥時，多次翻攪蘆筍；削皮或撕開的蘆筍末端和莖部以 52 度烘烤，可能最少需要 6 小時乾燥或長至 18 小時。莖部若沒有削皮，則需要至少 24 小時。

香蕉
BANANAS

　　雖然香蕉僅生長在熱帶，不過很常能在任何店裡發現價格便宜的香蕉。自製乾燥香蕉片帶有非常強烈的味道，通常不像市售的「香蕉片」般甜美與酥脆，這種通常都有加糖及經過油炸。除非使用亞硝酸鹽液體預先處理，否則自製乾香蕉片的中心也會變黑，外觀也有點單調，不過仍可以再水化和搗成泥狀製作香蕉麵包。

　　預先處理：挑選帶有黃色外皮或有稍微褐色斑點、紮實、剛成熟的香蕉；外皮有深邃褐色斑點的過熟香蕉並不適合乾燥（不過可搗成泥狀或乾燥成水果皮革捲；參閱第七章）。皮剝掉，橫切成 ¼ 英寸寬的片狀。如用食物乾燥機或烤箱乾燥，不需要預先處理；雖然未經處理的香蕉會比處理過的外觀黑。為了在任何烘烤方式下獲得較佳色澤，將香蕉片放入亞硝酸鹽液體做預先處理，市售水果保鮮劑同樣能達到效果，而且不需要用亞硝酸鹽；也能用酸化水、果膠或沾蜂蜜，這些雖然可減緩褐變，但無法避免變色，而且比起未處理的香蕉需要更長的乾燥時間。為了製作出帶有甜美、具嚼勁的乾燥香蕉蜜餞，將香蕉片糖漬 3 分鐘（稍微煨煮但不煮沸），鋪在盤子前稍微瀝乾，完成的香蕉片會比起其他香蕉片更像糖果，是很棒的零嘴，不過這種類型無法在料理中再水化。如用日曬乾燥，可選擇上述推薦的其中一種預先處理方式。

　　如果準備了很多香蕉麵包，可以將熟成香蕉搗成泥，分量依照食譜所需，將香蕉泥鋪在實心層板 ½ 英寸厚，與製作皮革捲的方式一樣進行乾燥（參考第七章皮革捲指南）。若想製作出不易在超市購得的特別點心，不妨製作蜜餞香蕉——這比糖漬香蕉更像糖果，可參考 207 頁的介紹。

　　完成度測試：香蕉切片質地如皮革，中間會有點平坦。使用亞硝酸鹽液體處理的乾燥香蕉會呈現淡黃到金色，中間帶有金色和黑色；使用酸化水、果膠或市售水果保鮮劑的香蕉，

外表較黑，中間帶有斑駁的咖啡色；未經過前置處理的整體來說相當黑。糖漬香蕉在顏色上會更接近金色，中間也只有小範圍的咖啡斑點，擠壓時具柔軟度以及有點黏性，不過不應該是帶有溼氣的黏性。

產量：1 磅完整的香蕉能做出 1½ 杯的乾燥切片。若再水化，1 杯香蕉乾約會產出 1¼ 杯的香蕉切片，大概能搗成 ¾ 杯的香蕉泥。

使用：乾燥香蕉片很適合作為點心，特別是糖漬香蕉，因為糖漬香蕉吃起來具嚼勁，有點太妃糖的味道。所有的乾燥香蕉都適合用來與乾燥水果混合，特別是搭配杏桃、水蜜桃或鳳梨。若想在新鮮水果沙拉中嘗試不同變化，可以加入一些乾燥香蕉片，讓香蕉片在水果沙拉裡的汁液中再水化；也可將香蕉片（如果喜歡也能切碎）加在蛋糕或綜合餅乾裡。另外，也有很多像是加入葡萄乾或其他乾燥水果的方式。為了將未經糖漬處理的乾燥香蕉再水化，可以用熱水浸泡 1 小時；將再水化香蕉搗成泥狀，使用方式與搗成泥狀的新鮮香蕉一樣。

乾燥方式

食物乾燥機或旋風式烤箱：若要製作泥狀香蕉，使用實心層板或放有烘焙紙的烤盤，放入香蕉片或香蕉泥前，在盤子上噴上廚房噴油；香蕉片或香蕉泥以 57 度烘烤通常需要 7 到 12 小時。

日曬：香蕉泥並不推薦用日曬乾燥。將香蕉片放在放有尼龍網布（紗布）的乾燥盤上，將有預先處理的香蕉片放在單層盤子上。乾燥最後一天，將網布上的香蕉片反面放在另一條乾淨的網布上。香蕉片乾燥完全可能需要 2 到 4 天。

一般烤箱：製作泥狀香蕉時，將香蕉放在鋪有烘焙紙的烤盤；製作香蕉片時，則先在盤子噴上廚房噴油。乾燥時，將香蕉片重新整理、翻面 1 到 2 次。以 57 度烘烤，香蕉片約可能需要至少 6 小時或長達 18 小時。

豆子＆豌豆
BEANS & PEAS

豆子（bean）與豌豆（pea）都屬於豆科植物（legumes），植物會長出含有大顆種子的長豆莢。有些豆科植物在種子成熟前，豆莢就會變軟，像是四季豆、蜜糖豆和荷蘭豆。其他品種像是去莢青豆（斑豆、黑豆、海軍豆和類似的豆子），以及新鮮綠豌豆則有較硬的豆莢，通常僅吃裡面的豆子。進一步區分，豆莢內可食用的種子與其他眾多的豆科植物，常以乾的形式為人所知，如乾燥豆子、乾扁豆或乾裂開豌豆。

這些區分相當重要，能避免將各種豆科植物乾燥方式搞混。為了清楚分辨，本書將軟豆莢與硬豆莢的豆科植物分開說明，參閱 61 至 62 頁「四季豆和黃色四季豆」以及 119 至 120 頁「荷蘭豆與蜜糖豆」。去莢青豆、牛豆和克勞德豌豆是很常用來乾燥儲存的類型，因此列在一起，可參考右邊「去莢青豆、牛豆和克勞德豌豆」的介紹。四季豆和蜜糖豆雖不常在一般家中園圃裡看到，不過農園因為有足夠空間，因此可以種植出足夠分量用來乾燥。夏季快結束時，可以在農夫市集或農園的支架上發現殘留在豆莢上的新鮮去莢青豆。在 118 頁另外列出綠豌豆的部分，因為其豆莢無法食用，而是食用裡面的新鮮豆子。

最後，無論豆子是剛摘下後烹煮，或是在乾燥狀況下烹煮，書中也列出乾燥烹煮（罐頭）的去莢青豆的介紹。乾燥烹煮去莢青豆，可能會讓你覺得像是在重複相同的過程，不過這裡有一個很大的差別——豆子在乾燥前烹煮過會讓加快再水化的速度，可作為像是「沙拉罐」料理的混合乾燥食物使用，以及露營時使用的混合調理食物。一般煮過的乾燥去莢青豆無法取代混合食物裡的乾燥豆子，因為它們需要更長的浸泡與料理時間。相關的乾煮或罐頭豆子介紹可參閱 60 頁的「去莢青豆、牛豆和克勞德豌豆（煮過或罐頭）」。

去莢青豆、
牛豆和克勞德豌豆（新鮮）

雖然這些豆子大多在超市裡都以乾燥的形式出現，不過其實去莢青豆、牛豆和克勞德豌豆都可以在家中園圃種植，也能在晚夏或早秋的農夫市集和路邊藤架上發現其蹤影。雖然這些與我們熟悉、含豆莢整株食用的四季豆相似，不過通常不食用去莢青豆、牛豆和克勞德豌豆的豆莢。這些豆子會特別生長為成熟的種子，也就是豆莢裡的豆仁；其豆子的品種包含黑豆、奶油豆、白腰豆、毛豆、大北豆、腰豆、皇帝豆、海軍豆、斑豆、大豆等不勝枚舉。嚴格來說，牛豆（又稱豇豆）和克勞德豌豆屬於豌豆（pea），不過它們與去莢青豆有相同的特性，所以也涵蓋在這裡。

事前準備：雖然將剛從豆莢脫殼的豆子弃
涏、滾沸，會是種美味的季節性點心，不過其
實豆子很難能乾燥到滿意的狀態，對初學者來
說也不應該輕易嘗試。將豆子留在園圃內的藤
蔓上直到豆莢快裂開。當藤蔓和豆子變乾、乾
枯時，摘掉並脫殼。不過如果作物在豆莢完全
乾燥前，受到大雨或冰霜的威脅，則將植物連
同根部拔起，將莖部掛在糧倉內或遮蔽物下直
到乾燥到脫殼為止。一旦豆子脫殼，就不需要
做任何的事先處理。脫殼的豆子僅需要簡單地
乾燥或日曬，去除最後的水分，避免在儲存時
腐壞。乾燥後，藉由負 18 度或更低的環境下
冷凍 48 小時進行巴氏殺菌，或以 52 度烘烤
30 分鐘殺死任何的昆蟲卵。可參閱 17 頁巴氏
殺菌。

使用：以這樣的方式乾燥的豆子，會與店
面販售的乾燥豆子幾乎一樣。

乾燥方式：新鮮的去莢青豆

食物乾燥機或旋風式烤箱：使用放有網架
的盤子或架子，將部分乾燥、脫殼的豆子放在
單層。以 49 度乾燥，幾小時後攪拌，乾燥到
豆子用錘子輕敲時會裂開的狀態。根據豆子的
尺寸、類型及乾燥程度，可能需要 6 至 12 小時。

日曬：將部分乾燥、脫殼的豆子放在放有
薄板的網架或盤子上，並放在日曬充足、通風
良好的位置；乾燥 1 至 2 天，直到豆子用錘子
輕敲會裂開。偶爾攪拌，將盤子放入室內整晚。

一般烤箱：使用有網架的架子，將部分乾
燥、脫殼的豆子放在單層，以 49 度乾燥，幾
小時後攪拌直到豆子乾燥到用錘子輕敲會裂
開。根據豆子的尺寸、類型及乾燥程度，可能
需要 6 至 18 小時。

去莢青豆、牛豆和克勞德豌豆（煮過或罐頭）

　　乾燥、未煮過的豆子是去莢青豆最常見的類型，可以在超市裡發現用袋子裝成一袋一袋地販售，大多數販售的是黑豆、白芸豆、腰豆、皇帝豆、海軍豆、斑豆。有一些較稀奇的品種像是蔓越莓豆和博羅特豆，則可在農業合作社和高級超市內發現。牛豆（豇豆）和克勞德豌豆嚴格來說屬於豌豆（pea），不過它們與去莢青豆有相同的特性所以也涵蓋在內。參考58頁「豆子＆豌豆」去莢青豆和豌豆的資訊。

　　事前準備：未煮過的乾燥豆子（除了小扁豆和裂莢豌豆以外，這兩種可快速烹煮）無法與含有其他乾燥蔬菜的混合乾燥食物搭配，因為這些豆子需要冗長的時間料理，這會使得當豆子煮好後其他的食物可能會變成糊狀。解決的方式是在乾燥前先煮去莢青豆，煮過的乾燥豆子會更快再水化，這對露營者或其他任何需要攜帶混合乾燥食物的人來說都有利無弊。罐裝的去莢青豆並不是實惠的選項——可能以相同的方式乾燥，這樣還不如自己製作。如果有種植去莢青豆（或是在農夫市集發現尚未乾燥的），或許可以在成熟、但尚未乾燥前去殼，接著料理和乾燥，也可以煮冷凍毛豆或其他豆子用來乾燥。

　　自己煮的去莢青豆隨時都可以乾燥，只要煮好並瀝乾。如果使用罐裝去莢青豆，則可利用濾網好好沖洗，瀝乾數分鐘。將煮過或罐裝的豆子鋪在網架上的隔板，尺寸較小、疊在下方的豆子容易掉落，在盤子下方放實心層板接掉下的豆子會是不錯的主意。

　　完成度測試：呈現重量變輕變脆的狀態。許多豆子會像爆米花般爆裂。

　　產量：1杯煮好或罐裝的去莢青豆會產出¾杯的乾燥豆子。若再水化，1杯煮過或罐裝的乾燥去莢青豆會產出1杯的分量。

　　使用：煮過或罐裝的乾燥去莢青豆通常會用在混合乾燥食物內，不過也適用以一般方式加入湯品、燉菜和砂鍋料理。它們能快速再水化，也許不需要再水化就能直接加入，之後再煮至少30分鐘或更長。若要在料理時再水化，則倒入滾水或熱水浸泡到變軟，大部分的去莢青豆需要浸泡10到20分鐘，不過像皇帝豆和鷹嘴豆較大的豆類則可能需要1小時。

乾燥方式：煮過的去莢青豆

　　食物乾燥機或旋風式烤箱：使用放有網架的架子，煮過或罐裝的去莢青豆以52度烘烤通常需要4到7小時。

　　一般烤箱：使用放有網架的架子。期間需翻攪豆子多次；煮過或罐裝的去莢青豆以52度烘烤可能至少需要3個半小時或長達11小時。

四季豆和黃色四季豆

　　四季豆也稱作敏豆，其特別的是在家中園圃與超市中最常見的蔬菜；黃色四季豆與四季豆相當類似，不過其在成熟後會變黃。參閱58頁「豆子＆豌豆」四季豆和其他豆科植物。

　　事前準備：挑選新鮮、豆子飽滿、在豆莢內的四季豆。過熟的大顆豆仁煮過後會變硬。將豆子清洗乾淨，去除兩端的絲，如果喜歡可以切段成1到2英寸──以縱向切成條狀（將豆子平放入食物處理器的投料管，以刨絲刀切是最簡單的方式），不僅能增加變化，也能加

速乾燥與再水化的速度。汆燙豆子到外觀呈現明亮色澤、但仍爽脆的狀態，整株豆莢或切斷的豆子蒸煮需要 3 分半，滾水則需要 2 分鐘；切成條狀的豆子則僅需一半的時間。接著以冰水冷卻、瀝乾並輕拍乾燥，也能在瀝乾、弄乾後，將汆燙過的豆子冷凍 45 分鐘。冷凍過的豆子經過再水化會變得更軟嫩，可作為一種口感的變化。

完成度測試：呈現出質地硬、暗沉、乾癟以及扭曲的外觀，裡面不含水分。切成條狀的豆子應該會變脆，或許還有點捲曲。

產量：1 磅切段的新鮮四季豆大約可得 1 杯的乾燥分量；切成條狀的因為無法裝得緊密，因此會占較多空間。若再水化，1 杯切段的乾燥四季豆約可得 2½ 杯的分量。

使用：要再水化整株或切段四季豆，可倒入 2 次滾水（1 杯豆子倒 2 杯水），浸泡到豆子變軟大約需要 1 小時。再水化的四季豆可加入湯品或燉菜再做烹煮，或是泡在水裡煨煮直到變軟單吃或是用來使用在其他食譜裡。切成條狀的四季豆需要 30 分鐘再水化，也可以不經過再水化，直接加入湯品或燉菜料理中燉煮至少 20 到 30 分鐘。

乾燥方式：
四季豆和黃色四季豆

食物乾燥機或旋風式烤箱：切成條狀的四季豆，使用實心層板或邊緣放有烘焙紙的烤盤，這能避免四季豆纏在架子或盤子上。整株或切段的四季豆，使用盤子或架子。烘烤時，需要攪拌 1 或 2 次，特別是切成條狀的四季豆更需要，因為可能會擠在一起。整株和切段的四季豆以 52 度烘烤通常需要 8 到 12 小時；切成條狀的則需要 6 到 9 小時。

一般烤箱：整株或切段的四季豆使用放有網架的盤子。將切成條狀的四季豆放在烘焙紙上避免纏在盤子上。乾燥時，攪拌數次；以 52 度烘烤整株或切段的四季豆約需要至少 8 小時或長達 18 小時；切成條狀的會乾得較快。

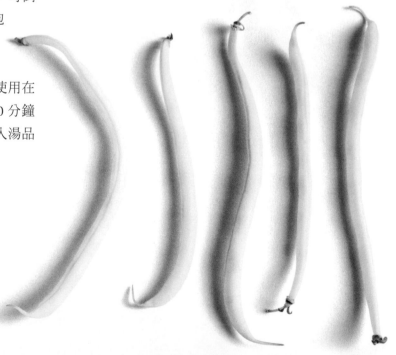

甜菜根
BEETS

　　除了有熟悉的深紫色種類，在大型超市和農夫市集裡也能發現不同顏色的甜菜，金黃色的種類相當普遍，其中義大利甜菜根（Italian Chioggia beet）雖較罕見，不過因為其斷面有紫色與象牙色相間的環狀模樣，因此相當吸引人。所有種類都適合再水化，尺寸較小、約2英寸寬或更小的，是風味最佳、最軟嫩的類型。

　　事前準備：清洗整個甜菜，切除莖葉部位，保留1英寸的蒂頭（如果葉子形狀完整，也許也能乾燥；見95頁「綠葉蔬菜」）。倒入滾水淹蓋甜菜，煮到叉了能稍微切碎的程度，通常需要30至40分鐘；再將甜菜根放入冷水中。

　　切掉上半部與根部，剝掉外皮，以⅛到¼英寸的厚度橫切。為了增加口感變化，並同時增加乾燥和再水化的速度，可將⅛英寸的切片橫切成⅛英寸的條狀（法式切菜）；如果喜愛切丁甜菜根，可將整個甜菜根切成⅜英寸厚度的切片，接著切成⅜英寸的小塊。甜菜根開始有點乾燥時，可能會在乾燥時滴下黑色汁液，在一開始第一小時左右將盤子放在乾燥機下方。

　　另外，甜菜根也能切成薄片、調味並用低溫乾燥製作甜菜根脆片——與生食和生機飲食相當搭的美味點心，見265頁。

甜菜根可以切絲、切薄片或切丁。

完成度測試：呈現如皮革狀的質地、顏色偏黑，中心不含水分；條狀的甜菜根通常會有點捲曲並纏在一起。

產量：1 磅切丁新鮮甜菜根約可產出 ¾ 杯的乾燥甜菜根；切片和條狀大概會產出 1½ 杯。若再水化，1 杯乾燥甜菜根能產出約 1¾ 杯的分量。

使用：若再水化，倒入滾水到蓋住甜菜並浸泡到變軟為止；條狀的類型會較快軟，通常需要約 15 分鐘，切丁或切塊需要 30 至 45 分鐘。若要直接享用的話，只需要將再水化甜菜根放入水中加熱數分鐘，再瀝乾，加入 1、2

塊奶油和鹽、胡椒品嘗。乾燥甜菜根脆片也能磨成粉，加入顏色適合的湯品裡。

乾燥方式

食物乾燥機或旋風式烤箱：將條狀或切丁的甜菜根放在有網架的盤子或架子上。條狀甜菜根以 52 度烘烤，通常需要 4 至 6 小時；根據厚度，切片或切丁可能需要至少 12 小時。

一般烤箱：將條狀或切丁甜菜根放在有層板的架子上。烘烤時多次攪拌和調整，以 52 度乾燥最短需要 4 小時或長達 18 小時；條狀甜菜根比切片或塊丁的要更快乾燥。

藍莓&越橘莓
BLUEBERRIES & HUCKLEBERRIES

　　當要準備高品質、做好預先處理的水果時，乾燥藍莓和越橘莓會是儲存櫃裡不錯的補充食物；再水化後能作為烘焙食材，再水化前以糖漬處理的莓果也會是令人愛不釋手的美味點心。

　　使用藍莓時，如是自行栽種，可以得到最佳成果，不然就是使用在地生長的當季藍莓，或是摘採野生藍莓。超市販賣的非當季藍莓通常在味道和價格上，都會讓人感到失望，並不值得購買用來乾燥。也可以購買冷

凍藍莓——這些藍莓會在正值季節時採收，品質有所保障。

這裡有兩種稱作「越橘莓」的水果——一種是生長在美國西部、與藍莓同屬（*Vaccinium spp.*，越橘屬）的越橘（hucks），通常較小且相對較酸，但與藍莓的使用方式相同。美東的越橘莓（eastern huckleberry）為不同屬（*Gaylussacia spp.*，佳露果屬），這一種越橘莓糖分低、體積較小，鮮脆的種子可能在乾燥時會有點煩人，通常適合製成果醬。

預先處理：挑選確實成熟、但外表呈深色且堅硬的莓果，挑出太軟或爛掉的莓果。使用前以冰水清洗，若在還沒使用前清洗，莓果可能會開始腐敗。乾燥莓果可能會是個挑戰，因為莓果表面帶有天然的蠟塗層，必須在乾燥前檢查（破裂）。其他水果通常僅需用滾水汆燙即可，但因為藍莓和越橘莓太軟、太小，汆燙時會快速煮熟，使得其破裂或變得過軟，以至於無法鋪在乾燥盤上；因此在乾燥這類軟嫩的水果時，必須用一些特別的照護方式進行，其中檢查外觀就是成功與否的關鍵——如果外皮仍完整，莓果會呈現飽滿與軟嫩的狀態，這樣可能需要花好幾天乾燥（檢查莓果時，可將莓果切半；這個方法雖然能確保好的結果，不過若需要處理的分量太多，那就會非常耗時）。

快速糖漬除了可以檢查水果狀態，也能提升味道與質地。乾燥前，經過糖漬的藍莓和越橘莓會變得如皮革般軟嫩、有嚼勁、甘甜，與市售的藍莓乾相當類似；體積較大的藍莓需以糖煨煮（不煮沸）3 分鐘，越橘莓或小藍莓以糖煨煮 2 分鐘，鋪在盤子前，以冷水稍微沖洗。

冷凍：另一種檢查外觀的方式是冷凍，這是乾燥大量莓果的最佳選擇。清洗水果，以紙巾輕拍擦乾，將水果放在周圍鋪有烘焙蠟紙的烤盤上，冷凍整晚。隔天，若尚未準備乾燥冷凍莓果，將莓果裝進冷凍保鮮盒，這樣可以冷凍至少兩個月；準備好要進行乾燥時，食物乾燥機預熱，盤子放上隔板。一次處理 1 到 2 杯的分量，將冷凍莓果放入鐵絲濾網或濾水盆泡水，以非常熱、未煮沸的水沖洗約 10 秒，用濾網或濾水盆一次瀝乾，再快速將莓果鋪在備好的盤子；此時可能還有部分莓果呈冷凍狀態，立刻將盤子放入預熱的食物乾燥機內——這個方法比使用乾燥前完全解凍的莓果更好，完全解凍的過程會使水果流失過多風味，如果購買冷凍莓果也能使用相同的方式。

以水汆燙：雖然能以水汆燙檢查外觀，不過結果可能會不太一致，除非一次用少分量汆燙。大量的莓果會使水溫低於煮沸的溫度，這會使許多莓果在水溫上升到足以煮到果皮裂開前就煮熟了。因此，比較好的方式是使用鐵絲濾網，以及一個大到可以讓濾網浸泡在水裡的鍋子。先將 1 杯莓果放入濾網內備用，鍋子內的水煮至滾燙、沸騰，再將濾網底部放入鍋內約 1 英寸的高度，汆燙 30 秒。莓果應該會全部浮起，這是外皮脫落的象徵，迅速將莓果倒入一大碗冰水內，緩慢攪拌至莓果變涼，瀝

乾，鋪在盤子上。乾燥幾小時後檢查莓果，如果大部分的莓果看起來有點變扁，一些看起來還是圓潤、飽滿時，呈現圓潤的莓果就需要用餐叉輕輕壓一下直到部分變扁使外皮裂開。

藍莓和越橘莓除了檢查外觀外，基本上不需要預先處理。不過在乾燥前沾果膠，會比冷凍或以水氽燙的乾燥莓果，更軟、富嚼勁、更酸甜（雖然比不上使用糖漬莓果般酸甜和軟嫩）。將冷凍或氽燙的莓果沖洗後，冷卻，將莓果放入有果糖的碗裡輕輕攪拌，瀝乾，鋪在盤子上，立刻放入食物乾燥機內。

完成度測試：呈現縮小、變黑、有皺褶，如皮革般硬且帶有乾燥的質地。沾果膠的莓果會變得柔韌，帶有一點光澤，不過應該不是黏膩的感覺；糖漬莓果則是變得柔韌，有點黏膩，不過裡面應不含水分，比沒有糖漬的還要更扁。

產量：根據尺寸，1 磅新鮮莓果可產出 ¾ 至 1 杯的乾燥莓果；若再水化，1 杯乾燥莓果會產出 1⅓ 至 1½ 杯的分量。

使用：糖漬乾燥藍莓和越橘莓是很棒的點心，適合用來搭配綜合水果乾和什錦果乾。直接食用乾燥藍莓和越橘莓（未經過糖漬處理），可能會有點硬和脆；單吃越橘莓可能也會酸到難以當作點心。乾燥藍莓和越橘莓可用在任何需要葡萄乾或蔓越莓的食譜裡，雖然味道可能不太一樣，不過還是能使用。若要再水

化，用熱水浸泡 2 至 3 小時或冷泡整晚；再水化的莓果可能會與剩下的浸泡水一起變成泥狀，如需要，可以加糖當作醬汁使用。瀝乾、再水化的莓果可用在派、醬料、厚皮水果派，或其他任何需要煮過莓果的食譜裡。

乾燥方式

食物乾燥機或旋風式烤箱：使用放有隔板的盤子或架子，若要乾燥糖漬或沾果膠的莓果，在上面噴上廚房噴油塗層。切半的越橘莓、小顆藍莓和藍莓以 57 度烘烤，通常需要 8 至 12 小時；大顆藍莓可能需要至少 24 小時；糖漬莓果比冷凍或用水氽燙的莓果需要花更長時間乾燥。

日曬：如要乾燥糖漬或沾果膠的莓果，在乾燥隔板上噴廚房噴油塗層；藍莓和越橘莓可能需要 2 至 4 天才能乾燥完成；體積較小的莓果比大的更快乾燥。

一般烤箱：使用放有網架的架子，用廚房噴油塗層。乾燥時，多次攪拌和調整莓果，以 57 度乾燥越橘莓和小顆藍莓最短需要 7 小時或長達 18 小時；大顆藍莓可能需要花費超過 18 小時乾燥，並不推薦以烤箱乾燥。

綠色花椰菜
BROCCOLI

通常綠色花椰菜乾燥和再水化後，外觀會變得不太美觀。因此，若正在尋找色澤明亮的綠色蔬菜作爲點綴，那就不要將此列爲考量。與醬汁一起呈現會更具魅力，或是將再水化綠色花椰菜切塊加入其他料理中。

事前準備：挑選新鮮、鮮脆、黑綠色，帶有小且緊密花苞的綠色花椰菜，花梗莖部若呈木頭狀或中空狀代表太老，不適合用來乾燥；若花球開始開花，代表已過分最佳賞味期，也不適合；其他太柔軟、鬆散的也都不適合。

確實清洗，浸泡在鹽水（1 夸脫水加入 1 茶匙的鹽）裡約 10 分鐘，去除任何昆蟲和昆蟲卵，再次沖洗。從花部底端切除，將每株花部切成適合的大小：花部 1 英寸左右，莖部厚度不超過 ½ 英寸；花椰菜梗縱切成約 ¾ 英寸厚的條狀，再切成對角線 ½ 英寸厚的切片。蒸煮約 3 分半鐘，滾水汆燙則需 2 分鐘，再放入冰水冷卻——綠色花椰菜應呈現明亮的綠色，莖部仍維持青翠。鬆散地鋪在盤子前，先將花椰菜瀝乾，盡量輕拍至乾；有時小花球會掉在盤子下方，在下方放實心層板接小花球會是不錯的方式。

完成度測試：呈現脆、黑色的狀態；莖部呈現乾癟、硬挺，花部應該會呈爽脆的感覺。

產量：因爲乾燥花椰菜無法弄碎緊密裝在一起，因此會占很多空間。1 磅切成一口大小的新鮮綠色花椰菜乾燥後，通常可以鬆鬆地裝滿 1 夸脫的玻璃罐。乾燥綠色花椰菜再水化後體積會變成兩倍。

使用：通常以滾水倒入蓋住花椰菜，浸泡約 1 至 2 小時直到莖部變軟或是冷泡整晚再水化。以滾水煨煮再水化花椰菜直到變得柔軟，可放上起司醬或奶油醬享用。若將再水化花椰菜切塊加入湯品、砂鍋、舒芙蕾或鹹派，會是不錯的選擇，也能將乾燥花椰菜製成粉末加入湯品或砂鍋料理。

乾燥方式

食物乾燥機或旋風式烤箱：放在有網架的盤子或架子上，以 52 度烘烤通常需要花 9 至 15 小時。

一般烤箱：使用放有層板的架子。乾燥時多次攪拌和調整，以 52 度烘烤短至 9 小時或長達 21 小時。

球芽甘藍
BRUSSELS SPROUTS

球芽甘藍屬於晚秋蔬菜，最佳採收時節是在第一次結霜後，此時採收的球芽甘藍味道更甜、更溫和。球芽甘藍以獨立的小芽（就像縮小版的甘藍）依附在高大、無法食用的中心主幹上生長。若是要取得最新鮮的球芽甘藍，則是在使用前從主幹上切下球芽；有時會在農夫市集裡發現連同莖部的球芽甘藍。

事前準備：準備乾燥時，將球芽甘藍外圍較硬或破損的部分摘除，如底部乾掉，則切除（通常買到的都是已經從主幹上切除的），再切半。蒸煮汆燙 5 到 6 分鐘或滾水汆燙 4 到 5 分鐘，放入冰水冷卻，瀝乾後輕拍擦乾。將切口那面朝上平鋪在盤子上，乾燥時，球芽甘藍會散發強烈的味道，不要與其他水果或嬌嫩的蔬菜一起烘烤。

完成度測試：呈現乾燥且脆，帶有稍微如扇形葉子的狀態；切開時，中心部位應該不含任何水分。

產量：1 磅新鮮球芽甘藍約可產出 1½ 至 2 杯乾燥球芽甘藍。再水化時，1 杯乾燥球芽甘藍約可產出 2 杯的分量。

使用：以熱水浸泡約 30 分到 1 小時再水化。浸泡水裡煨煮至變軟，直接單吃享用。若想增添變化，可加入起司醬或奶油醬享用。

乾燥方式

食物乾燥機或旋風式烤箱：乾燥 6 到 7 小時後，將球芽甘藍翻面；以 52 度烘烤通常需要 12 至 18 小時。

一般烤箱：可能需要超過 18 小時，因此不建議使用這個方式。

捲心菜
CABBAGE

　　紅色、綠色（白色）甘藍或大白菜（中國）皆適合用來乾燥；捲心菜無論保存、運送都很適合，常年可見。

　　事前準備：挑選整體感覺沉重、紮實的甘藍，摘除外層較硬、枯萎的葉子並切成四等分；切掉甘藍的心，將芯橫切成¼ 英寸的條狀。蒸煮 2 至 3 分鐘或者至顏色變亮、呈現青翠狀態。為了保留紫甘藍的色澤，汆燙前可灑一點醋。接著放入冰水冷卻，瀝乾並輕拍擦乾。甘藍在乾燥時會產生強烈的味道，最好不要與水果或嬌嫩的蔬菜一同乾燥。

　　另外特別說明的是，如果有大量的結球萵苣或羅馬生菜，可以與甘藍用相同的方式乾燥。蔬菜垂直切成四等分，去除芯部，芯部橫切成 ½ 英寸厚。如果喜歡，蒸煮 2 分鐘，放入冰水冷卻、瀝乾並拍乾，再按照捲心菜的步驟進行。

　　完成度測試：呈現變輕、非常青翠，較厚的主脈不帶水分的狀態。如甘藍仍呈柔韌且具彈性，代表乾燥得不夠徹底。

　　產量：甘藍的重量相當重，因此不以顆數計算而是以杯計算。2 杯緊緊裝滿的新鮮甘藍碎片約可產⅔杯裝得鬆鬆的分量。若再水化，1 杯乾燥甘藍碎片約可產出 1½ 杯的分量。

　　使用：乾燥甘藍脆片可以快速再水化，也能不再水化直接加入湯品或燉菜燉煮至少 40 分鐘。若是使用在其他用途，可以在滾水或熱水中加一點檸檬汁並浸泡到軟化，至少需要浸泡 30 分至 1 小時，再瀝乾當作冷沙拉使用，或加水煨煮以熱食享用。

乾燥方式

　　食物乾燥機或旋風式烤箱：使用有網架的盤子或架子，以 66 度乾燥 1 小時，後續溫度則調降至 57 至 60 度；每 2 小時攪拌一次，將黏在一起的甘藍分開。這樣的溫度通常需要 6 至 10 小時；外層上方較薄的部分會比中心較厚的部分更快乾燥，因此幾小時後需要將乾燥較快的部分挑出來。

　　一般烤箱：使用有網架的架子，以 66 度乾燥 1 小時，後續溫度調降至 57 至 60 度；每 2 小時旋轉架子並攪拌甘藍一次，將黏在一起的分開。這個的溫度可能需要至少 5 小時乾燥或長達 15 小時；外層上方較薄的部分會比中心較厚的更快乾燥，因此幾小時後需要將乾燥較快的部分挑出來。

哈密瓜&蜜瓜
CANTALOUPE & HONEYDEW MELONS

乾燥哈密瓜片與其他類似的果乾相比，會是個相當特別且美味的點心。因為它們無法再水化，通常以乾燥的狀態食用。

事前準備：將成熟的哈密瓜切半，用湯匙挖掉中間的籽以及任何帶有筋或軟爛的部分；大致削皮，去除任何綠色的部分（這在乾燥時會變得更黑），切成⅜英寸厚的切片，再切成約½英寸寬的塊狀。哈密瓜片不需要做事前處理。

完成度測試：呈現非常薄、如皮革般柔韌的狀態。

產量：1顆平均大小的完整哈密瓜約能產出1⅔杯乾燥哈密瓜。

使用：當作一般零食使用，或是切片加入什錦果乾內增添特別的風味。

乾燥方式：

食物乾燥機或旋風式烤箱：哈密瓜片以57度烘烤通常需要5至6小時；蜜瓜則需要更長的時間。

日曬：哈密瓜或密瓜可能需要2到3天才能乾燥完全。

一般烤箱：大約2小時後重新整理切片，以57度烘烤，哈密瓜最短需要5小時或長達10小時；蜜瓜則需要較長的時間。

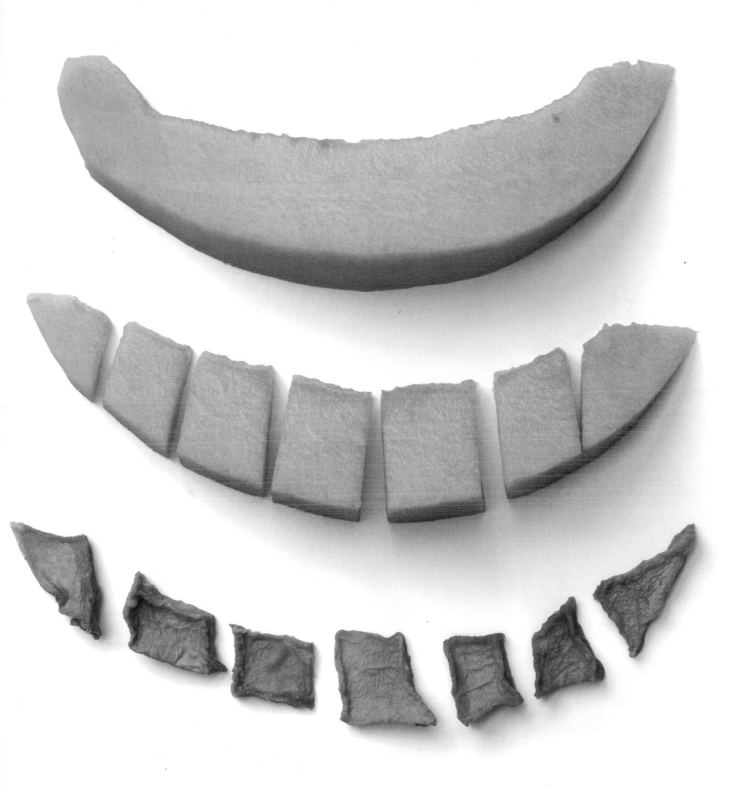

胡蘿蔔
CARROTS

胡蘿蔔在超市裡相當常見，因此總是習以為常；不過，若你曾吃過剛拔出、仍帶有日曬溫度胡蘿蔔的美好體驗，就會明白新鮮度對於胡蘿蔔的重要性。另外，在市場裡常見到的「迷你胡蘿蔔」雖然看起來很吸引人，不過這只是將大胡蘿蔔切成比較小的種類，這種比起新鮮、成熟的胡蘿蔔，質地如同木頭，甜分也偏少。

事前準備：挑選新鮮、柔軟，表面沒有任何軟掉、變黑或潮溼的胡蘿蔔；用蔬菜刷刷洗，切掉頭部。若想要較軟嫩（但營養成分較少）的胡蘿蔔乾，用蔬菜削皮刀薄薄地削皮；橫切成 ⅛ 英寸厚的圓形或切成 ¼ 英寸的切丁。為了能嘗到不同風味，同時加快胡蘿蔔乾燥和再水化的速度，可以切成 2 英寸的塊狀，再縱切成 ⅛ 英寸的板狀，再縱切成 ⅛ 的條狀；也可以在超市蔬菜區購買裝成一袋的條狀胡蘿蔔，這種也適合用來乾燥。乾燥的切碎胡蘿蔔適合用在沙拉、湯品，甚至是烘焙料理；厚胡蘿蔔切片比起薄、細小的更適合乾燥。汆燙切片、切丁或條狀的胡蘿蔔直到外觀變得明亮、顏色呈深橘色，此時外皮才剛開始變軟，內部應該仍留爽脆的感覺。條狀胡蘿蔔以蒸煮方式汆燙約需要 1 分半鐘，滾水則需 1 分鐘；切片和塊狀胡蘿蔔蒸煮需要 3 到 4 分鐘，滾水則需 2 到 3 分鐘。放冷水冷卻，瀝乾，輕拍至乾燥。切碎胡蘿蔔不需要汆燙。

完成度測試：呈現粗糙、縮小、顏色深邃，中心不帶水分的狀態；條狀和切碎胡蘿蔔通常會有點捲曲，切片的則會有點彎曲。

產量：1 磅新鮮胡蘿蔔約能產出 1 杯的胡蘿蔔乾；若再水化，1 杯乾燥胡蘿蔔約能產出 1½ 杯的分量。

使用：條狀和切碎胡蘿蔔可以不需再水化，直接加入湯品和燉菜至少再煮 30 分鐘。再水化時，將滾水倒入蓋住胡蘿蔔浸泡直到變軟，條狀和切碎胡蘿蔔可以很快再水化，通常浸泡 30 分鐘即可；切片或塊狀胡蘿蔔則需要 1 小時。再水化胡蘿蔔可加入湯品或燉菜增添風味，或是泡水煨煮至軟化後直接享用或用於食譜中。酥脆乾燥的胡蘿蔔也能製成粉末加入湯品。

乾燥方式

食物乾燥機或旋風式烤箱：乾燥切丁或條狀胡蘿蔔時，使用帶有網架的盤子或架子；切碎的胡蘿蔔則使用實心層板。乾燥 2 到 3 小時後攪拌，以 52 度乾燥。條狀或切碎胡蘿蔔通常需要 2 至 3 小時；切片或切丁需要 9 小時。

一般烤箱：切丁或條狀胡蘿蔔使用有架子的盤子或架子，切成碎片的則使用烤盤。乾燥時需多次攪拌；以 52 度烘烤，最短需要花 2 個半小時乾燥或長達 12 小時；條狀和切碎胡蘿蔔比切片或塊狀的更快乾燥。

白花椰菜
CAULIFLOWER

當我們想到花椰菜時，大多數人腦中浮現的會是白花椰菜，不過現在也可以買到或種植包含橘色、紫色和綠色各種不同顏色的花椰菜；每種顏色都有獨特的風味，都可以嘗試看看。除了顏色之外，挑選花序緊密、外觀完整的類型，不要挑選外觀鬆散的花椰菜；若出現灰點代表它已經過了最佳賞味期。

事先準備：修整和摘除葉子，以及任何從莖部突出的多餘部分，縱切成四等分。莖部立起，參考 79 頁切除堅硬的芯部，以整叢拔起花椰菜花部。將所有部分清洗乾淨，浸泡在鹽水裡（1 夸脫的水加入 1 茶匙的鹽）10 分鐘去除任何蟲子或蟲卵，再次沖洗。將較大的花叢切掉或弄碎成食用大小，如有任何部分超過 1 英寸的厚度，再切細，最厚部分不超過 ½ 英寸；芯部切成約 ½ 英寸厚度的切片，而不是食用大小，雖然有些人會將芯部丟棄。蒸煮所有尺寸的花椰菜約 3 到 4 分鐘，或以滾水汆燙約 2 分鐘，再放入冰水冷卻，瀝乾後輕拍至乾燥。花椰菜乾燥時會產生相當強烈的味道，最好不要與水果或嬌嫩的蔬菜一起乾燥。花椰菜的花序也容易掉在下方的盤子，在盤子下方放實心層板會是不錯的主意。

完成度測試：呈現脆或酥脆、最厚的部位不帶水分的狀態；色澤比新鮮的花椰菜深邃。

產量：1 磅新鮮花椰菜約能產出 1½ 杯鬆散包裝的乾燥花椰菜；若再水化，1 杯乾燥花椰菜約可產出 1½ 杯的分量。

使用：再水化時，熱水浸泡約 30 至 45 分鐘或冷泡整晚。再水化花椰菜可加入湯品或燉菜做額外烹煮，或浸泡在水裡煨煮直到變軟直接享用。乾燥的花椰菜，特別是討喜又美味的橘色花椰菜，是可以乾燥形式呈現的酥脆點心，味道美味得令人吃驚；參考 263 頁花椰菜爆米花食譜為調味變化。

乾燥方式

食物乾燥機或旋風式烤箱：使用有網架的盤子或架子。乾燥 3 到 4 小時後攪拌，花椰菜以 52 度烘烤通常需要 6 至 10 小時。

一般烤箱：使用有網架的架子；烘烤時需多次攪拌和調整，以 52 度烘烤最短需要 7 小時或長達 15 小時。

如何去除花椰菜芯部

切除和丟棄葉子和莖部。

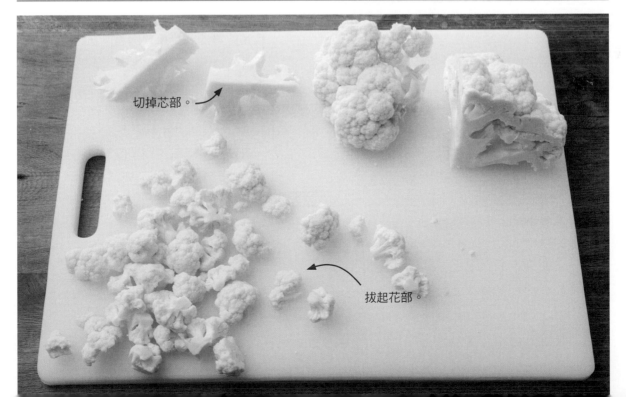

切掉芯部。

拔起花部。

西洋芹
CELERY

西洋芹鮮少在家中的園圃內種植，但一整年都可以看到它的身影，甚至在小型店鋪也能看到。挑選鮮脆、色澤明亮，帶有新鮮葉子的芹菜，若芹菜看起來軟塌塌的或是色澤開始褪色，則不適合乾燥。芹菜乾燥時，會濃縮風味，失去原本吸引人的香脆口感，最好的使用方式是加入湯品、燉菜、砂鍋以及其他料理中作為提味。

事前準備：清洗、整理莖部，切除葉子，參考 157 頁的指示以調味料的方式乾燥。西洋芹的乾燥速度很慢，如果正準備將西洋芹加入含有乾燥較快的蔬菜混合乾燥食物內，乾燥前先去除芹菜的纖維——比起沒有去除纖維的西洋芹，去除纖維的再水化僅需一半的時間。折斷靠近末端的部分，莖部正好與纖維黏在一起，再從莖部邊緣去除纖維；去除纖維會減少整體產量 1 磅的分量。

無論是否去除纖維，將西洋芹切成 ¼ 英寸的切片，可以不做事先處理就乾燥，不過若有經過約 2 分鐘的蒸燙事前處理，色澤會維持地更好，再水化的速度也會加快。

完成度測試：乾燥後的西洋芹會縮得非常小且變得乾癟，顏色有點黑，有些會變得非常硬或脆；乾燥西洋芹特別容易發霉，除非中心乾燥得非常完全。

產量：乾燥時，西洋芹的體積會急劇縮小；1 磅的新鮮西洋芹（平均一束西洋芹切片後約有 4 杯的量）約可產出一半的乾燥西洋芹切片。若再水化，分量會增加兩倍或三倍。

使用：去除纖維的西洋芹可以不經再水化直接加入湯品和燉菜，再燉煮至少 45 分鐘。再水化時，倒入滾水浸泡至變軟，去除纖維的西洋芹約需要 1 小時，沒有去除的則需要 2 至 3 小時。再水化西洋芹可加入湯品或燉菜做額外燉煮，或泡在水中煨煮直到變軟，使用在沙拉或其他不需要再次燉煮的料理中。將乾燥西洋芹製成的粉末用於蔬菜肉湯粉末中味道相當出色，也可加入湯品、砂鍋中；非常建議使用小型的電動磨豆機／研磨機製作，果汁機可能不太適合用在這種細小、堅硬的食物。

乾燥方式

食物乾燥機或旋風式烤箱：使用有網架的盤子或架子，每 2 小時攪拌一次；以 52 度烘烤通常需要 7 至 12 小時，去除纖維的西洋芹會更快乾燥。

一般烤箱：使用有網架的架子，乾燥時每 1 至 2 小時攪拌一次；以 52 度烘烤，最短需要 6 小時或長達 18 小時，去除纖維的西洋芹會更快乾燥。

櫻桃
CHERRIES

我們可以在超市和農夫市集裡發現各種不同種類的可口櫻桃，顏色範圍從黃色帶有紅色色調、明亮紅色到深酒紅色的應有盡有。根據種類和產地，從初夏到晚夏期間，都能找到當地種植的甜櫻桃。過季的櫻桃在分量上會貴到難以用來乾燥，不過在冬季假期水果蛋糕季節之前，少量的糖漬櫻桃能增添趣味。通常比較難尋得酸櫻桃，或許在仲夏時節能在農夫市集和自採農園中找到；大部分的酸櫻桃外觀呈現明亮的紅色，有些則是偏黑的紅色。

事先處理：只要肉質肥碩，果核與果肉呈現良好比例，任何種類的櫻桃都可以乾燥（野生黑櫻桃、野櫻莓和歐洲酸櫻桃裡面幾乎都是果核，不適合用來乾燥）；挑選確實成熟但仍紮實的品種，外觀色澤顏色較淡或呈明亮紅色

的櫻桃，通常成熟時會呈現有點半透明狀態。在乾燥前，可能也需要去除果核；一些櫻桃成熟時仍保持硬挺的狀態，像是賓櫻桃（Bing cherries），這種通常很難分開果肉與果核，因此，在購買大量櫻桃乾燥前先嘗試幾顆。對於大多數的櫻桃，使用按壓式櫻桃去籽機能加速這項單調的作業，很值得投資購買；可以在廚房用具器材店和老式五金行店鋪找到這種手持的工具。不然就是將櫻桃切半，用手指或小器具將果核撬開。若櫻桃果核較小可以整顆乾燥，不過需要較長的時間。若是希望得到好的成果，根據櫻桃的尺寸切半會比較容易成功；若希望得到軟嫩、顏色豐富且帶有微微色澤的乾燥櫻桃，可以將櫻桃沾上果膠，或是在乾燥前糖漬 5 分鐘。

冷凍或罐頭櫻桃也適合用來乾燥，不過通常不會是個實惠的選擇。冷凍櫻桃需解凍和瀝乾，乾燥前切半，如果喜歡也可以糖漬 5 分鐘或沾果醬；罐裝櫻桃需瀝乾並稍微沖洗，乾燥前再次瀝乾。無論是冷凍或罐裝的切半櫻桃，都很適合用來糖漬，可參考 208 頁的作法。

完成度測試：比起新鮮櫻桃，乾燥櫻桃會呈現扁平、皺褶、粗糙且顏色變得更黑的狀態；沾果醬的櫻桃顏色上會更明亮，有點軟不過不會沾黏；糖漬櫻桃則較柔韌，稍稍帶有黏性，不過裡面不含水分。

產量：根據種類和果核大小，1 磅新鮮、完整的櫻桃約能產出 ¾ 到 1 杯的乾燥櫻桃；若再水化，1 杯切半乾櫻桃能產出 1¼ 杯的分量。

使用：自製的甜櫻桃是令人愉悅的點心，加在綜合水果乾和什錦果乾裡都相當適合。乾燥甜切半櫻桃可運用在任何需要葡萄乾或蔓越莓乾的食譜裡，味道雖然不太一樣，不過在食譜上完全沒有問題。乾燥酸櫻桃可能會太酸，難以食用，不過再水化後，適合用在派、醬汁、厚皮水果派或其他類似料理中；將乾燥甜或酸櫻桃熱水浸泡約 30 分鐘或冷泡整晚再水化。

乾燥方式

食物乾燥機或旋風式烤箱：使用有網架的盤子或架子；如要乾燥沾果膠或糖漬的櫻桃，乾燥前先噴上廚房噴油塗層。小顆切半櫻桃以 57 度烘烤，通常需要 10 到 15 小時，大顆切半櫻桃通常需要 14 至 20 小時；整顆完整櫻桃可能需要 24 小時或更長的時間。

日曬：若要乾燥沾果膠或糖漬的櫻桃，使用廚房噴油噴在乾網架上塗層；切半櫻桃可能需要 1 至 2 天才能乾燥完成，整顆櫻桃可能需要長達 5 天。

一般烤箱：大顆切半櫻桃和完整櫻桃需要 24 小時或更長的時間，不推薦用烤箱乾燥；小顆切半櫻桃則使用有網架的架子，如乾燥沾果膠或糖漬的櫻桃，乾燥前先噴上廚房噴油塗層。每 2 小時攪拌和整理櫻桃一次，將黏在一起的部分分開；以 57 度烘烤，小顆切半櫻桃最短需要 10 小時或長達 22 小時乾燥。

玉米
CORN

　　新鮮甜玉米摘下後若能立刻料理能維持最佳口感，當然乾燥玉米若能在摘下後立刻處理，同樣也能產生最佳口感。玉米內的天然糖分摘取後會轉為澱粉，使玉米粒變硬並降低甜分，現在的超甜玉米品種則提供了一點彈性，摘取後仍能長時間保存甜分。店內販賣的冷凍玉米通常是在摘取的同一天直接冷凍，所以也適合用來乾燥。如果正準備露營用的餐點或製作其他混合乾燥食物，比起過季的生玉米或是已經放在超市好幾天枯萎的玉米，最好還是購買冷凍的新鮮玉米。冷凍的新鮮玉米不需要事前處理，只要倒入盤子，直接乾燥即可（很快解凍）。

　　如果打算買或摘取新鮮的玉米，可以透過玉米葉按壓玉米穗，玉米穗軸應平均包覆飽滿的玉米粒。若從後端撕開一些玉米葉，用手指按壓玉米粒，應該會擠壓出乳白色的汁液。玉米鬚應該有水分以及黏黏的感覺，玉米葉則是明亮的綠色，緊緊包覆玉米芯，莖部的底部應看起來新鮮而非褐色和枯萎。纖維含量高的老玉米在新鮮時就很硬了，不過在乾燥後會變得更硬，因此不要嘗試乾燥。

　　事前準備：先拔除準備乾燥的新鮮玉米的玉米葉和玉米鬚，蒸煮或水煮 1 分半到 3 分鐘，直到玉米粒不再呈現乳白色，再立刻將整串玉米放在裝有非常冰的冰水盆子裡冷卻，瀝乾玉米，將玉米粒從玉米穗切除。玉米鋪在單層盤子，因為細小、較硬的玉米粒會從網架掉落，並將更小的玉米粒壓到下面，因此在盤子下方放空盤子接掉落的玉米會是不錯的方式。

　　完成度測試：呈現深金黃偏褐色、堅硬、有皺褶的狀態。

　　產量：1 夸脫的玉米粒（大約是 5 到 6 條標準玉米）約產出 1½ 杯乾燥玉米粒；若再水化，1 杯乾玉米約可產出 2 杯的分量。

　　使用：再水化時，倒入 2 次滾水（1 杯玉米加 2 杯水）浸泡到變軟，通常需要 1 至 2 小時；再水化玉米可加入湯品或燉菜做額外料理，或是浸泡在水裡煨煮直到變軟直接享用，亦可使用在其他食譜裡。如果有研磨機，可以將乾玉米粒磨成粉製成玉米粉。

乾燥方式

　　食物乾燥機或旋風式烤箱：使用有網架的盤子或架子；大約乾燥 2 小時後攪拌，以 52 度烘烤通常需要 6 至 12 小時；新鮮玉米比冷凍玉米需要更多時間乾燥。

　　一般烤箱：使用有網架的架子；乾燥時多次攪拌，以 52 度烘烤最少需 6 小時或長達 18 小時；新鮮玉米比冷凍玉米需要更多時間乾燥。

蔓越莓
CRANBERRIES

蔓越莓適合運送，因此每當晚秋到冬至時，在多數不屬於產區的超市裡都可以看到其新鮮的身影；它們也可以冷凍保存，通常能在超市冷凍區發現，新鮮和冷凍蔓越莓都可用來乾燥。

事前準備：蔓越莓堅硬的外皮可能防止內部乾燥，可以將整顆蔓越莓切半，讓果肉露出，不過這個處理過程很單調，僅適用於量少的狀況；量多的狀況時，可以將整顆蔓越莓泡在水裡汆燙、蒸煮或糖漬，這樣能檢查蔓越莓的外觀是否有損，蔓越莓也能更快乾燥。

乾燥前，將蔓越莓糖漬 5 分鐘是最佳的選擇，接著稍微瀝乾；此前置作業比僅用水汆燙，會讓蔓越莓乾變得更軟、更甜美。乾燥、糖漬甜蔓越莓與市售甜蔓越莓乾相當類似，可以用相同方式使用。如果比較喜歡不甜的蔓越莓乾，則以滾水汆燙 90 秒，或是蒸煮約 2 分鐘以檢查果皮，也可以聽聽看蔓越莓外皮裂開的聲音以檢查外觀；如果使用冷凍蔓越莓，在還是冷凍的狀態直接倒入滾水汆燙 1 分鐘。未經糖漬的蔓越莓乾適合用來製作蔓越莓醬，或其他對於其酸性不在意的料理——蔓越莓太酸，難以作為一般零食或運用在需要市售蔓越莓乾的食譜裡。

完成度測試：呈扁平、皺褶、粗糙，帶有明亮的深紅色外觀；糖漬蔓越莓帶點光澤。蔓越莓乾帶有柔軟與嚼勁的口感，不過裡面應該沒有任何水分，擠壓時，應富有彈性而非軟爛。

產量：1 磅新鮮、完整的蔓越莓約會產出 1½ 杯的蔓越莓乾；當蔓越莓膨脹、變軟時，1 杯蔓越莓乾會產出約 1½ 杯的分量。

使用：糖漬蔓越莓乾的使用方式與市售的甜蔓越莓乾相同，通常也能用在混合乾燥食物和穀物燕麥片裡。葡萄乾、蔓越莓乾泡在滾水或稍微煮過後會膨脹、變軟，因此若要再水化，用熱水浸泡 1 至 2 小時或冷泡整晚。膨脹、軟化不甜的蔓越莓可當作醬汁直接使用或用在其他含糖料理中，或是任何需要煮過蔓越莓乾的食譜中，也可以做成泥狀加入綿密醬料增加甜分。

乾燥方式

食物乾燥機或旋風式烤箱：使用有網架的盤子或架子。如要乾燥糖漬蔓越莓，噴上廚房噴油塗層，以 57 度烘烤通常需要 14 至 25 小時，切半蔓越莓乾燥得較快。

日曬：在網架上噴上廚房噴油塗層。如要乾燥糖漬蔓越莓，一天內需多次攪拌；蔓越莓可能需要 2 至 4 天才能乾燥完全。

一般烤箱：蔓越莓可能需要超過 24 小時乾燥，因此不推薦使用這個方式。

黃瓜
CUCUMBERS

乾燥黃瓜可以當作一般點心享用；不過，乾燥黃瓜無法再水化恢復成原本新鮮的狀態。

事前準備：如用一般的黃瓜切片，盡量在種子成熟前使用；比起大又粗、皮又厚的黃瓜，外層薄、細又堅硬的黃瓜內的種子較小。日本和美國黃瓜幾乎沒有種子，不然種子也非常小又柔軟；兩種種類皆可以在自家園圃內種植，或是用昂貴的價格在高級超市或最新的農夫市集裡購買。

將黃瓜清洗乾淨，特別是經過蠟處理的黃瓜，不用削皮，直接橫切成 ¼ 英寸厚，鋪在同一層盤子上，不要重疊。

完成度測試：重量變輕、變脆，切片可能會彎曲或變波浪狀。

產量：一條平均、新鮮黃瓜片鬆散包裝約能產出 ¾ 到 1 杯的乾燥黃瓜切片。

使用：乾燥黃瓜通常當作餅乾食用，能單吃或沾醬享用；特別適合用來沾鷹嘴豆泥。將乾燥黃瓜切片或搗碎加入生菜沙拉，也能切成小薄片當作調味料點綴。記住乾燥黃瓜片不易保存，盡量不要長期存放。

乾燥方式

食物乾燥機或旋風式烤箱：黃瓜以 52 度烘烤，通常需要 4 至 6 小時。

一般烤箱：在乾燥時，每小時重新調整防止邊緣的黃瓜烤焦；以 52 度烘烤最短需要 3 個半小時或長達 9 小時。

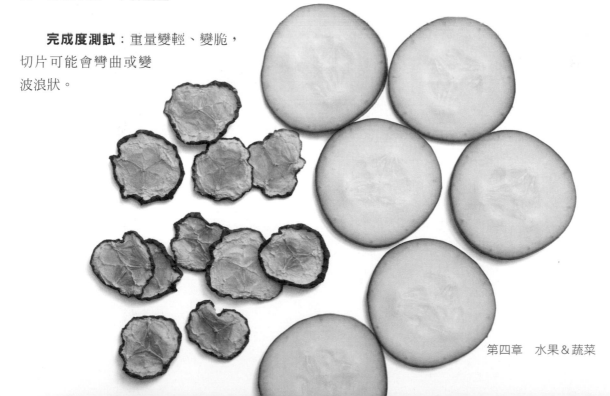

醋栗
CURRANTS

首先得釐清一些問題。通常店裡販售的「黑醋栗」，實際上是稱作「桑特」（Zante，學名 *Vitis vinifera*）的無籽小葡萄，這種黑色小葡萄大約是一般葡萄四分之一的大小，通常會做成葡萄乾，就像所有生長在藤蔓的葡萄一樣。真正的醋栗其實是生長在灌木、歸類為醋栗屬（Ribes）——通常也包含鵝莓（goosecherries）——的小型莓果。另一個讓此稱為植物神奇種的原因是，根據某一項研究報告指出，醋栗有預防阿茲海默症以及其他疾病的功效——至少現在討論的確實是「黑醋栗本身」，而不是葡萄乾的冒名頂替者。

在美國通常會種植三種醋栗類型以販售，在家中園圃也常看到，即白色、紅色和黑色的醋栗。白醋栗其實是紅醋栗的一種，味道美味、酸甜；這兩種作成果醬或糖漬都很受歡迎，通常會用在夏季水果布丁、水果湯等甜點裡。黑醋栗味道較強烈，味道如同麝香，通常會製作成食物保存、果汁、糖漿或類似的食品。所有顏色的醋栗都可用於在開胃菜中，甜美的味道適合搭配豬肉、羊肉、牛肉和鹿肉；除了培育的種類，另外還有超過十二種以上的醋栗野生生長在北美和美西；在西部地區較常看到金色的醋栗通常也很美味，不過其他品種也很值得尋找。

事前準備：挑選成熟且帶有緊實、光澤外觀的醋栗；以冷水沖洗一大串醋栗，摘掉醋栗的莖部，以滾水汆燙 30 至 60 秒檢查外皮，再放入冰水冷卻，鋪在盤子前瀝乾。基本上不需要其他事前處理。

完成度測試：呈現乾癟、粗糙，帶有嚼勁，中心不含任何水分。

產量：半磅新鮮、完整的醋栗約可產出半杯乾燥醋栗。

使用：乾燥醋栗可以作為醬汁裡的一種材料，不過乾燥醋栗無法像新鮮水果般再水化，通常以乾燥狀態食用。另外也適合作為市售乾燥甜醋栗的替代品，僅在需要醋栗的食譜裡使用一半的分量。乾燥醋栗雖然味道有點不一樣，不過也能取代市售醋栗用於烘焙和其他食譜。一些醋栗種類不含籽，不過大多數的醋栗都含有小的種子，在吃完後的盤子上可能會有點顯眼。

乾燥方式

食物乾燥機或旋風式烤箱：使用含有網架的盤子或架子；以 57 度烘烤通常需 12 至 18 小時。

日曬：一天攪拌 2 次，醋栗可能需要 2 至 3 天才能乾燥完全。

一般烤箱：醋栗可能需要長至 18 小時，因此不推薦此方式。

茄子
EGGPLANT

這種蔬菜在乾燥後味道更佳。當再水化、用平底鍋煎或使用在砂鍋料理時，事前乾燥過的茄子會比料理後如棉花般柔軟的新鮮茄子質地稍微偏硬。無論是自家種植或購買，都會有至少六種以上的茄子種類可以挑選，所有品種都能成功乾燥，特別是體積較小的品種表現最佳，主要是因為種子通常較苦也較小。

事前準備：將茄子削皮，橫切成 ¼ 英寸厚。如果體積較大，則全部切成片狀，或切成 ⅓ 英寸的條狀或 1 英寸的塊狀。一些可蒸煮 2 至 3 分鐘去除苦味，汆燙過的茄子會在乾燥時變得相當黑。

完成度測試：呈現重量變輕、體積縮小並粗糙的狀態，中心應該不含水分。未經過汆燙的茄子乾燥時，顏色會變成淡褐色；而汆燙過的則會變成深褐色。

產量：1 磅新鮮茄子鬆散包裝約可產出 2 杯乾燥茄子；若再水化，1 杯乾燥茄子約可產出 1¼ 杯的分量。

使用：茄子能快速再水化，如不經過再水化，可直接加在湯品或燉菜中至少燉煮 30 分鐘；若再水化，以熱水浸泡 1 小時或冷泡整晚。如果希望油炸新鮮茄子或使用在砂鍋料理則可以再水化乾燥茄子。

乾燥方式

食物乾燥機或旋風式烤箱：以 52 度烘烤茄子通常需要 8 至 10 小時。

一般烤箱：乾燥時，重新整理、翻面 1 至 2 次；以 52 度烘烤最短需要 7 小時或長達 15 小時。

無花果
FIGS

在美國，無花果通常生長在溫暖、乾燥的西岸；如果居住在適合無花果生長的地區，就可以享受乾燥這個美味又富營養價值的水果。成熟的無花果非常軟嫩，並不適合運輸，通常在其他地區不易看到，或是價格貴到不適合用來乾燥。

事前準備：挑選確實成熟的無花果用來乾燥。溫柔地清洗，切除任何莖部殘留。若是要加快乾燥，可將無花果切半或切成 ¾ 英寸，或垂直對切成四等分；切半和整顆無花果亦可進行乾燥，但比切成小塊的無花果需要花更多時間。整顆無花果在乾燥到表皮裂開前，應該先蒸煮或用水汆燙約 30 秒。

完成度測試：呈現有嚼勁、柔韌的口感；切面應該不會沾黏，中心不含水分。整顆無花

果可能會呈現向下有點裂開的狀態，切半和四等分的無花果邊緣可能會稍微內縮。

產量：根據形狀，1 磅新鮮無花果約可產出 1¼ 到 2 杯的乾燥無花果。

使用：乾燥無花果是一種美味的點心，切成碎片適合搭配什錦果乾或綜合水果乾。若切成四等分、稍微有點軟的乾燥無花果塊，可用在任何需要葡萄乾的食譜裡；塊狀無花果蒸煮 5 到 10 分鐘，使用前先冷卻。將水倒入剛好超過燉煮切塊的乾燥無花果，煮到無花果變軟，可加在糖漬水果內增添美味。

乾燥方式

食物乾燥機或旋風式烤箱：使用有網架的盤子或架子，將切成四等分或切半的無花果切面朝上鋪在盤子或架子上，感覺不會沾黏時再翻面。切成小塊的無花果以57度烘烤，約需6至10小時；切成四等分的需要20至30小時；切半的需要24至36小時；整顆則需至少48小時。

日曬：將切成四等分或切半的無花果切面朝上放在乾燥盤，摸起來不覺得沾黏時翻面。小塊的通常需要 1 至 2 天；四等分和切半的可能需要 4 天；整顆無花果則至少需要 6 天或更長。

一般烤箱：整顆、切半和四等分的無花果需 18 小時，因此不推薦。切成小塊的無花果放在有網架的架子上，每 2 小時攪拌、重新整理；以 57 度烘烤最短需 5 小時或長達 15 小時。

鵝莓
GOOSEBERRIES

在市面上通常很少看到鵝莓，不過能在農夫市集和路邊攤販發現其蹤跡；也容易在野外看到，對於尋覓者來說是很好的選擇，因為鵝莓好辨識、方便摘採，產量也很豐富。不像大多數其他的水果，鵝莓在綠色和成熟時都能利用；綠色的階段相當酸澀，即便是成熟的鵝莓通常也還帶有一點酸澀。有一些野生鵝莓會被小又尖銳的藤蔓覆蓋，這些種類就不適合用來乾燥。

綠色鵝莓的外觀應該會有點半透明，雖然味道酸澀但吃起來還算令人愉悅。如果是偏酸澀且硬的狀態，那就表示尚未成熟。成熟鵝莓的味道甜美，外觀的顏色會呈現紅色、紫色到黑色不等，甜度則依種類而異。無論是哪一種顏色，擠壓時鵝莓都能承受壓力。

事前準備：以冰水清洗鵝莓，拔掉或剪掉萼部，其底部會帶有如尾巴的花朵殘留在上，也需要移除。此外，鵝莓擁有天然塗層防止裡面乾燥，需要藉由蒸煮 1 分鐘或用水汆燙 30 秒讓外皮裂開做檢查；也可以糖漬 5 分鐘後，稍微沖洗檢查。乾燥後，糖漬鵝莓會比用滾水汆燙更軟、更甜，顏色也會更鮮艷。

在乾燥前冷凍鵝莓也會產出不錯的成果，可以參考 67 頁「藍莓」的指示進行。

另外，並不推薦在乾燥鵝莓前未經過任何事前處理，這種水果通常會膨脹以及變軟，但是可能裡面尚未乾燥完全。

完成度測試：呈現縮小、乾扁、粗糙，顏色偏黑且帶有皺褶的狀態；糖漬鵝莓會變得柔韌，帶有一點黏性，但是裡面不含水分。

產量：1 磅新鮮鵝莓約可產出 1⅓ 杯的乾鵝莓；再水化後 1 杯乾鵝莓約可產出 1½ 杯的分量。

使用：乾燥、成熟的鵝莓會有點酸，但仍可當作點心食用，特別是有經過糖漬處理的鵝莓，其酸性很適合用來搭配一些綜合水果乾和什錦果乾；也可以加入任何需要葡萄乾或蔓越莓乾的食譜裡，即便味道會有點不一樣，不過同樣能達到效果。乾燥過的綠色鵝莓乾通常適合使用在醬汁、派或其他料理中；成熟的乾燥鵝莓可以用熱水浸泡 1 到 2 小時或冷水泡整晚進行再水化，並以相同的方式使用。

乾燥方式

食物乾燥機或旋風式烤箱：使用有網架的盤子或架子；如要乾燥糖漬鵝莓，則在盤子噴上廚房噴油塗層。以57度烘烤，小的鵝莓通常需要8至10小時；大的鵝莓可能需要至少24小時乾燥。

日曬：如果是乾燥糖漬鵝莓，則在乾燥盤上噴上廚房噴油塗層。小的鵝莓可能需要 1 至 2 天；大一點的則需至少 4 天乾燥。

一般烤箱：因為鵝莓需要花費很長的時間乾燥，因此不推薦用此方式。

葡萄（葡萄乾）
GRAPES (RAISINS)

首先先提供一些建議。如果你需要從超市購買葡萄，那麼這可能不值得花時間乾燥，因你可以用很實惠的價格買到葡萄乾，自家製的葡萄乾可能需要花費更多成本與時間乾燥，味道通常也相差無幾。不過，若是自己種植葡萄、居住在葡萄產地或是能採到野生葡萄，那麼製作葡萄乾就會比較說得過去。無論是用買的或採的，你可能都想要自己乾燥葡萄，以避免買到含有亞硝酸鹽的葡萄乾。

事前準備：在尚未準備製作前，先讓葡萄留在藤蔓上；一旦葡萄末端暴露在空氣中就會很快腐壞。丟棄任何爛掉或乾癟的葡萄，或有一點軟掉、帶有發霉跡象的葡萄。所有野生葡萄都含有籽，當然自家種植的種類也是，因此需要在乾燥前去除籽。將所有的葡萄切半，用小刀尖端移除籽，將葡萄放在光線明顯處，檢查裡面的籽是否都已經去除；不過你可能會想到這個作業考需要花很長時間。基本上切半的葡萄不需要事前處理，僅需要將葡萄鋪在層板上，將切面朝上乾燥即可。

如果很幸運地使用不含籽的葡萄，可以將整顆葡萄用來乾燥，僅需要清洗、從葡萄串上一顆顆拔下來，不需要其他任何事前處理；不過這可能需要很長的時間乾燥。為了加快乾燥速度，可以蒸煮或水煮氽燙小葡萄約 60 秒、大葡萄約 90 秒，使外皮裂開加速乾燥；另一種方式是糖漬葡萄，小葡萄糖漬 5 分鐘、大葡萄糖漬 8 分鐘，糖漬會比蒸煮或水煮更快乾燥，並帶有更甜的味道。

完成度測試：自製葡萄乾與市售的類似；根據葡萄種類，葡萄乾可能會呈現金色、偏紫色或黑褐色；按壓時，應該富有彈性，而非軟爛。糖漬葡萄乾比起沒有糖漬的，會稍微帶有黏性、偏軟但更富嚼勁。

產量：1 磅新鮮葡萄約可產出 ¾ 到 1 杯的葡萄乾。

使用：乾燥葡萄是一種美味的點心，適合搭配綜合水果乾和什錦果乾，可以用在任何需要葡萄乾的食譜裡；就像葡萄乾一樣，乾燥葡萄用熱水浸泡後或稍微煮過後會膨脹，不過乾燥葡萄無法還原成新鮮葡萄。

乾燥方式

食物乾燥機或旋風式烤箱：使用有網架的盤子或架子；如果是乾燥糖漬葡萄，則在盤子上噴上廚房噴油塗層。在乾燥約 6 小時後翻面，以 57 度烘烤，整顆小型葡萄或切半大顆葡萄的乾燥時間，通常需要 12 至 20 小時；整顆大葡萄則需要 36 小時或更長的時間乾燥。

日曬：如果是乾燥糖漬葡萄，則在乾燥盤上噴上廚房噴油塗層。在乾燥第　天結束時將葡萄翻面，晚上將盤子拿進室內；根據尺寸，可能需要 3 至 5 天才能乾燥完全。

一般烤箱：因為葡萄需要花很長的時間乾燥，因此不建議用此方式。

綠葉蔬菜
GREENS

甜菜葉、芥蘭菜葉、蒲公英葉、無頭甘藍葉、芥菜、菠菜、瑞士彩虹甜菜以及蕪菁葉這些葉菜類皆能乾燥，可以製作出一整年嘗起來如新鮮蔬菜的分量。將大片葉子切成或撕成能夠處理的尺寸，撕掉任何粗的莖部（將莖部保存，另外儲存；將蒼蓬菜梗當作蔬菜燉煮也很美味）。葉菜徹底清洗，去除任何在葉子上的砂礫；將蔬菜放入脫水器瀝乾。

事前準備：自由選擇是否汆燙；葉菜類若在乾燥前蒸煮約 1 分鐘，成果會比沒有蒸煮的顏色更深、更明亮，汆燙後再將蔬菜用脫水器瀝乾。不過葉子較薄的蔬菜像是菠菜、蒲公英葉等，最簡單的方式是不經過汆燙直接鋪在盤子上，將蔬菜有間距地排在盤子上。捲曲的無頭甘藍葉會占較多空間，如果是使用方形或自製的食物乾燥機，取出一些盤子騰出足夠空間；如果使用堆疊式食物乾燥機，將捲曲的無頭甘藍葉切成小片以便放入盤子內。乾燥期間需將蔬菜翻面，也許一些小片的蔬菜會掉落，可以將小片蔬菜放在最下方，或是在下方放實心隔板的空盤子。保存時，盡量放入玻璃罐而非塑膠夾鏈袋，這樣可避免被壓碎。

完成度測試：呈現酥脆、硬且脆的口感。

產量：根據綠葉蔬菜不同的厚度與質地，很難準確測量分量；一般來說，乾燥的綠葉蔬菜大概會占新鮮、切片蔬菜約三分之二的分量。舉例來說，6 杯切塊的無頭甘藍葉乾燥後，大約可裝滿 1 夸脫的罐子；若再水化，3 杯乾燥綠色蔬菜約可鬆鬆地裝入 1½ 杯的分量。

使用：乾燥綠葉蔬菜再水化快速，也可以不經過再水化直接加入湯品和燉菜至少燉煮 20 至 30 分鐘。若要再水化作為一般煮過的蔬菜或用在其他食譜裡，3 杯乾燥綠葉蔬菜加入 1½ 杯的滾水，可加入一點檸檬汁增添色澤，加蓋以小火燉煮 15 分鐘。乾燥綠葉蔬菜製成粉末相當簡單，將蔬菜粉加入肉湯和其他湯品中增添風味與營養價值。

乾燥方式

食物乾燥機或旋風式烤箱：使用有網架的盤子或架子。在乾燥第一小時和第二小時翻面、撥開蔬菜；以 52 度烘烤通常需要 3 至 5 小時。

一般烤箱：使用有網架的架子；乾燥時每小時翻面、撥開葉子；以 52 度烘烤最短需要 3 小時或長達 7 小時。

芥蘭頭
KOHLRABI

這個屬於甘藍家族的成員，味道嘗起來像是蘿蔔和蕪菁的綜合；可食用的部位為根部。若要乾燥，盡量挑選中型尺寸的種類，大顆的味道可能會較強烈。

事前準備：拔掉、去除葉子和莖部；削皮，切成 ¼ 英寸厚的切片，再依喜好切成條狀、塊狀或四等分。蒸煮 3 至 4 分鐘，或滾水煮 2 至 3 分鐘，接著放入冰水冷卻，瀝乾、輕拍至乾。

完成度測試：呈現清脆、硬且脆，顏色偏黑的狀態，較厚的部分應不含水分。

產量：1 磅新鮮芥蘭頭約可產出 ¼ 至 ½ 杯的乾燥芥蘭頭；再水化時，1 杯乾燥芥蘭頭約可產出 1½ 杯的分量。

使用：再水化時，以熱水浸泡 1 至 2 小時或冷泡整晚。再水化的芥蘭頭可加入湯品或燉菜做額外料理；以熱水煨煮至軟化並以奶油、鹽和胡椒點綴也很美味；也可以烤蘑菇或磨碎核果點綴，營造特別口感。乾芥蘭頭亦可磨成粉加入湯品或砂鍋料理。

乾燥方式

食物乾燥機或旋風式烤箱：使用有網架的盤子或架子；以52度烘烤通常需 12 至 18 小時。

一般烤箱：芥蘭頭可能需要超過 18 小時乾燥，因此不推薦此方式。

大蔥
LEEKS

　　屬於洋蔥家族的大蔥，外觀看起來像頂端如風扇扇開的硬挺葉子的大型青蔥（scallion），其葉子相當硬，無法當作蔬菜食用（不過可以保存用來增添風味）。

　　事前準備：大蔥白色部分是食用部位。從底部切掉葉子，這裡白色的部位漸變成淡綠色，也從底部將硬挺的根部去除。以垂直方向處理大蔥不需要的部位，以冷流水沖掉大蔥間的砂礫，接著切半，切成 ¼ 英寸的半圓狀，不需要預先處理。

　　完成度測試：呈現清脆、重量變輕的狀態。

　　產量：1 杯新鮮切片大蔥約可產出 ½ 杯的乾燥大蔥；再水化時，1 杯乾燥大蔥約可產出 1½ 杯的分量。

　　使用：乾燥大蔥再水化快速，也可以不經過再水化直接加入湯品和燉菜燉煮至少 20 分鐘；若要再水化使用在其他食譜裡，加蓋以滾水或熱水浸泡約 15 分鐘。乾燥大蔥磨成粉相當簡單，將大蔥粉末加入肉湯或其他湯品中可增添風味。

乾燥方式

　　食物乾燥機或旋風式烤箱：使用有網架的盤子或架子。烘烤 1 或 2 小時後攪拌，分開任何擠在一起的大蔥；以 52 度烘烤通常需要 5 至 8 小時。

　　一般烤箱：使用有網架的架子；烘烤 1 至 2 小時後，攪拌分開擠在一起的大蔥；以 52 度烘烤最短需 4 小時或長達 12 小時。

檸檬、萊姆
LEMONS, LIME

參閱 106 頁「柳橙、檸檬、萊姆 & 其他柑橘類水果」。

芒果
MANGOES

　　一些市售芒果來自加州、佛羅里達州、德州和夏威夷，不過大部分其實是來自墨西哥。大多數的芒果種植在赤道地區，在美國僅能看到幾個品種，其中最常見的有湯米愛特金芒果（Tommy Atkins），外觀主要為綠色但帶有部分紅色的大型芒果；另一種則是帶有黃色外皮、較小顆、味道更甜但較少看到的香檳芒果（Champagne mango）。芒果最佳產期從初夏到早秋，成熟芒果能承受輕微的按壓，如果摸起來仍是硬的，將芒果放在平台上幾天讓其成熟，不過不要放到軟掉，否則芒果的筋會變多。很容易在超市冰箱找到去皮的切塊芒果，這種比起大塊芒果可以不經事前處理就進行乾燥。乾燥芒果是一種美味、甜美的點心；糖漬切塊芒果也是很棒的選擇，可參考 208 頁的介紹。新鮮芒果的果肉柔軟多汁，帶有大、平坦、多纖維的芯部。

　　完成度測試：呈現粗糙、具彈性、顏色偏淡橘色、口感如雪酪的狀態。乾燥後的塊狀芒果會縮小、變扁，特別是中間的部分；較厚的芒果稍微按壓仍具彈性，最厚的部分不含水分。冷凍芒果乾燥後會帶一點光澤，新鮮芒果乾燥後表面顏色會變得較黯淡。

　　產量：一顆標準芒果若是鬆散地裝入，約可產出 ¾ 杯的乾燥芒果；再水化時，一般乾燥芒果約可產出 1½ 杯的分量。

　　使用：乾燥芒果是一種令人愛不釋手的美味點心，可以將乾燥芒果剪成小塊加入綜合水果乾和什錦水果中——比起刀子，剪刀是更方便的工具。若要再水化，可以熱水浸泡 1 小時或冷泡整晚，再水化芒果可能呈泥狀，並帶有浸泡後的液體，如需要可以加糖當作醬汁使用。

乾燥方式

　　食物乾燥機或旋風式烤箱：在盤子或架子用廚房噴油塗層，以 57 度烘烤芒果塊通常需要 6 至 12 小時。

　　日曬：在乾燥盤上以廚房噴油塗層；每天結束前將芒果翻面，芒果塊可能需要 2 至 4 天才能乾燥完全。

　　一般烤箱：在烤盤上以廚房噴油塗層；乾燥時需多次調整芒果，以 57 度烘烤芒果塊最少需要 5 小時或長達 18 小時。

如何處理芒果

1

清洗、擦乾芒果，蒂頭朝上放在砧板上；兩面飽滿、圓潤的面（cheek）應位在兩側。

芒果芯

2

使用非常尖銳的刀子朝面切下，讓刀子盡可能地靠近芒果芯，但還沒有切到的程度；芒果芯通常大約占大顆芒果 ¾ 英寸的厚度，可以感覺到刀子切下時劃過芒果芯邊緣。

3

用刀子沿著芯的圓形輪廓切下較窄的芒果肉片。將前面切下的果肉外皮朝下，使用小刀將果肉切成約⅜英寸的塊狀，切時不要切過外皮。

4

用大湯匙沿著果皮將果肉挖起，如果芒果已經成熟，果肉應該很容易就可以挖起。用湯匙分開芒果肉片與果皮，接著切成⅜英寸的塊狀，這些塊狀不需要事前處理就能隨時乾燥。（另一個處理帶皮果肉的方式是，可以直接削皮、去皮，將果肉切成塊狀，不過果肉很滑，切的時候要非常小心。）

菇類
MUSHROOMS

　　僅挑選市售或是那些你知道完全不含毒性的品種，因菇類的毒性在乾燥或烹煮時並不會被破壞。在處理羊肚菌的菇類時，應將菇類切半，並清洗藏在裡面的髒汙，確認菇類的品種（真正的羊肚菌中心爲完全中空的狀態）。此外要記住，使用乾燥菇類時，所有野外摘取的菇類應在食用前烹煮。

　　事前準備：以冰水快速清洗，不用浸泡或削皮；在清洗羊肚菌、雞油菌菇或其他有裂縫、摺疊的菇類時，軟蘑菇刷會有所助益。如果菇類看起來很硬或很乾，去除菇柄；堅固的菇類像是鈕扣菇、褐色蘑菇應切成四等分或 ¼ 英寸厚的切片。處理香菇時，先移除菇柄（或將菇柄保留、儲存，用於之後的料理以增添風味），接著將菇傘切成 ¼ 英寸厚的切片。處理杏鮑菇時，將團簇的杏鮑菇分開，小型的杏鮑菇可以整株乾燥，大型杏鮑菇應從菇柄垂直切開 1 英寸寬。處理大型雙孢蘑菇時，將菇柄去除，接著刮掉黑色菌褶，沖洗菇傘、擦乾，切成 ¼ 英寸厚的切片，再將較長的切片切成 2 至 3 個較短的小塊。處理舞菇（又稱灰樹花）時，從中間主要的芯向下拔掉各別的菇傘或「花瓣」，如需要則各別清洗。這裡列出的菇類不需要前置處理，也不需要汆燙。

　　因爲菇類在尺寸、形狀、含水量範圍很寬

，乾燥時間依照切片鈕扣菇爲基準會是不錯的開始。較薄的菇類像是小型羊肚菌，切半可能會乾燥地較快；較厚的菇類像是雙孢蘑菇需較長的時間。乾燥菇類應保存在玻璃罐並密封，以避免菇類被壓碎以及吸收空氣中的水分。

　　完成度測試：根據品種，呈現重量變輕、粗糙到酥脆的狀態；較厚的部分不含任何水分。一些菇類可能會在乾燥時捲曲。

　　產量：根據品種、切法及乾燥後是否捲曲而定，1 磅新鮮的菇類通常能產出 2 到 4 杯的切片或切塊乾燥菇類；再水化時，根據種類，1 杯乾燥菇類約可產出 1¼ 到 2 杯的分量。

　　使用：乾燥菇類可以很快再水化，亦可直接加入湯品和燉菜裡至少煮 30 分鐘；作爲一般蔬菜燉煮或加入其他食譜裡時，以滾水或熱水浸泡 15 分鐘至 1 小時直到軟化。乾燥菇類很容易磨成粉狀，將菇類的粉末加入肉湯和其他湯品中可增添風味和營養價值。

乾燥方式

　　食物乾燥機或旋風式烤箱：使用有網架的盤子或架子；乾燥鈕扣菇切片以 52 度烘烤通常需要 3 至 6 小時。

　　一般烤箱：使用有網架的架子；乾燥時需多次攪拌。以 52 度烘烤，鈕扣菇切片最短需要 2 個半小時烘烤或長達 9 小時。

洋蔥
ONIONS

大多數的洋蔥在收成、晾乾二至三週後，通常可以保存幾個月。切塊乾燥洋蔥是廚房架上或度假小屋裡相當方便的食材；乾燥洋蔥對於露營者或任何想要包裝混合乾燥食物的人來說也很必備。在春天，冬種洋蔥即將發芽時，這樣的洋蔥可能需要切片或切塊，乾燥後保存以便後續使用。

事前準備：任何類型或顏色的洋蔥皆可乾燥；去除洋蔥皮、切除根部。以垂直方式切半或切成四等分，接著橫切為⅛至¼英寸厚度的切片；或以¼到⅜英寸的間隔橫切切塊。洋蔥在乾燥時會大幅縮小，因此不用等到洋蔥狀態好時才開始進行。也許需要食物處理機將洋蔥弄碎，不過你得非常注意，不然到最後可能會將洋蔥弄得太細碎或是大小不一。洋蔥不需要事前處理。將洋蔥片分開，鬆散地鋪在盤子上；洋蔥放在盤子上時，以有點空隙的排法或是將切塊洋蔥鋪在薄層板上。如大家所知，洋蔥在乾燥時會產生強烈味道，最好不要與水果或嬌嫩的蔬菜放在同一批一起乾燥。

完成度測試：呈現乾燥、酥脆、薄的狀態；切片洋蔥則會變得粗糙或像紙片般。

產量：1磅新鮮洋蔥約可產出2杯裝的乾燥切片洋蔥，或1杯切塊的乾燥洋蔥；再水化時，1杯切片洋蔥約可產出1½杯的分量，切塊洋蔥的分量幾乎是切片洋蔥的兩倍。

使用：若要製作**洋蔥片**，可將乾燥洋蔥放入果汁機攪拌直到整體變成薄片；若要製作**洋蔥粉**，則是持續攪拌直到變成粉末。乾燥洋蔥可以很快再水化，也能不經過再水化直接加入湯品和燉菜煮至少超過20鐘，另外也可以取出約半顆的乾燥洋蔥分量作為新鮮洋蔥，使用在需要洋蔥的食譜裡。再水化當作食材使用時，可倒入滾水或熱水浸泡15分到30分鐘直到軟化。乾燥洋蔥很容易吸收空氣中的水分，所以必須放到玻璃罐中緊密密封保存。如要製作洋蔥粉，盡量在需要使用前製作，避免洋蔥粉在保存時結塊。

乾燥方式

食物乾燥機或旋風式烤箱：將切片洋蔥置於有網架的盤子或架子；切塊洋蔥則使用實心層板或放有烘焙紙的烤盤上。通常烤4小時後洋蔥會開始乾燥，此時將洋蔥切片分開，每兩小時攪拌切塊洋蔥1或2次；以52度烘烤通常需要6至10小時。

一般烤箱：將切片洋蔥置於有網架的架子；切塊洋蔥則使用實心層板或放有烘焙紙的烤盤上。通常2小時後洋蔥會開始乾燥，此時分開、調整洋蔥，每兩小時攪拌切塊洋蔥一次；以52度烘烤至少需要4個半小時或長達15小時。

柳橙、檸檬、萊姆＆其他柑橘類水果
ORANGES, LEMONS, LIMES & OTHER CITRUS

完整的乾燥柳橙切片看起來相當美味，它們確實也常出現在自製食物的照片裡；不過。在柳橙切片美麗色彩的果皮下，含有具厚度的海綿狀組織木髓（內果皮）。木髓相當苦澀，使得果肉難以下嚥。在乾燥柑橘類水果時，比起帶著外皮（也就是果皮和木髓）乾燥，比較好的方式是移除所有果皮並切片進行。最簡單的方法是連同果皮和木髓一同切掉，另外也需要取出水果內的種子。大部分的柳橙為無籽且適合乾燥，不過檸檬和萊姆通常籽較多，籽從切片取出時，果肉也會變得軟爛。

事前準備：挑選完整、避免過熟、開始要變軟的種類，可以用尼龍鬃刷確實刷洗。如正在處理容易去皮的柑橘類水果，像是瓦倫西亞橙（Valencia orange）、克里邁丁紅橘（clementine）和椪柑，可以直接用手剝皮，再用尖銳的刀以有一點厚度約 ¼ 英寸橫切成片，番茄刀能幫上忙。只要將籽挑出，剝皮、切片後就可以開始乾燥。

大部分的柑橘類水果不好剝皮，因此最好能將整顆、尚未剝皮的水果切片，再各別剝掉外皮。使用尖銳的刀（如前所述，番茄刀能完善處理）橫切成帶有一點厚度、約 ¼ 英寸的切片；將切片柳橙平放在砧板上，沿著果肉邊緣切除所有帶有苦味的果皮和木髓，每一片可能

需要七到十刀，不過可以進行地很快（不要嘗試拿起切片一口氣去除果皮，這樣會沒有效率且相當危險）。去好皮的果肉隨時都可以放入乾燥機內。

帶有顏色的果皮稱作柳丁皮（zest，內果皮），柳丁皮內的芳烴油帶有宜人的香味與酸味。準備乾燥柳丁皮時——也應該乾燥柳丁皮，比起乾燥柳丁果肉，柳丁皮更是一種應用廣泛、絕佳的調味料——會需要一把尖銳、薄刃的刀子。如果在切片前去除果皮，捲曲的果皮會使切除柳丁皮有一點困難。最簡單的方法是將帶皮柳丁切片放在砧板，木髓那面朝下，用刀子刮掉木髓。沒有拿刀子的那手確實固定柳丁外皮，拿著刀子的手與砧板平行，刀尖朝向身體那面，再將刀鋒緩慢地切除有顏色的果皮。持續切除柳丁皮直到完全切掉，將帶有木髓的部分丟棄。

如果在切片後去皮，那麼取柳丁皮會變成一個很快速的作業。將一塊切下來的果皮垂直放在砧板（邊緣），用左手手指（如果是右撇子）拿著帶有木髓的部分，有顏色的果皮背向手指，小心切除果皮有顏色的部分，讓刀鋒盡可能地接近邊緣，避免弄到白色木髓。雖然果皮不會變得那麼薄，不過幾乎剝除了木髓。內果皮相當小，大概僅有 ½ 到 ¾ 英寸長與 ¼ 英寸寬。持續切除整個果皮的內果皮，並丟棄帶

是否需要削皮呢?

根據使用方式,決定是否去除柑橘類水果的果皮。帶皮柑橘類切片以及含有橘皮和一點點木髓的條狀果肉,這些糖漬時會變得很有趣,可參閱209頁的作法。如果要將乾燥果片用來煨煮成香精或做成工藝品,則去除整顆果皮,耐心地挑出種子。

有木髓的部分。

　　乾燥柳丁皮是相當有用的調味料，因此你可能會想要用新鮮、完整的柑橘類水果取出果皮。此時，使用一把非常尖銳的小刀，並全神貫注從整顆洗好的柳丁或其他柑橘類的水果削下果皮。為了安全起見，比起用手握住水果，最好放在工作檯上處理，依照指示乾燥柳丁皮，也可以使用喜歡的水果。

　　完成度測試：切片柳丁會變扁、具彈性、粗糙且不帶有黏性；放在光照之下呈現半透明狀態。如果要乾燥仍有果皮的切片，柳丁皮在顏色上會變黑、變得相當脆；柳丁皮的重量會變輕、捲曲且變得非常酥脆。

　　產量：1 磅完整水果約可產出 3 至 4 盎司的乾燥果片，大約可裝入半夸脫的密封玻璃罐；柳丁皮乾燥後會變得非常輕，一般來說，2 顆標準橘子的柳丁皮鬆散包裝，約可產出半杯乾燥、捲曲的分量。

　　使用：可以將乾燥柳丁、檸檬或萊姆切片切碎，加入糖煮水果或其他燉煮水果料理中；如帶有果皮，帶點苦味的味道在某些料理中就非常適合，若是要更廣泛應用，則應去除果皮和木髓。有些人喜愛將這特別的果乾當作零食，無論是否帶有果皮，都可將乾燥柳丁皮保存在玻璃罐中，要作為調味料加入其他料理前再切成切細末。切細的乾燥柳丁皮可以取代食譜裡的新鮮柳丁皮，僅需新鮮柳丁皮一半的分量，如需要可以試試味道再做調整。如喜歡，可以使用電動咖啡磨豆機、研磨機或果汁機，將所有的柳丁皮磨碎到近粉末的狀態，將粉末放入香料罐保存；使用一小撮柳丁皮粉取代新鮮磨成的柳丁皮。帶著完整果皮的柳丁、檸檬和萊姆乾燥切片可以當作可愛的聖誕樹裝飾。

乾燥方式

　　食物乾燥機或旋風式烤箱：如要乾燥柳丁皮，使用放有網架的盤子或架子，盡可能地平均擺放，1 小時後攪拌、分開；乾燥切片的話，如盤子或架子的間隔為 1 英寸或更大時，則使用層板。柑橘類水果切片以 57 度烘烤，通常需要 9 至 13 小時；柳丁皮根據厚度通常需 3 至 8 小時。

　　日曬：乾燥 4 小時後攪拌、分開柳丁皮，每天乾燥結束時將柳丁皮翻面。柑橘類水果可能需要 2 至 3 天才能乾燥完全；柳丁皮通常需要一天乾燥，如是較薄的柳丁皮則更短。

　　一般烤箱：如要乾燥柳丁皮，使用有網架的架子，盡可能地平均擺放，1 小時後攪拌、分開；乾燥切片的話，如盤子或架子的間隔為 1 英寸或更大，則使用層板。以 57 度乾燥柑橘類水果切片至少需要 8 小時或長達 19 小時；柳丁皮根據厚度，通常需要 3 至 12 小時。

木瓜
PAPAYAS

這裡談到的木瓜都有柔軟、甜美、帶有偏紅色果肉和綠色外皮（帶有堅硬、偏綠色果肉的品種通常不甜，這種木瓜在泰國和越南的沙拉裡相當常見）。大多數在超市發現的甜木瓜來自夏威夷，有些在南加州、佛羅里達州和墨西哥生長，不過通常全年都可以看到。乾燥木瓜帶有柔順、些微麝香風味，這個味道使人回憶起帶有淡橘色色調的新鮮哈密瓜。木瓜在綜合水果乾或什錦果乾裡並不常見，當然在成本上可能也不適合；不過糖漬木瓜塊卻是相當驚豔的點心，可參閱 210 頁的作法。

事前準備：新鮮木瓜會呈現梨狀形，大多數一般紅色果肉品種的重量，通常約為 ¾ 至 1 磅，不過有些品種可能重達 10 磅（約 4.5 公斤）；果肉中心充滿柔軟、圓形的黑色種子——這是能使果肉變軟嫩的常見酵素木瓜酶很好的來源。成熟的木瓜略微軟嫩，可承受稍微地按壓；如水果仍有硬度，則放在平台上數天，使其軟化，但不要放至腐敗。清洗、擦乾木瓜，從頂端到底部切半，用湯匙挖出種子；如果希望乾燥種子作為軟化果肉的功能，則用濾網沖洗，盡量將種子和帶筋的橘色果肉分開，接著

鋪在實心層板上。用小刀將切半的木瓜果肉與果皮分開，盡量切除底部偏白色的部分。將果肉垂直切成四等分，再橫切切片成約 ¼ 英寸厚（糖漬木瓜切成 ½ 英寸厚，參閱 210 頁糖漬作法）；切片可不經過事前處理直接乾燥。若希望製作出更甜、更有嚼勁，且可以作為點心的產品（但無法再水化運用在食譜裡），糖漬切片約 4 分鐘（不用滾水稍微煨煮），鋪在盤子前稍微沖洗。

完成度測試：呈現粗糙、具彈性以及豐富的橘色；切片果乾會縮小、變扁，特別是中心的部分；較厚的部分按壓時會維持彈性，最厚的部分不帶水分。糖漬切片會帶有光澤的橘色外表，擠壓時可能會帶點黏性，但不是帶有溼度的黏性；種子應呈偏硬、酥脆的狀態。

產量：一顆完整的標準木瓜，若鬆散地包裝約可產出約⅔杯的乾燥切片；將 2 至 3 湯匙的乾燥種子磨碎或磨成粉，會產出 2 湯匙的分量。乾燥木瓜片再水化後。無法恢復成原本狀態；因此，木瓜若再水化，最後會得到一開始乾燥木瓜的分量。

使用：乾燥木瓜切片是一種有趣的零嘴，特別是在乾燥前糖漬；可以剪成小塊加入綜合水果乾和什錦果乾內，處理時用剪刀會比刀子容易許多。未經糖漬處理的木瓜片可以再水化，作為醬汁或其他料理時使用。再水化時，以熱水浸泡 15 分鐘或冷泡整晚，泡水後與果肉產生泥狀汁液，如需要，可以加點糖分作為醬汁使用。再水化種子時，可以用電動咖啡磨豆機、研磨機或果汁機打成粉末，保存於玻璃罐中；在料理肉類時，可以撒一些粉末使其變軟，如同使用市售的肉類嫩化劑的效果。乾燥種子含有胡椒風味，因此粉末也能當作特殊的調味料使用。要記住，有些人會對木瓜過敏，特別是種子裡的酵素。

乾燥方式

食物乾燥機或旋風式烤箱：如要乾燥糖漬木瓜片，在盤子或架子上噴上食用噴油塗層；若是乾燥種子，使用實心層板，乾燥 1 小時後，攪拌種子並敲碎。以 57 度烘烤，木瓜切片通常需要 6 至 11 小時，種子則需要乾燥 3 個半至 4 個半小時。

日曬：如要乾燥糖漬木瓜片，在盤子或架子上噴上食用噴油塗層；若是乾燥種子，每 4 小時攪拌一次，在每天乾燥結束前翻面。木瓜切片可能需要 2 至 4 天才能乾燥完成；種子則需 1 至 2 天。

一般烤箱：如乾燥糖漬木瓜片，在盤子或架子上噴上食用噴油塗層；若是乾燥種子，使用烤盤，烘烤 2 小時後攪拌。乾燥時，每 2 至 3 小時調整切片，以 57 度烘烤，木瓜切片可能至少需要 5 小時乾燥或長達 16 小時；種子則需要 3 至 7 小時。

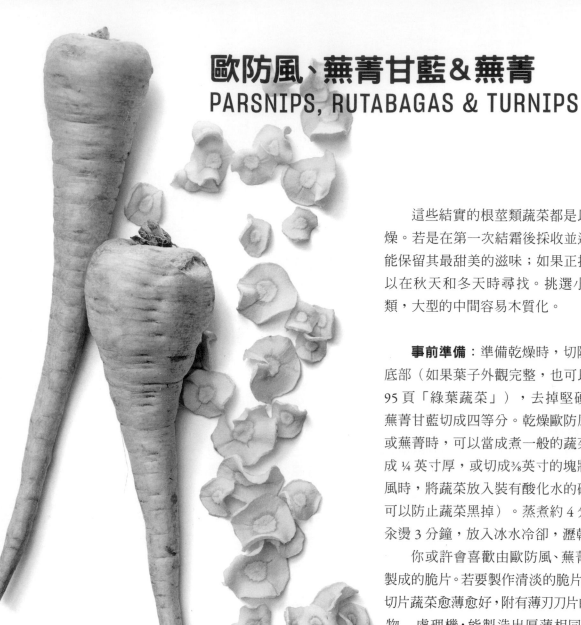

歐防風、蕪菁甘藍&蕪菁
PARSNIPS, RUTABAGAS & TURNIPS

這些結實的根莖類蔬菜都是以相同方式乾燥。若是在第一次結霜後採收並適當保存，就能保留其最甜美的滋味；如果正打算購買，可以在秋天和冬天時尋找。挑選小至中型的種類，大型的中間容易木質化。

事前準備：準備乾燥時，切除頂端和根部底部（如果葉子外觀完整，也可以乾燥，參閱 95 頁「綠葉蔬菜」），去掉堅硬的外皮，將蕪菁甘藍切成四等分。乾燥歐防風、蕪菁甘藍或蕪菁時，可以當成煮一般的蔬菜一樣，橫切成 ¼ 英寸厚，或切成⅜英寸的塊狀（處理歐防風時，將蔬菜放入裝有酸化水的碗中，切開時可以防止蔬菜黑掉）。蒸煮約 4 分鐘或以滾水汆燙 3 分鐘，放入冰水冷卻，瀝乾後擦乾。

你或許會喜歡由歐防風、蕪菁甘藍或蕪菁製成的脆片。若要製作清淡的脆片，那麼去皮的切片蔬菜愈薄愈好，附有薄刃刀片的曼陀林或食物 處理機，能製造出厚薄相同的切片，當然也可以動手自己做（如上所述，將歐防風切片丟進酸化水，不過不要超過 5 分鐘）；較薄的切片不用汆燙。關聯調味的變化，可參考 265 頁片狀蔬菜餅的食譜。

完成度測試：切塊和較厚的切片較脆、邊緣帶有皺褶，還會有點縮小，顏色也會變深，較厚的部分不含任何水分；薄酥片則呈現紙片般、酥脆，呈波浪狀或捲曲。

產量：1 磅新鮮歐防風、蕪菁甘藍或蕪菁切成塊狀或較厚的切片，約可產出 1 杯的乾燥蔬菜；薄酥片根據捲曲程度約可得到 2 至 3 杯的分量。再水化時，1 杯乾燥塊狀或厚切片約可以產出 1½ 杯的分量。

使用：再水化塊狀或較厚的切片時，以熱水浸泡 45 分至 1 小時或冷泡整晚。可將再水化蔬菜加入湯品或燉菜做額外料理，或是熱水浸泡煨煮直到軟化，作為清淡的蔬菜。將再水化、煮過的蕪菁甘藍搗碎（如果喜歡可以加入煮過的馬鈴薯），可搭配酥脆的切片培根一起享用。薄的酥脆片能以乾燥狀態當作點心食用，沾起司、鷹嘴豆泥或其他沾醬也是不錯的選擇；薄的酥脆片不易保存，因此不要做長期保存。

乾燥方式

食物乾燥機或旋風式烤箱：切塊和較厚的切片以 52 度烘烤，通常需要 5 至 12 小時；薄酥片需要 4 至 6 小時乾燥。

一般烤箱：乾燥時，需攪拌、調整多次；以 52 度烘烤塊狀和較厚切片，最短可能需要 5 小時或長達 18 小時；薄酥片需要 4 至 9 小時。

水蜜桃&油桃
PEACHES & NECTARINES

　　如果你很幸運居住在水蜜桃或油桃生長的地區，它們會是很棒的乾燥水果；不過，如果必須購買從遠方運送而來的水果，通常價格不菲，當然品質上也不值得投資。主要是因為從遠處運送的水蜜桃和油桃，通常都尚未熟成，甜度上也未達到最佳狀態。

　　挑選或購買時，選擇剛好成熟但不會太軟的種類，只要能挑選到帶有明亮色澤和鮮甜果肉的水果，任何種類都適用用來乾燥；離核的種類會比黏核更適合，冷凍（解凍）或罐裝桃子同樣也可以乾燥——雖然可能不是經濟實惠的選擇。水蜜桃和油桃切片、切塊也能糖漬，參考 207 頁的作法。

　　事前準備：水蜜桃有剛剛好薄度的外皮，通常不需要去皮，去皮的桃子在乾燥後會比較軟嫩；油桃外皮較厚一些，建議去皮較佳。若要替水蜜桃或油桃去皮，將水果丟入大鍋內滾水煮 1 分鐘，再浸泡冰水 1 分鐘後，會比較容易去皮。

　　使用小刀，將水果切半，讓刀子沿著自然接縫，切到剛好碰到中心的果核，再用雙手固定水果，輕輕地往反方向轉動水果；如屬於離核種類，在切半時另一半的果肉會從果核彈開（如果沒有，可能是黏核的種類，可參考以下另一種切法）。現在從另一半的果肉去除果核，如果核不易取出，用湯匙挖出或用刀子撬開，直到與果核分開為止，小心不要切到旁邊的果肉（使用刀子時需特別小心，因為去皮的水果非常滑）。將切半的水果切成⅜英寸切片或 ½ 英寸的塊狀，也可以切掉果核旁帶有黑紅色或棕色的部分，以獲得更佳的外觀，這個部分在乾燥時會不斷變黑，看起來不太美味。

　　黏核品種很難取出果核，而且到最後水果會弄得軟爛不堪。最簡單的作法是忽略果核，只要將水果從頂端到底部切成⅜英寸的切片（如要乾燥塊狀，則切成 ½ 英寸的切片），從水果自然接縫水平切入，靠近水果中心時，刀子沿著果核邊緣劃過。水果切片後，再處理果核邊緣旁殘留的果肉，將每一塊切成⅜英寸對

半切片，這樣就有兩個半圓切片；如喜歡，也可以切成 ½ 英寸切片，再切成 ½ 英寸的塊狀。

此外，不推薦乾燥未經事前處理的水蜜桃或油桃，因為乾燥時外觀會變黑不討喜；使用酸化水、果酸、淺色蜂蜜或市售水果保鮮劑會使水果縮小，雖然自製果乾比起市售、泡過亞硝酸的乾燥桃子還是會變黑，不過會變得更有嚼勁。亞硝酸鹽液體不僅是防止水果變黑好方法，也是較有效率的事前處理，除非想避免這個液體。另一個方法是乾燥前糖漬桃子切片或切塊 5 分鐘，成果會比上述提到的方法使果肉變得更軟嫩，顏色也會變得更明亮。若是用日曬的方式，可使用上述推薦的事前處理。

冷凍桃子切片需要經過與新鮮桃子相同的事前處理，若桃子切片厚度超過 ½ 英寸，可以再切成更薄的切片；如果是乾燥罐裝桃子，僅需要將桃子瀝乾、拍乾，如果喜歡，可以再切成塊狀。自製乾燥罐裝桃子相當軟、顏色明亮，與市售的乾燥桃子非常類似。

完成度測試：切片桃子會變得粗糙，較薄的邊緣會呈現有點酥脆的狀態；塊狀桃子也會變得粗糙，能承受輕微的按壓，最厚的部分不含水分；經過亞硝酸鹽液體處理的桃子，整體顏色包含邊緣（除非沒有去皮）會變得明亮、偏橘黃色；經過酸化水或市售水果沾醬處理的桃子，顏色會變得更黑，如果水果有削皮，邊緣通常會偏紅；罐裝桃子會呈現深橘色、具彈性的狀態。

產量：產量根據水果的尺寸和果核的比例而定；平均來說，1 磅的新鮮、完整桃子可產出 1 杯乾燥切片或切塊的分量。再水化時，1 杯乾燥切片或切塊桃子可產出 1⅓杯的分量。

使用：切片和切塊桃子無論是單吃或搭配其他乾燥水果，都是相當美味的點心；可以將塊狀桃子加入水果蛋糕或其他需要乾燥桃子的食譜裡。將切片或切塊桃子放入水中加蓋，以小火煨煮約 30 至 45 分鐘，接著冷卻，可作為糖煮水果使用。若是再水化切片或切塊桃子，用熱水浸泡 45 分鐘至 1 小時 45 分鐘或是冷泡整晚；再水化水果剩下的水會與水果變成泥狀，如需要可以加糖，作為醬汁使用。瀝乾、再水化的桃子用在派、醬汁、厚皮水果派或任何其他需要煮過水果的食譜裡。

乾燥方式

食物乾燥機或旋風式烤箱：乾燥塊狀桃子時，使用網架，用廚房噴油將盤子、架子或網架塗層；以 57 度烘烤，片狀和塊狀桃子通常需要 6 至 12 小時。

日曬：用廚房噴油將乾燥網架塗層，每天乾燥結束後將桃子翻面；切片和切塊桃子可能需要 2 至 4 天才能乾燥完全。

一般烤箱：乾燥塊狀桃子時使用網架，用廚房噴油將架子或網架塗層。每幾個小時調整桃子一次；以 57 度烘烤，切片和切塊最短需要 5 小時乾燥或長達 18 小時。

酪梨
PEARS

　　酪梨的種類相當廣泛,從體型小、較罕見的西洋梨(Seckel)到體型大、較常見的巴特梨(Bartlett)、波士梨(Bosc)、安琪兒梨(D'Anjou)以及其他品種應有盡有;顏色則有綠色、黃色、褐色和紅色。所有品種皆可成功乾燥,可使用以好價格購買或挑選喜歡的酪梨。不像大部分其他水果,通常在挑選酪梨時,會選擇生長完全但尚未完全成熟的類型,並放入冷藏直到需要使用時再取出;直到使用前,才會放在冷藏裡販售與熟成。因此,酪梨的保存期限較長,不過最佳的賞味期是從晚夏到仲冬。

　　事前準備:清洗酪梨,根據喜好決定是否去皮;外皮在乾燥後會變得比果肉還硬,不過能提供好纖維與其他營養價值。切掉、丟棄任何撞傷或損害的部分。從頭到底將酪梨切半,使用挖球器或茶匙將種子果核挖掉;沿著一半的果肉軸心用小刀切出V字型的缺口,切掉較窄、沿著中間較硬的線(看起來很像莖部的延伸);使用刀子時要小心,因為切皮的酪梨非常滑。將一半酪梨橫切成¼英寸厚的半圓。

　　未經過事前處理的自製乾燥酪梨第一次乾燥時,通常會呈金色或黃褐色,不過除非用真空包裝或冷藏,保存時會不斷變黑。為了稍微減少變黑的情況,可以淺蜂蜜、酸化水或市售水果保鮮劑處理切片,若希望呈現雪白的乾燥酪梨,就使用亞硝酸鹽液體。日曬會比使用食物乾燥機或烤箱花更多的時間乾燥,因此所有酪梨皆應使用上述方式做事前處理,避免酪梨過度褐變以及可能的腐壞;以亞硝

酸鹽處理的酪梨會產出外觀最佳的日曬乾燥酪梨。糖漬酪梨也很美味，可參考206頁的介紹。

完成度測試：呈現粗糙、具彈性，表面有稍微的顆粒狀；最厚的部分應不含水分。

產量：5磅完整酪梨約可產出3夸脫乾燥切片；1杯乾燥酪梨再水化約可產出1¼杯的分量。

使用：乾燥酪梨切片是讓人欲罷不能的美味點心。以熱水浸泡30至45分或冷水泡整晚再水化；瀝乾、再水化的酪梨可用在派、醬汁、厚皮水果派或任何其他需要煮過水果的食譜。

乾燥方式

食物乾燥機或旋風式烤箱：用廚房噴油將盤子、架子塗層；以57度烘烤，酪梨切片通常需要6至15小時。

日曬：用廚房噴油將乾燥網架塗層；每一天將酪梨翻面並調整1至2次；切片酪梨通常需要2至3天才能乾燥完全。

一般烤箱：使用廚房噴油將架子塗層。乾燥時，每2至3小時旋轉架子以調整水果；以57度烘烤，切片最短需要5小時乾燥或長達21小時。

如何準備酪梨

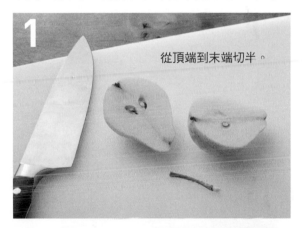

1　從頂端到末端切半。

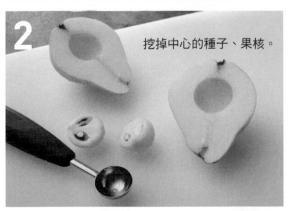

2　挖掉中心的種子、果核。

3　切掉中間較硬的部分。

4　橫切成片。

豌豆
PEAS

在過去，**綠豌豆**是食用豆類中最常見的綠色蔬菜。不過隨著時間的演變，現今比起真正的去莢青豆我們更喜歡蜜糖豆或荷蘭豆。不過可惜的是，其實新鮮的綠豌豆、豌豆、硬莢豌豆也很美味鮮甜。如果自己沒有種植，夏天時可以在農夫市集或路邊攤販找找看，只是要確認是買到的綠豌豆，而不是豆莢可食用的蜜糖豆（且通常會花更多錢）。尋找帶有腫大、肥滿豆子的豐滿豆莢，豆莢的外觀沒有扁縮或變成褐色——代表這個豆子已經摘下來很長一段時間。就像玉米，新鮮的豆子擁有天然的糖分，摘下後會很快轉化成澱粉，所以最好在摘下後幾小時內去殼和處理（參考 58 頁「豆子＆豌豆」取得更多豌豆的資訊）。

事前處理：去殼時，握住莖部多餘的部分，沿著豆莢的長度尖銳地拉下來，應該會像拉拉鍊般，這樣就可以輕輕地將豆子取出放入碗中。豆莢無法食用，將其加入堆肥裡。蒸煮去莢豆子 3 分鐘或以滾水汆燙約 2 分鐘，瀝乾、以冷水冷卻，鋪在盤子上前確實瀝乾。冷凍豆子也能乾燥，且不需要事前處理，僅需將豆子放入盤子直接開始乾燥（它們會很快解凍）。

完成度測試：呈現縮小、脆、堅硬且帶有皺褶的狀態。如果用力擠壓豆子應該會碎掉。

產量：1 磅新鮮的綠豌豆（含殼）約可產出半杯的乾燥豆子；再水化時，1 杯乾燥的綠豌豆約會產出 2 杯的分量。

荷蘭豆

使用：以熱水泡 30 分鐘至 1 小時或冷水浸泡整晚再水化。可將再水化的豆子加入湯品或燉菜做額外的料理，或是浸泡至水裡煨煮直到軟化，作為一般蔬菜食用或用於食譜裡。乾燥豆子也可以做成粉末用於湯品或砂鍋料理。

乾燥方式

食物乾燥機或旋風式烤箱：使用有網架的盤子或架子，體積較小的豆子使用實心層板。每 2 小時攪拌豆子一次，以 52 度烘烤，綠豌豆通常需要 5 至 9 小時。

一般烤箱：使用有網架的架子，體積較小的豆子用烤盤乾燥。乾燥時，需攪拌豆子多次，以 52 度烘烤，綠豌豆最短需要 5 小時乾燥或長達 13 小時。

荷蘭豆與蜜糖豆

這兩種品種的豆子豆莢皆可食用。荷蘭豆外觀非常扁，裡面有細小的豆子；蜜糖豆帶有幾乎完整尺寸的飽滿豆子；兩種豆子與綠豌豆相似，不過綠豌豆的豆莢較硬，無法食用，在超市購買時要確認買的是哪一種。參考 58 頁「豆子&豌豆」關於去莢青豆的資訊。荷蘭豆與蜜糖豆——在這裡是指豌豆莢——這兩種豆子再水化時會失去原有的脆度，它們帶有煮過的質地。

事前準備：豌豆莢在乾燥前最好先汆燙，豆子外觀會變得青綠但仍維持清脆的口感。荷蘭豆蒸煮 2 鐘或以滾水煮 1 分鐘；蜜糖豆應該蒸煮 3 分鐘或以滾水煮 1 分半，接著放入冰水冷卻，鋪在單一層板前以按壓的方式擦乾。

完成度測試：呈現酥脆、偏黑，帶有如紙片般的感覺。荷蘭豆會看起來像波浪般的形狀，切開後豆莢內的豆子應該完全乾燥。

產量：1 磅新鮮的豌豆莢約可產出 1½ 至 2 杯的分量；再水化時，1 杯乾燥的豌豆莢約可產出 ¾ 杯的分量。

使用：乾燥的荷蘭豆能快速再水化，也可以不經過再水化直接加入湯品和燉菜至少煮 30 分鐘；蜜糖豆則需要至少約煮 45 分鐘。再水化的豆子可作為一般蔬菜食用或用於食譜裡，在豆子內倒入滾水或熱水浸泡 15 分到 45 分鐘直到軟化，接著在水裡煨煮直到變軟。乾燥的豌豆莢很容易做成粉末，粉末加入肉湯和其他湯品中可增添美味的風味和營養價值。

乾燥方式：荷蘭豆和蜜糖豆

食物乾燥機或旋風式烤箱：以 52 度烘烤，荷蘭豆通常需要 5 至 8 小時；蜜糖豆可能至少需要 15 小時。

一般烤箱：以 52 度烘烤，荷蘭豆可能最短需要 4 個半小時或長達 12 小時；蜜糖豆可能至少需要 20 小時。

甜椒
PEPPERS

甜椒和紅辣椒的顏色五彩繽紛，全年都可以在超市看到，其品質在冬天更佳（雖然是從墨西哥與其他國家運送而來，價格通常較昂貴）。紅辣椒是心形的甜椒，成熟時會呈現紅色，大多數的紅辣椒比起標準的紅甜椒更甜美、風味更佳，不過有些紅辣椒的種類會辣；雖然紅辣椒大多時候是用來當作綠橄欖的餡料或杯型的裝飾，但若可以買到新鮮的紅辣椒，也能用來乾燥。甜椒和紅辣椒皆可以在日曬充足與豐富土壤裡生長；無論是用買的，抑或自己種植，挑選硬挺、帶有光澤、薄皮的類型，若出現皺褶或軟的凹陷，顯示這顆甜椒已經放置很長一段時間，並不適合乾燥。

事前準備：準備乾燥甜椒時，最簡單的方式是切掉四邊，變成四片，這樣會比試著切掉像草莓芯部的蒂頭更有效率。比起彎曲的切半甜椒，切成四角會比較容易切成條狀或塊狀。另外，甜椒中心部分的種子幾乎能一起切掉，幾乎切掉連接底端、位在中間如肋骨般的白色薄膜，去除任何帶有種子的白色薄膜狀，再將甜椒切成 ¼ 英寸的條狀或 ½ 英寸的塊狀；如果喜歡，可以再將條狀切得更短一些，或是保留原有的長度。甜椒底端的部分通常會有包覆的感覺，切成塊狀更容易處理；紅辣椒即便外觀上比較不像塊狀，不過也能以相同的切法處理（但切到四邊的基本切法原則一致）。甜椒和紅辣椒皆不需要事前處理。

準備甜椒

1 將甜椒切成4塊。

2 切成條狀或是切成方形的塊狀。

3 切掉白色的薄膜。

完成度測試：呈現粗糙、縮小的狀態；較厚的部分不含水分。

產量：1 夸脫的塊狀新鮮甜椒約可產出 1 杯乾燥的分量；再水化時，1 杯乾燥的塊狀甜椒約可產出 1⅓ 杯的分量。

使用：乾燥甜椒和紅辣椒可以不經過再水化，每 ¼ 杯的甜椒和紅辣椒直接加入湯品和燉菜後至少煮 45 分鐘，可用在需要的食譜裡。再水化時，以熱水浸泡 30 分至 1 小時或冷泡整晚，再水化的甜椒比起鮮脆的生甜椒，會變得軟嫩，如同煮過的一樣，可以放入肉捲、蛋料理或其他食譜裡。

乾燥方式：甜椒和紅椒

食物乾燥機或旋風式烤箱：使用有網架的盤子或架子；以 52 度烘烤，條狀和塊狀甜椒通常需要 6 至 10 小時。

一般烤箱：使用有網架的架子，乾燥時，需多次攪拌和調整；以 52 度烘烤，條狀和塊狀的甜椒最短需要 5 小時或長達 15 小時。

辣椒

在現在的種子目錄和超市裡，可以看到許多辣椒的種類，辣度的變化也相當廣泛；除了波布拉諾辣椒、阿納海姆辣椒、安丘辣椒、根帕西拉乾辣椒、若可蒂洛辣椒和聖達菲辣椒的味道相當溫和之外，其他大部分的辣椒辣度都相當高，有些像是哈瓦那辣椒、蘇格蘭帽辣椒則有不可思議的辣度；有些種類的果肉相當薄，通常可以整顆乾燥，像是卡宴辣椒、哈瓦那辣椒、米拉索爾辣椒、朝天椒和泰國辣椒；其他辣椒種類包含墨西哥辣椒和波布拉諾辣椒，則有較厚的果肉，在乾燥前需切塊。

可將薄皮果肉的辣椒串起來，掛在日曬充足的牆壁上乾燥，或甚至放在廚房或閣樓。在美國西南方，會將乾辣椒串起或做成辣椒環，

稱作「辣椒串（ristras）」，這已經被認為是可食用的藝術品。若要自己動手做，可以將較粗的線穿入粗壯的針頭，刺穿新鮮薄皮辣椒的莖部，將它們推在一起。這些串起的辣椒可以掛在任何溫暖、乾燥的地點，以及特別看起來有日照的土牆上。乾燥後，將辣椒掛在廚房裡，需要時再拿下弄碎；也可以如下文所述，將整顆薄皮果肉辣椒直接放在食物乾燥機乾燥，或是日曬用的架子或烤箱裡。

事前準備：在乾燥墨西哥辣椒或其他相關的小型、厚皮果肉辣椒時，橫切成⅛英寸厚度的環狀；也可以切掉蒂頭，垂直切半，再用小湯匙挖掉種子和內膜（切辣椒時，戴上橡膠手套以免燒手）。切半辣椒可直接乾燥，不過最好還是將波布拉諾辣椒和大型辣椒切成條狀或 1 英寸的塊狀；薄皮辣椒可以直接放在同一層的層板上整顆乾燥。不論形狀或切法，辣椒不需要前置處理，僅需要將辣椒鋪在同一層的網架上。如果是乾燥切片辣椒，在放有辣椒的盤子下方放實心層板的空盤（如果用烤箱或自製乾燥機，則放在烤盤），不然最後會發現辣椒下方都是種子。記住醃漬過的墨西哥辣椒切片，通常會當作墨西哥塔可和其他食物點綴來販售，可以乾燥得很漂亮，僅需要將辣椒像乾燥新鮮辣椒切片一樣，鋪在盤子上即可。

完成度測試：呈現縮小、粗糙、黑色並帶有皺褶；切片辣椒可能會捲曲，中心顏色較淡。

產量：產量會隨著乾燥前辣椒的類型與準備而異。通常薄肉整株辣椒的產量會占新鮮辣椒儲存空間一半的分量。1 杯辣椒切片通常在乾燥後會縮小成 ½ 至 ⅔ 杯的分量，依品種而異。乾辣椒通常會以乾的形式使用，所以無法得知再水化後的分量。

使用：當作一般購買的乾辣椒般使用，可以在醃漬品放入罐頭時，加入 1、2 個小型乾燥辣椒；切碎的乾燥辣椒能當作醬料或燉菜使用；將辣椒磨成粉（要小心辣椒粉末會讓眼睛和鼻子不舒服）。乾燥辣椒切片可以很快再水化，也能夠不經過再水化直接加入湯品或燉菜至少再煮 30 分鐘。

乾燥方式：辣椒

食物乾燥機或旋風式烤箱：使用有網架的盤子或架子；根據辣椒大小、切法和厚度，以 52 度烘烤，辣椒通常得需要 4 至 15 小時。

日曬：將完整、薄皮辣椒鋪在同一層的隔板，曬至 5 或 6 小時後稍微攪拌和翻面；辣椒可能需要 1 至 2 天才能乾燥完全；薄皮辣椒可能會如前面所述串起來乾燥。

一般烤箱：使用有網架的架子；乾燥時，需多次攪拌和調整；根據尺寸、切法和厚度，以 52 度烘烤，辣椒得需要 4 至 24 小時。

柿子
PERSIMMONS

目前在超市和專賣商店內，在晚秋到早冬時節裡通常能看到兩種市售的柿子——帶有心形外觀、寬廣的兩側以及底部有點尖的八屋澀柿（Hachiya），成熟時，果肉會偏橘紅色，口感如果凍般軟嫩；尚未成熟的八屋澀柿含有大量的澀味單寧，如要吃到新鮮的柿子，勢必要完全熟成。另一種則是外觀矮胖、扁平的富有甜柿（Fuyu），通常是指未含澀味的柿子，因為這種柿子能在硬到可切片的狀態下食用；成熟時，外觀顏色偏橘黃色，果肉雖軟但不會像果凍一樣。第三種柿子品種是指原生的美國柿（American persimmon，學名：*Diospyros virginiana*），這種柿子野生生長在美國東南區，這區的一些居民會將柿子種在自家庭園內。美國柿如同八屋澀柿帶有澀味，在食用前果肉會像果凍般軟嫩。

有趣的是，乾燥會使果肉變得柔軟或降低單寧，即便是果肉仍硬到可切片的八屋澀柿和美國柿都能夠乾燥；果凍般軟嫩的柿子可以製成美味的水果皮革捲，可參閱 190 頁。

事前準備：準備乾燥時，挑選質地類似於成熟切片番茄的柿子。正式乾燥前，確實清洗。柿子有一個大且扁的蒂頭，有點像是草莓的蒂頭形狀，不過柿子的更厚且硬；用刀子稍微調整角度直接切下，從水果的頂端去除蒂頭，將未切片的柿子橫切成 ¼ 英寸厚的切片，將籽挑掉（種子呈現大且扁，並非所有柿子都有）。依照喜好，將偏圓形的柿子切半或切成四等分，或是直接乾燥；乾燥塊狀的柿子雖然外觀漂亮，但尺寸相對較大。柿子乾燥前不需事前處理。

完成度測試：呈現粗糙、具彈性且有點半透明的狀態，最厚部分不含水分；以食物乾燥機或旋風式烤箱乾燥的柿子呈現深橘色，經過日曬或一般烤箱乾燥的可能呈偏褐色的橘色。

產量：1 磅整顆柿子（一般大小的 3 顆富有柿子或八屋澀柿）若鬆散包裝，約可產出 2 杯乾燥切片柿子；再水化時，柿子會變得飽滿，裝在杯子時會變得更緊密，所以會得到一開始尚未乾燥柿子相同的分量。

使用：乾燥柿子是一種令人欲罷不能的美味點心，帶有豐富、如椰棗般的風味，可以將柿子切塊加入需要椰棗的料理，或是再水化後使用在任何需要新鮮柿子的食譜裡。柿子的中心再水化速度快，未去皮的會有點硬，所以最好是用在需要將柿子切塊或是需要額外料理的料理中。再水化時，以熱水浸泡 30 分鐘或冷泡整晚，若柿子切片乾燥到相當酥脆，可以放

入果汁機攪碎到非常細緻來製作柿子糖——加在熱麥片或其他會使用黑糖當作提味的料理中，會相當美味。

乾燥方式

食物乾燥機或旋風式烤箱：以廚房噴油噴在盤子或架子上塗層；以 57 度烘烤，柿子切片通常需要 9 至 14 小時。

日曬：以廚房噴油噴在乾燥網架上塗層；每天稍翻面、調整 1 至 2 次；柿子切片可能需要 3 至 5 天才能乾燥完全。

一般烤箱：以廚房噴油噴在架子上塗層；乾燥時，每一小時皆需旋轉架子，每二或三小時調整一次；以 57 度烘烤，最短需要 8 小時或長達 21 小時乾燥。

鳳梨
PINEAPPLES

新鮮鳳梨隨處可得，無論是直接乾燥或糖漬（參閱 210 頁糖漬指示）都相當美味；建議挑選帶有甜美香味，特別是底部有香味的鳳梨。當鳳梨成熟時，中間上方的葉子能輕鬆地拔除；若鳳梨變黑、邊邊帶有溼斑或底部變得軟爛，這些都是鳳梨過熟的跡象，這種就不應該拿來乾燥。大型超市會提供去皮、去芯的新鮮鳳梨，雖然能減少乏味的前置作業，不過卻得花上不少成本。罐裝鳳梨也能乾燥，僅需要稍微瀝乾並切成想要的尺寸。

事前準備：使用大且厚重的刀子，切掉鳳梨底部以及上方的葉子後，將新鮮鳳梨清洗乾燥。整顆鳳梨的對角線線上有很多鳳梨眼，當

如何切鳳梨

1 切掉頂部與底部。

2 切掉果皮。

3 切掉鳳梨眼。

4 切掉不能食用的果芯。

5 切成塊狀並清洗。

鳳梨爲新鮮狀態時，鳳梨眼會相當硬，鳳梨乾燥後會變得更硬。這些鳳梨眼從厚重果皮深入果肉，如果削得夠深就能去除，不過這樣就得犧牲掉許多美味的果肉。因此不妨將切好的水果立在桌面，僅需沿著鳳梨邊緣去除較硬、褐色的果皮；所有果皮去除後，鳳梨眼在金色的果肉裡看起來很像小小的黑色袋子，接著將鳳梨平放，沿著窄 V 字型紋路就能切掉這些鳳梨眼。

處理好鳳梨眼之後，將鳳梨立在桌面上，切掉鳳梨頂端呈現淡白色圓形的果芯；果芯含有很多纖維，應該被丟掉。最後，將清洗好的鳳梨縱向切成棒狀，最寬的部分約有 ¾ 英寸寬，再橫向切成 ½ 英寸的切片。

如果是購買已經自動去皮、去芯的鳳梨，果肉會看起來像是一個中空的粗管子，因爲中間的果芯已去除。將果肉橫切成 ¼ 英寸厚的環狀，再將環狀切成一邊較寬爲 ¾ 英寸的楔形；如果喜歡塊狀的乾燥鳳梨，可將楔形果肉再切成四等分。鳳梨切塊可以不經事前處理，如果想要較軟、較甜的乾燥鳳梨，放到乾燥盤前可以先糖漬鳳梨切塊 5 分鐘。

完成度測試：呈垷稻草色、起皺並大幅縮小；乾燥鳳梨能承受擠壓壓力，不過最厚部分不含水分。

產量：1 顆新鮮、完整的鳳梨（約爲 4 杯乾淨、切好的分量）約可產出 1½ 杯的乾燥鳳梨塊；再水化時，1 杯乾燥的鳳梨塊能產出 1½ 杯的分量。

使用：乾燥鳳梨是令人愛不釋手的美味點心，加在綜合水果乾也很搭。小塊的鳳梨乾很適合作爲葡萄乾或乾燥甜蔓越莓的替代品，可以加入餅乾和其他烘焙料理中。乾燥鳳梨也能再水化，使用在需要新鮮鳳梨片的食譜裡。再水化時，以熱水浸泡 1 個半至 2 個半小時或冷泡整晚，再水化的鳳梨會殘留帶有汁液的泥狀，如果需要可以加糖當作醬汁使用。

乾燥方式

食物乾燥機或旋風式烤箱：乾燥小塊鳳梨時使用網架；若要乾燥罐裝或糖漬鳳梨則在盤子、架子或網架噴上廚房噴油噴塗層。以 57 度烘烤，鳳梨塊通常需要 8 至 14 小時；小塊鳳梨會更快乾燥。

日曬：若乾燥罐裝或糖漬鳳梨，在網架噴上廚房噴油噴塗層。每天稍微翻面、調整 1 至 2 次；根據形狀和尺寸，可能需要 2 至 5 天才能乾燥完全。

一般烤箱：乾燥小塊鳳梨時使用網架；若要乾燥罐裝或糖漬鳳梨則在盤子、架子或網架噴上廚房噴油噴塗層。期間需每小時旋轉架子，每二或三小時調整一次鳳梨塊；以 57 度烘烤，鳳梨塊最短需要 7 小時或長達 21 小時乾燥。

李子
PLUMS

李子的一些品種生長在美國內陸，有些用來販賣，有些則是野生；通常果樹會結實累累，在大部分地區都能隨時獲得新鮮的李子。大多數的李子種類都可以用來乾燥，市售的西梅乾（prune）由所謂的李屬品種的李子製成，這種李子的外觀顏色從紫色到藍黑色不等，而其他李子品種做成的果乾，看起來與西梅乾非常不同，比方說紅皮的李子會製成深邃、偏紅的果皮與金橘色的果肉。李子切片或切塊後糖漬相當美味，請參閱 211 頁的作法。

事前準備：乾燥時，挑選果皮緊緻、剛成熟、能承受稍微按壓的類型；如果水果太軟，去除果核就會變得相當困難。李屬品種的李子通常為離核型的品種，也就是指果核能輕鬆地從果肉上取下；其他品種可能是屬於黏核型，這種的果核就難以取下。李子可以整顆乾燥，不過取出果核，切半或切成四等分可以得到較好的成果。如果選擇乾燥整顆李子，先以滾水煮 1 分半後檢查（弄裂）果皮，再將水果放入冰水冷卻。

準備時，先確實清洗，去除任何多餘的莖部；使用小刀或尖銳的番茄刀將李子切半，沿著自然接縫切到剛好碰到果核的邊緣，用雙手握住李子，以反方向轉開。如果是離核的品種，另一半應該會從果核上脫落（如果無法，可能是使用到黏核的品種，參考下一頁介紹的切法）。接著去除另一半果肉上的果核，如果無法輕鬆將果核取下，使用刀尖小心地從果肉撬開果核直到取下。可以直接乾燥一半的果肉，如果喜歡也可以將切半的果肉再垂直切成四等分。如果要快速乾燥（或是李子很大顆），則將切半李子切成四等分或切成 ½ 至 ¾ 英寸的塊狀。

黏核的品種很難將果核乾淨地取下，弄到最後果肉會變得軟爛。如果李子較小顆（野生的李子通常很小顆），最好的方式是直接以上述提到的方式檢查整顆水果，連同果核乾燥；大顆的李子最好切片或切塊，僅需將水果從頂端到底端切成⅜英寸的切片（如果想乾燥塊狀，將李子切成 ½ 英寸的切片），沿著自然接縫平行切，切到水果中間時，沿著果核的邊緣劃過。切水果側邊時，將果核邊剩下的果肉切下。將每個⅜英寸切片再切半，這樣就會有 2 個半圓果肉，或是將 ½ 英寸切片切成 ½ 至 ¾ 英寸寬的塊狀。

李子不需要事前處理。乾燥切半李子時，最好在放上盤子前先擠壓一下水果，這會使較多的果肉暴露在空氣中並加速乾燥。用手指握著半顆果肉，切片朝上，再用大拇指擠壓果皮，讓果肉往上。

完成度測試：具彈性且帶有一點彈力，最厚的部分不含水分。如果果肉呈現軟爛而非有彈性，代表尚未乾燥完成。乾燥後的果皮和果

肉會比新鮮的水果更黑，顏色根據使用的李子品種而異。

產量：產量依品種而異；4 磅新鮮、完整李子通常能產出比 1 夸脫多一點的乾燥果片或果塊；再水化時，1 杯的乾燥李子果塊（沒有小塊）可產出 1¾ 杯的分量。

使用：乾燥李子帶有美味、酸甜的風味以及具嚼勁的質地，很適合作為食用點心。自製的李子可用在任何需要蜜棗的食譜裡。如果是乾燥的整顆李子，確定使用前已經去核。若是將李子大致切塊，乾燥李子可以用來取代餅乾和快速麵包裡的葡萄乾；以滾水蒸煮至軟化可使李子變得飽滿，通常會煮 3 至 5 分鐘。若要再水化，則以熱水加蓋約煮 1 個半至 2 個半小時，或加蓋冷泡整晚。切半、切片或切塊李子在浸泡或煮過後，也能用果汁機打成泥狀製成美味的醬汁。乾燥李子有時候會做成泥狀來取代烘焙產品內的一些油脂，尤其泥狀的蜜棗與巧克力特別搭。

乾燥方式

食物乾燥機或旋風式烤箱：乾燥切塊李子時使用網架；乾燥切半李子，則將果肉朝上放在盤子或架子上。切面看起來不含水分時，接著翻面持續乾燥。四等分、切片或切塊李子以 57 度烘烤，通常需要 8 至 12 小時；整顆李子根據尺寸可能需要至少 36 小時。

日曬：乾燥半顆李子時，將李子切面朝上放在烤盤上。日曬第二天，或切面看起來不含水分時，將水果翻面持續乾燥。四等分、切片或切塊李子可能需要 2 至 3 天完全乾燥；整顆李子根據尺寸可能需要至少 5 天。

一般烤箱：乾燥塊狀李子時使用網架，每幾個小時需重新整理。以 57 度烘烤，四等分、切片或切塊李子可能最少需要 8 小時，或至少長至 18 小時；半顆或整顆李子需要超過 18 小時烘烤，不建議用一般烤箱。

馬鈴薯
POTATOES

　　雖然不像市售冷凍乾燥馬鈴薯會再水化，但自製乾燥馬鈴薯在露營和登山或是在意行李重量時，仍是很方便的食物；乾燥時，必須小心保管，若有任何溼氣，都可能會造成整批馬鈴薯發霉。

　　事前準備：任何種類都可以乾燥。若計畫乾燥去皮馬鈴薯，先將馬鈴薯確實刷洗；再水化馬鈴薯的皮很硬，不過可以增加纖維。將馬鈴薯切成 ½ 英寸方形塊狀（像洋芋片），再切成 ¼ 到 ⅛ 英寸切片或 ½ 英寸的塊狀；切馬鈴薯時，加一碗酸化水可防止褐變。蒸煮約 6 至 8 分或以滾水汆燙 5 至 6 分鐘，再以冰水冷卻，接著瀝乾並擦乾。為了防止額外褐變，可沾一些淺色蜂蜜，這不會讓馬鈴薯嚐起來太甜，另外也特別推薦乾燥前不汆燙馬鈴薯。冷凍切塊馬鈴薯不需要汆燙或沾醬，也適合乾燥，在冷凍狀態時直接鋪在盤子上即可。

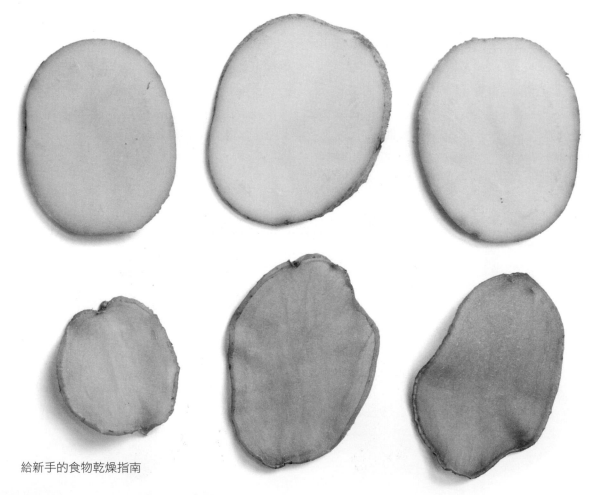

完成度測試：切片會呈現酥脆、有點半透明，並帶有乾燥、粗糙的表面；切成塊狀或薯條狀會較硬或粗脆，中心不含水分。

產量：1 磅新鮮馬鈴薯約可產出 1 杯乾燥分量；再水化時，1 杯乾燥馬鈴薯約可產出 1 至 1⅓ 杯的分量。

使用：再水化時，以熱水浸泡 45 分至 1 小時 15 分鐘，浸泡的水會含有澱粉，可作為麵包的水分。可以將再水化馬鈴薯加入湯品或燉菜做額外燉煮，或浸泡在水中煨煮到軟化後搗碎、油炸或使用在食譜裡。

乾燥方式

食物乾燥機或旋風式烤箱：乾燥小塊馬鈴薯時，使用有網架的盤子或架子。以 52 度烘烤通常需要 7 至 12 小時，薄片會乾燥得較快。

一般烤箱：乾燥小塊馬鈴薯使用有網架的架子，乾燥時需多次攪拌或調整，以 52 度烘烤，需要 6 至 18 小時乾燥。

櫻桃蘿蔔
RADISHES

紅色櫻桃蘿蔔乾燥時看起來很棒，不過也可以乾燥白色的櫻桃蘿蔔。

事前準備：挑選堅硬、葉子還附著的類型，並確認葉子是否新鮮且沒有枯萎。修剪根部和頂部，接著清洗乾燥，切成⅛英寸厚的切片，不需要事前準備。

完成度測試：呈現縮小、捲曲、粗糙至酥脆狀，帶有如紙片般的表面；紅色櫻桃蘿蔔的邊緣帶有豐富的栗色。

產量：1磅的新鮮櫻桃蘿蔔約可產出⅓至½杯的乾燥分量；再水化時，1杯乾燥的櫻桃蘿蔔約可以產出1⅓杯的分量。

使用：酥脆切片如零食般，可單吃或沾起司醬享用；將櫻桃蘿蔔切片弄碎撒在沙拉上，加入馬鈴薯沙拉、高麗菜沙拉裡亦可。再水化時，可作為燉煮蔬菜使用，加入相同分量的滾水煨煮約20分鐘後，以鹽巴、胡椒和奶油調味。再水化櫻桃蘿蔔可以加入食譜，不過不會像新鮮蔬菜一樣酥脆；也可以製成粉末，加入沾醬、湯品或砂鍋料理中，增添濃郁風味。

乾燥方式

食物乾燥機或旋風式烤箱：使用有網架的盤子或架子；以52度烘烤，櫻桃蘿蔔切片通常需要7至10小時。

一般烤箱：使用有網架的架子；乾燥時需多次攪拌，以52度烘烤，櫻桃蘿蔔切片需要6至14小時烘烤。

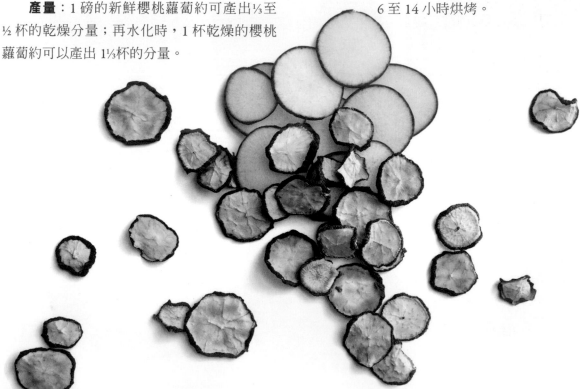

覆盆莓
RASPBERRIES

如同藍莓，新鮮的覆盆莓在超市裡全年可見，不過水果歷經秋天、冬天到春天從遙遠的產地運送而來時，價格都會較高，品質通常都不合格；唯有使用當季——通常是在仲夏——的覆盆莓，才能獲得最佳的乾燥成果。（注意，這裡介紹的也適用於其他包含波森莓、黑莓、露莓、羅甘莓、馬里恩莓和楊氏莓的複合莓果，不過這些莓果含有許多堅硬種子，這點可能會讓一些人覺得厭煩）。

事前準備：堅硬、成熟的覆盆莓會比多汁、軟嫩的類型，更能在乾燥後維持外觀形狀，另外，較軟的覆盆莓可能會碎掉，通常需要較長的時間乾燥。在尚未準備乾燥覆盆莓前先不要清洗，因為一旦碰水會很快壞掉；準備乾燥時，以冰水清洗，輕輕地甩動移除多餘水分，接著放在吸水毛巾上幾分鐘讓其變乾。不需要事前處理（不過要注意的是，如果是乾燥體型較大的黑莓或上述所列體型較大的品種時，應該垂直切半以加速乾燥）。如果有足夠分量的覆盆莓，可參閱 198 頁製作美味的水果皮革捲。

完成度測度：乾燥後，覆盆莓尖硬成熟會其維持原有的外觀，此外，重量上會變得較輕，感覺有點膨脹，有如新鮮水果般中心為中空。覆盆莓會自己碎裂，乾燥後變得更有嚼勁，中心不含水分。

產量：根據是否維持原有外觀或裂掉，1 磅新鮮覆盆莓約可產出 1½ 至 2½ 杯的乾燥分量；再水化時，1 杯乾燥覆盆莓約可產出 1¼ 杯的分量。

使用：乾燥覆盆莓會是一種特別的點心。如果覆盆莓呈現堅硬、成熟狀態，乾燥後外觀會如新鮮的覆盆莓般，不過重量會變得較輕，並帶有乾燥的質地。食用時，外層會帶有酥脆口感，不過中間會呈現恰到好處的口感和風味。較軟的覆盆莓會變得更扁、有嚼勁，可能

帶有更佳的風味。乾燥覆盆莓會變成綜合水果乾或什錦水果裡有趣的添加物，也能以乾燥狀態加入馬芬或蛋糕糊內，加入綠色蔬菜也會相當美味。覆盆莓再水化後會偏白、變得軟爛，比起獨自將水果再水化，最好是能當作食譜裡的一環直接使用。若要快速製作覆盆莓醬，則加入剛好蓋住果肉分量的水，浸泡 2 至 3 小時或放入冰箱整晚；浸泡莓果產生的液體若需要可以加糖使用。

乾燥方式

食物乾燥機或旋風式烤箱：乾燥小顆覆盆莓時，使用網架；堅硬、成熟的覆盆莓以 57 度烘烤，通常需要 12 至 20 小時乾燥；偏軟的類型需要更長的時間。

日曬：開始乾燥的第二天輕輕地攪拌並翻面；覆盆莓可能需要 2 至 4 天才能乾燥完全。

一般烤箱：覆盆莓可能需要超過 18 小時烘烤，因此並不推薦。

大黃
RHUBARB

大黃通常會運用在派的甜點餡裡，因此又有「派的植物」（pie plant）之稱，不過正確來說大黃屬於蔬菜。任何擁有一塊具規模的大黃園地的人，想使用更多新鮮的大黃，乾燥會是一個保存、作為未來使用不錯的方式；乾燥時，大黃的體積會大幅縮小，因此僅會占據一點點儲存的空間；另外，也能像新鮮大黃般當作醬汁、烘焙料理和其他更多的食譜使用，也可以參閱 198 頁結合其他水果做成美味的皮革捲。

事前準備：挑選新鮮、堅硬的大黃，其口感酥脆且柔軟；避免使用中間部分藏有的巨大莖部，或是任何帶有軟爛或變軟的類型。挑選好之後，因為葉子帶有一點毒性，需切掉，在挑葉子時大概修整一下會是不錯的主意；另外也去除掉彎曲、較寬的部分，連同葉子一起放進堆肥桶裡（特別是在大黃帶入屋內前，將葉子修整好會輕鬆很多）。用冰水清洗大黃，如果有些莖部比起其他還粗，以垂直方向撕開成差不多厚度的樣子；接著橫切成 ½ 英寸厚的切片。若要將大黃做成醬汁、派或其他烹煮料理時，則不需要事前處理，僅需要將大黃直接鋪在盤子上就可以開始乾燥。若喜歡將大黃當作乾燥點心或加入什錦果享用，可以將切段的大黃糖漬 5 分鐘（慢火煨煮而非滾沸），鋪在盤子前稍微清洗。冷凍大黃也能用來乾燥，僅需

要將冷凍狀態的大黃直接鋪在盤子上，放入食物乾燥機。若有任何切段大黃纏在一起，可以在乾燥 1 小時後將彼此分開。

　　注意，大黃乾燥時會大幅縮小，因此即便盤子的間隔很小能防止蔬菜掉落，還是建議在網架下放盤子或架子。

　　完成度測試：未經過事前處理的大黃乾燥後會變得乾癟、縮小，並帶有粗糙的堅硬質地；糖漬大黃乾燥後會變扁、呈塊狀帶有光澤、具彈性的結塊，質地也相當有嚼勁。

　　產量：3 磅新鮮大黃（切段後約 3 夸脫）約可產出 2 杯乾燥分量；再水化時，1 杯乾燥大黃約可產出 2 杯的分量。

　　使用：糖漬乾燥大黃會是個不錯的點心，適合加入綜合果乾或什錦果乾；未經過事前處理的乾燥大黃食用時會很酸。再水化時，可使用於醬汁、派或其他烹煮料理中，以 1.5 比 1 的比例（1½ 杯的水與 1 杯乾燥大黃切段）倒入滾水，冷卻並加蓋放入冰箱整晚。若要更快完成，以水煨煮約 30 至 45 分鐘直到軟化，如需要，可以在煨煮時加入額外的水。

乾燥方式

　　食物乾燥機或旋風式烤箱：在盤子或架子上鋪上網架。乾燥糖漬大黃時，以廚房噴油塗層，盡量將大黃鋪好。乾燥 2 小時後，用乾淨手指將結塊的部分分開。以 57 度烘烤，通常需要 6 至 10 小時；糖漬的則需要至少 15 小時。

　　一般烤箱：在架子上鋪上網架。乾燥糖漬大黃時，以廚房噴油塗層，盡量將大黃鋪好（大黃可能會結塊）。乾燥 2 小時後，用乾淨手指將結塊的部分分開。以 57 度烘烤，最短需要 5 小時或長達 15 小時。

婆羅門參
SALSIFY

看起來像是介於胡蘿蔔和歐防風的婆羅門參，又被稱作「牡蠣菜」，因爲嘗起來像是海洋的味道。可以在多天時節找找看，婆羅門參就像歐防風，應在結霜後摘取以增加糖分。

事前準備：婆羅門參的外皮相當粗糙，使用前通常會削皮。橫切成⅛英寸厚的切片，若

婆羅門參非常窄，則以傾斜的角度切以增加寬度。切開的婆羅門參會很快變色，切完後應儘快丟入酸化水內。切完後，直接瀝乾鋪在盤子上。爲了得到最好的成果，在乾燥前先蒸煮約4分鐘或以滾水汆燙3分鐘。

有一點要注意，婆羅門參很容易種植，因此在某些地區被認爲是具有侵略性的品種。

完成度測試：呈現酥脆、粗糙，裡面不含水分的狀態；婆羅門參汆燙後會帶有深乳白色，未汆燙的則會偏褐色。

使用：可以以乾燥狀態食用的切片或是與其他蔬菜混合；小切片能以乾燥形式撒在沙拉上，或是切塊當作砂鍋料理的點綴。再水化時，以熱水浸泡30分鐘至1小時或冷泡整晚。再水化婆羅門可參加入湯品或燉菜做額外料理，或泡水煨煮直到軟化，作爲一般蔬菜使用或使用在食譜裡；另外也能做成粉末用在湯品或砂鍋料理。

乾燥方式

食物乾燥機或旋風式烤箱：使用有網架的盤子或架子；以52度烘烤，通常需要9至15小時。

一般烤箱：使用有網架的架子；乾燥時多次攪拌，以52度烘烤，通常需要8至20小時。

蔥（綠色洋蔥）
SCALLIONS (GREEN ONIONS)

蔥又稱作綠色洋蔥，在春天的園圃裡和超市裡全年可見。若是自己種植，在球莖腫脹、變圓前拔起；乾燥的蔥切片會是不錯的提味，也可作為調味料使用。

事前準備：準備乾燥時，將蔥完整地清洗，修整末端；從綠色的部分開始切段，切成 ¼ 至 ½ 英寸，不需要事前準備。如果可能，以 46 度或更低的溫度烘烤；若溫度過高，綠色部分會燒焦。若以 52 度烘烤相同分量的其他蔬菜，將綠色和白色部分分開，一變乾就立刻取出。

完成度測試：呈現酥脆、重量變輕且有點乾癟的狀態；頂端部分會變得深綠且非常酥脆。

產量：1 杯切片蔥段約可產出 1⅓ 杯的乾燥分量。

使用：蔥能快速乾燥，可以不經過再水化直接加入湯品和燉菜內；較薄的乾燥蔥則是沙拉、湯品、蛋料理或砂鍋料理很棒的點綴。

乾燥方式

食物乾燥機或旋風式烤箱：使用有網架的盤子或架子；乾燥 1 小時後攪拌，以 46 度烘烤通常需要 5 至 8 小時，頂端乾燥更快。

一般烤箱：使用有網架的架子；乾燥時需多次攪拌，以 46 度烘烤最短需要 4 小時或長達 10 小時，頂端乾燥更快。

冬南瓜&南瓜
SQUASH (WINTER) & PUMPKINS

這裡使用的「冬南瓜」（squash）是指帶有偏硬、無法食用外皮的品種，堅硬、果肉濃密，中間中空部分帶有木質的大種子，一般品種包含日本栗子南瓜、奶油杯南瓜、奶油南瓜、日本南瓜和哈伯南瓜。南瓜（pumpkin）亦是冬南瓜的一種，雖然用來做南瓜燈的大顆南瓜不適合乾燥，不過小顆的派南瓜（pie pumpkin）可以像其他冬南瓜一樣用來乾燥。雖然金絲瓜（Spaghetti squash）屬於冬南瓜，不過其果肉會分裂成縷絲，不適合乾燥。（夏南瓜較薄、果皮可食用，果肉柔軟、含水分並帶有軟的小種子；可參閱 152 頁「櫛瓜&其他夏南瓜」獲得更多資訊）。

事前準備：將莖部切掉，南瓜切半，用湯匙挖掉裡面的種子，連同周圍的棉絲一起刮掉。小心切掉果皮，在處理彎曲部分時需要花費不少精力而且相當棘手，往身體的反方向切，並小心手滑（有些廚師偏好直接將未削皮的南瓜切片，再分別切掉外皮，不過有些南瓜的外皮會非常難處理）。將南瓜切半或切成四等分，再根據尺寸切成 ¼ 英寸厚的切片，若切成塊狀，則切成⅜至 ½ 英寸的塊狀。以蒸煮或滾水汆燙直到半熟左右，蒸煮通常需要 3 至 5 分，滾水則需要 2 至 3 分鐘，不過時間長短根據南瓜品種和年分而異，最後以冰水冷卻，瀝乾後拍乾。

冬南瓜或一般南瓜也可以燉煮到變軟，接著在乾燥前搗碎，再將搗碎南瓜鋪在實心層板或邊緣有烤盤紙的烤盤約 ½ 英寸厚，接著乾燥。煮過的南瓜也能搗成泥狀做成皮革捲，另外也能製成粉狀，當作南瓜泥使用。煮過的果泥在製作皮革捲時可以加入水分較多的水果以增加黏稠度（參閱第七章皮革捲）。再水化時，搗成泥的南瓜比起粉末的泥狀南瓜質地更佳。

完成度測試：呈現縮小、顏色變深的狀態。塊狀較硬，中心不含水分；切片則呈皮革狀至堅硬狀態；搗碎的南瓜表面粗糙，變得乾燥、酥脆且呈皮革狀，較大的塊狀中心不含水分。

產量：1 磅新鮮的冬南瓜或一般南瓜可產出 ¾ 至 1 杯的乾燥切片或切塊。再水化時，1 杯乾燥冬南瓜切片、切塊或搗碎塊狀約可產出 ½ 杯的分量。

使用：以熱水浸泡約 45 分鐘至 1 小時 15 分，或冷水浸泡整晚再水化。再水化的冬南瓜切片或切塊可加入湯品或燉菜做額外烹煮，或泡水煨煮直到軟化當作一般蔬菜或用於食譜。若要再水化搗成泥狀的南瓜，僅需加入等量的滾水攪拌，接著離開火源，放置冷卻，偶爾攪拌；若攪拌後太濃稠，可額外加一點水。乾燥冬南瓜切片或切塊也能製成粉末使用在湯品或砂鍋料理。

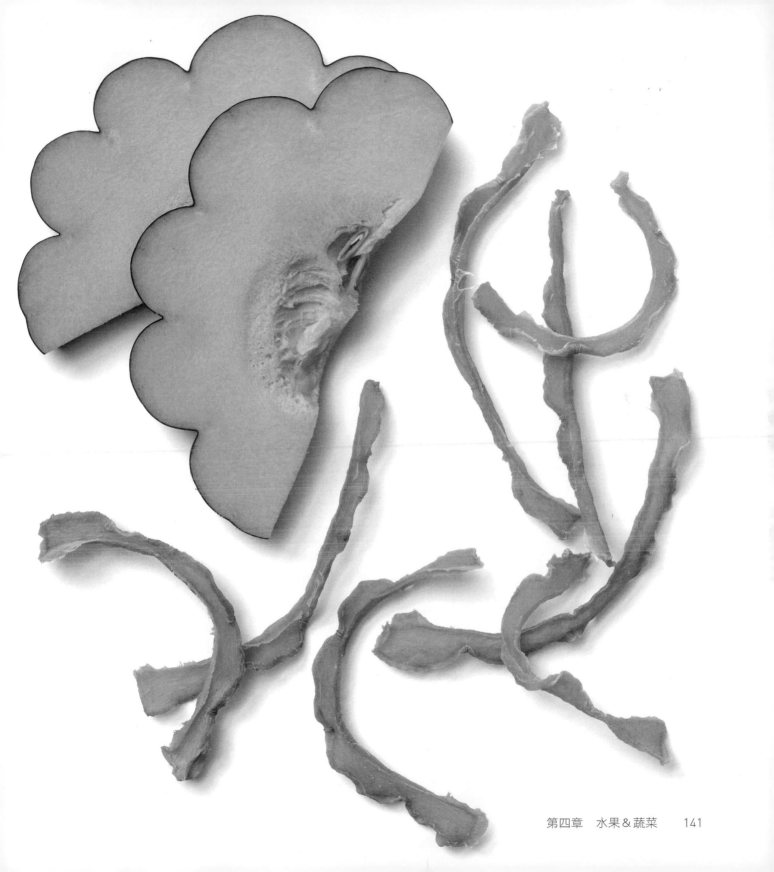

乾燥方式

食物乾燥機或旋風式烤箱：小塊南瓜使用有網架的盤子或架子；搗碎的南瓜則用實心層板或放有烘焙紙的烤盤。當搗碎南瓜開始乾燥時，偶爾攪拌分成較小的塊狀直到變得酥脆。切片或切塊的冬南瓜以 52 度烘烤，通常需要 7 至 12 小時；搗碎南瓜可能需要至少 18 小時。

一般烤箱：搗碎南瓜可能需要超過 18 小時烘烤，不推薦使用這個方法。塊狀南瓜使用放有網架的架子，乾燥時需多次攪拌和調整，以 52 度烘烤，冬南瓜需要最少 6 小時或長達 18 小時乾燥。

草莓
STRAWBERRIES

現今的水果種植並沒有對草莓愛好者產生助益；當然，我們全年都可以看到草莓，而且通常看起來大顆、飽滿，外觀令人印象深刻，不過，任何能馬上享受自家種植草莓的人都知道，現在的超級草莓大多「中看不中用」。無論你是否要乾燥草莓，使用新鮮的類型來製作派或其他料理，或是直接生吃，是沒有任何品種的草莓能取代當地栽種的當季草莓；也就是說濃縮草莓水果風味——將超市販售的龐然大物製成「類似草莓」風味，就會相當值得。採草莓農場是一處能獲得充滿風味、剛摘採草莓的絕佳地方，當然也是一家人出遊的好選擇。

事前準備：挑選剛成熟的草莓，過軟的草莓難以乾燥。最佳的草莓富有鮮紅的外觀，果肉同樣呈現紅色，不過即便果肉尚為較淡的顏色同樣能乾燥，只是可能風味較不足夠。以冰水輕輕地清洗草莓，接著摘掉有葉子的蒂頭以及頂部任何堅硬或有白色果肉的部分，將大顆草莓切成 ⅜ 至 ½ 英寸厚的切片，或垂直切成四等分；寬度不到 1 英寸的小顆草莓不切片，直接垂直切半；最小顆的草莓則直接整顆乾燥。冷凍草莓同樣也能乾燥；解凍後，將大顆草莓切半，鋪在同一層盤子上；無論是新鮮或冷凍草莓都不需要事前處理，不過稍微沾一下果糖會讓成品帶有些微光澤，顏色更豐富且質地更具嚼勁。若想要有更愉悅的享受，可參閱 211 頁的指南，試試看糖漬草莓；草莓同樣也非常適合製成皮革捲，可參閱 198 頁的介紹；若要有特別的體驗，可參閱 212 頁「日曬果醬」。

完成度測試：呈現粗糙至酥脆的狀態；擠壓時，較厚的部分呈海綿狀，但不是軟爛或糊狀。事前冷凍的草莓會變得乾癟且粗糙。

產量：根據草莓的切法，1 磅新鮮、完整的草莓若鬆散包裝約可產出 1½ 至 2 杯的乾燥草莓；草莓再水化後體積不會增加，所以最後可能會得到跟開始製作草莓時相同的分量。

使用：乾燥草莓會是一種很棒的點心，可以在乾燥狀態下加入綜合水果乾和什錦果乾，加入綠色沙拉裡也相當美味。乾燥草莓可以很快再水化，不過也能在乾燥狀態下加入水果沙拉，乾燥草莓加入沙拉 15 分鐘後，就能軟化並能直接享用。草莓再水化後會變得糊糊的，與其將草莓個別再水化，最好加入食譜內使用。若要快速製作草莓醬，加水到剛好蓋住草莓，浸泡約 2 至 3 小時或放入冰箱整晚；浸泡草莓剩下的液體，如有需要可以加糖。

乾燥方法

食物乾燥機或旋風式烤箱：在盤子或架子放上網架，用廚房噴油稍微塗層。水果可能會掉落（特別是事前冷凍或沾果糖的草莓），在草莓盤子下方放帶邊的空盤子（如果使用烤箱就放烤盤）會是不錯的主意。以 57 度烘烤，切片或切成四等分的草莓通常需要 7 至 11 小時乾燥，整顆草莓可能需要至少 14 小時。

日曬：為了得到最佳成果，在乾燥網架上用廚房噴油稍微塗層。切塊或切成四等分的草莓可能需要 1 至 2 天才能乾燥完全，整顆草莓可能需要至少 3 天。

一般烤箱：整顆草莓可能需要超過 18 小時乾燥，因此不推薦這個方式；切片或切成四等分的草莓可能會過度乾燥。將網架放在架子上，並用廚房噴油稍微塗層。水果可能會掉落（特別是事前冷凍或沾果糖的草莓），在草莓盤子下方放一個空烤盤會是不錯的主意。每兩小時調整草莓以及旋轉盤子一次，以 57 度烘烤，切片或切成四等分可能最短需要 6 小時或長達 17 小時乾燥。

甘藷
SWEET POTATOES

通常會被（錯認）指成是薯蕷類（yam），其實甘藷比白色的馬鈴薯更適合乾燥，因其額外的糖分會在再水化時，使果肉變得更柔軟。挑選果肉顏色深邃的類型，這比果肉淡白、乾軟的品種更適合乾燥。儲存乾燥甘藷時須小心保管，若有任何水分的跡象都可能造成整批發霉。

事前準備：特別想乾燥帶皮的甘藷時，需將外皮刷洗乾淨；再水化時，外皮雖然較硬但能增加纖維。切成 ½ 英寸寬的方形條狀（就像薯條一樣）或 ¼ 至⅛英寸的切片或 ½ 英寸的小塊。切甘藷時，將甘藷放入酸化水可避免褐變。蒸煮 5 至 7 分鐘，或用滾水煮 4 至 5 分鐘後放入冰水冷卻，瀝乾後擦乾。若要防止褐變，可沾一些淺蜂蜜，這個方法特別推薦給乾燥前不經汆燙處理的人。

另一種方法是將整顆、未去皮的甘藷以175 度烘烤 45 分鐘直到變軟，接著確實冷卻，去除外皮，切成想要的形狀；經過事前烘烤的甘藷會乾燥得更快。

完成度測試：切片的甘藷雖然較硬，但是較具彈性並帶有乾燥、粗糙的表面；小塊和條狀的甘藷呈現硬或酥脆的狀態，中心不含水分。

產量：1 磅新鮮甘藷約可產出 1 杯乾燥甘藷；再水化時，1 杯乾燥甘藷約可產出 1 至 1⅓ 杯分量。

使用：以熱水浸泡 45 分至 1 小時 15 分再水化；可加入湯品或燉菜做額外烹煮，或泡水煨煮至軟到能搗碎、油炸或用於食譜。

乾燥方法

食物乾燥機或旋風式烤箱：乾燥小塊甘藷時，使用有網架的盤子或架子。以 52 度烘烤，通常需要 9 至 15 小時；薄片以及事前烤過的甘藷會更快完成。

一般烤箱：小塊或切成條狀的甘藷可能需要超過 18 小時乾燥，因此不推薦這個方式。切片甘藷在乾燥時，需要攪拌和調整多次，以 52度烘烤，切片甘藷最少需要 9 小時或長達 18 小時乾燥；事前烤過的切片甘藷會更快完成。

黏果酸漿
TOMATILLOS

去除外殼的黏果酸漿，看起來很像小顆的綠色番茄，它們其實常出現在中國的燈籠裝飾品中。黏果酸漿常使用在美國西南方和墨西哥的料理中，提供燉菜、湯品和沙拉濃郁、如蔬菜的風味。就像番茄。黏果酸漿其實屬於水果，所以適合日曬，可參考 148 頁日曬番茄的介紹。用食物乾燥機或烤箱乾燥時，建議將溫度設定在 57 度至 63 度能加速乾燥。

事前準備：黏果酸漿生長時帶有紙質的外殼，當裡面果實成熟時，外殼就會乾掉並分離。在店裡購買黏果酸漿時，挑選帶有乾燥外殼和明亮綠色的類型，不要購買有黑色斑點或外殼已經乾燥的黏果酸漿。準備乾燥時，將紙質外皮拉開並丟棄，果肉表皮帶有黏性，需要用冰水清洗，用手指擦洗外表直到不含黏性。切掉頂端小的芯，接著切成 ¼ 英寸厚的切片；黏果酸漿不需要事前處理。

完成度測試：呈現縮小、粗糙或酥脆且帶有皺褶的狀態；裡面顏色偏白，果皮應該會有點變黑。

產量：1 磅新鮮黏果酸漿若鬆散包裝約可產出 1⅓ 杯的分量；再水化時，1 杯乾燥切片約可產出 1¼ 杯的分量。

使用：再水化時，以熱水浸泡 30 分鐘，再水化黏果酸漿可加入湯品或燉菜做額外烹煮，或放入水中煨煮直到軟化並用於食譜中。

乾燥方式

食物乾燥機或旋風式烤箱：使用有網架的架子或盤子，以 63 度烘烤，黏果酸漿切片通常需要 7 至 12 小時。

一般烤箱：使用有網架的架子，乾燥時將黏果酸漿翻面並調整多次，以 63 度烘烤，黏果酸漿切片可能需要最短 7 小時或長達 18 小時乾燥。

番茄
TOMATOES

番茄有各種類型和尺寸，小至櫻桃、葡萄般大小的番茄，大至如牛番茄（beefsteak tomato）的類型應有盡有；無論是綠色或成熟的番茄都可以乾燥，不過在乾燥綠色番茄時建議使用圓形的切片番茄。此外，低酸性品種的番茄除非搗成泥狀，先與一點醋或檸檬汁混合，不然乾燥時會變黑，變得如皮革般；可參閱192頁和198頁的相關資訊。

雖然番茄常被當作蔬菜使用，但它可是水果，所以能夠日曬；使用食物乾燥機或烤箱乾燥時，建議溫度設定在57至63度以加速乾燥。

成熟番茄與綠色番茄的準備不太相同；大多數成熟番茄在乾燥前應先去皮，但小顆番茄和橢圓形的李子番茄則例外，如果乾燥前有去皮，乾燥時會呈現鮮豔的顏色。

事前準備：成熟番茄去皮時，一次丟入幾顆番茄到滾燙的一大碗滾水裡，當果皮開始裂開（通常約30至60秒），再移到一大碗冰水裡剝掉外皮。果皮都去除後，切掉果芯；圓形番茄橫切成 ¼ 至 ½ 英寸厚的切片，如果喜歡也可以切半或切成四等分；也能將整顆番茄切成 ½ 英寸的大塊。無論是否去皮，李子番茄若較小則切半，較大則切成四等分；櫻桃和葡萄番茄則不需要去皮，不過乾燥前則需切半，

將切面朝上放在盤子上。為了加速切半李子番茄、長方形番茄（saladette）、葡萄和櫻桃番茄的乾燥速度，可在乾燥中途用手指按壓番茄，並將番茄翻面後，再放回盤子內持續乾燥。

乾燥綠色番茄時，切成切片的類型比起櫻桃番茄和其小型品種，能得到更好的成果。挑掉外表仍青綠、堅硬且果肉開始成熟的類型。綠色番茄不應該去皮，僅需切掉芯；橫切成 ¼ 至 ½ 英寸厚的切片，或切成 ½ 英寸的塊狀。

完成度測試：乾燥後的番茄應呈現深紅色，而非黑色；黑色番茄可能是低酸的種類，不該食用。切片番茄會變得粗糙至酥脆，比起新鮮番茄會變得更小；切塊番茄會變得粗糙，擠壓時有如海綿般的質地，中心不含水分。此外，若是呈現糊狀而非有彈性，代表尚未乾燥完全。李子番茄和切半小番茄會呈現捲曲、變小、粗糙，擠壓時富有彈性或彈力，最厚的地方不含水分。

產量：1磅新鮮的番茄通常會產出約1杯的乾燥番茄；再水化時，1杯乾燥番茄約可產出 1½ 杯的分量。

使用：乾燥切片或切塊番茄可以快速再水化，也能不經過再水化直接加入湯品、砂鍋和燉菜後至少再煮30分鐘。若要將切片番茄再水化後使用在食譜裡，可將番茄放在盤子或淺盤上，灑上溫水，讓番茄浸泡1小時，不時翻面並灑上更多的水。以溫水浸泡切塊或較小

番茄約 1 小時或更長的時間以再水化；若要油炸綠色番茄切片，則將再水化番茄切片裹上麵粉，以奶油拌炒。乾燥番茄也很容易製成粉末，可以將粉末加入肉湯和其他湯品增添美味的風味及營養價值。

乾燥方式

食物乾燥機或旋風式烤箱：大塊或小顆番茄乾燥時，使用有網架的盤子或架子。乾燥後 2 至 4 小時將番茄翻面，或是當番茄上層乾燥時，攪拌番茄多次。切片和切塊番茄以 63 度烘烤，通常需要 8 至 12 小時；李子番茄和切半小番茄需要更多時間。有些番茄會在約 12 小時後乾燥，有些可能需要長達 24 小時；去皮的李子番茄會比未去皮的更快乾燥。

日曬：在一天的乾燥過程中，將番茄翻面，或是當番茄上層乾燥後，攪拌切塊番茄將它們分開。切片或切塊番茄可能需要 1 至 3 天才能乾燥完全；李子番茄和小番茄則需要至少 5 天。

一般烤箱：李子番茄和切半小番茄需要超過 18 小時乾燥，因此不推薦這個方式。大塊番茄則使用有網架的架子；切片番茄可直接放在架子上，除非架子的縫隙太大且番茄太小；乾燥時需多次翻攪。以 63 度烘烤，切片和切塊番茄至少需要 7 小時或長達 18 小時。

西瓜
WATERMELON

乾燥西瓜的質地與太妃糖相似，是一種特別，但甜美、含果香且帶有麝香風味的美味點心。西瓜不適合再水化，通常以乾燥狀態享用。

事前準備：將西瓜切成 ½ 英寸厚的切片，切掉果皮，去除所有白色的邊緣。將水果切成約 1 英寸寬的長條，再切成 2 英寸長的長條。若使用無籽西瓜，切完即可放在盤子上；若是有籽西瓜，挑掉大顆的黑色種子，不過較軟、較小的白色種子可能會殘留在果肉裡。西瓜不需要事前處理。

完成度測試：呈玫瑰紅、起皺、變小、具彈性的狀態；按壓時能承受壓力，最厚的地方不含水分。

產量：1 磅備好的西瓜塊約可產出 1⅓ 杯的乾燥西瓜。

使用：作為一般點心享用；乾燥西瓜不適合再水化。

乾燥方式

食物乾燥機或旋風式烤箱：以 52 度烘烤，西瓜塊通常需要 10 至 15 小時乾燥。

日曬：每天結束後將西瓜翻面；可能需要 2 至 4 天才能乾燥完全。

一般烤箱：西瓜塊可能需要長至 18 小時乾燥，因此不推薦使用這個方式。

櫛瓜&其他夏南瓜
ZUCCHINI
& OTHER SUMMER SQUASH

這裡使用的「夏南瓜」是指較薄、帶有柔軟且可食用的外皮，果肉有點水水的並帶有柔軟小種子的南瓜；而櫛瓜則是夏南瓜裡最為人所知的品種，其中黃南瓜（yellow squash）和扁圓南瓜（pattypan）是另外兩種常見的品種（多南瓜帶有堅硬的外皮、紮實果肉以及中間帶有大顆、木質化的種子；參閱 140 頁「多南瓜&南瓜」取得更多資訊）。

事前準備：挑選小至中型尺寸的南瓜，這種通常會有非常小的種子。如果蔬菜園圃內有巨大的櫛瓜，可以切成四等分並切掉帶有種子的中心，用果肉做成櫛瓜麵包，剩下的果肉可以用來乾燥。

準備乾燥夏南瓜時，切掉多餘的莖部、底部堅硬的節。將未去皮的南瓜橫切成 ⅛ 至 ¼ 英寸厚的切片；若切片較大，也能切半或切成四等分。或將夏南瓜切成 ⅜ 英寸的塊狀或大致切碎——一台優良食物處裡機所附的刨絲機或曼陀林會是刨絲的好選擇。夏南瓜不需要事前處理。

完成度測試：呈酥脆或硬且脆、重量變輕以及縮小帶有黑色、起皺的邊緣；塊狀的蔬菜裡面不含水分。

產量：1 磅新鮮的夏南瓜約可產出 ¾ 杯的乾燥分量；再水化時，1 杯乾燥的夏南瓜約可產出 1½ 杯的分量。

使用：切片夏南瓜可以乾燥形式作為點心食用，另外也適合弄碎、撒在湯品或沙拉作為點綴。刨絲的類型可不經過事前處理，直接加在湯品和燉菜內至少燉煮 10 分鐘；切片和切塊夏南瓜則至少煮 10 分鐘。再水化的夏南瓜非常柔軟，但作為單一蔬菜燉煮不太適合。乾燥夏南瓜也容易製成粉末，將粉末加入肉湯和其他湯品內可增添美味風味和營養價值。

乾燥方式

食物乾燥機或旋風式烤箱：小塊的蔬菜使用有網架的盤子或架子；刨絲的蔬菜使用實心層板或鋪有廚房烘焙紙的烤盤。每小時將刨絲蔬菜分開直到不黏在一起。以 52 度烘烤，切片和切塊通常需 7 至 10 小時；刨絲可更快乾燥。

一般烤箱：小塊的蔬菜使用有網架的架子；刨絲的蔬菜使用實心層板或鋪有廚房烘焙紙的烤盤。乾燥時需多次攪拌並調整蔬菜；以 52 度烘烤，最短需要 5 個半小時或長達 15 小時乾燥；刨絲會乾得更快。

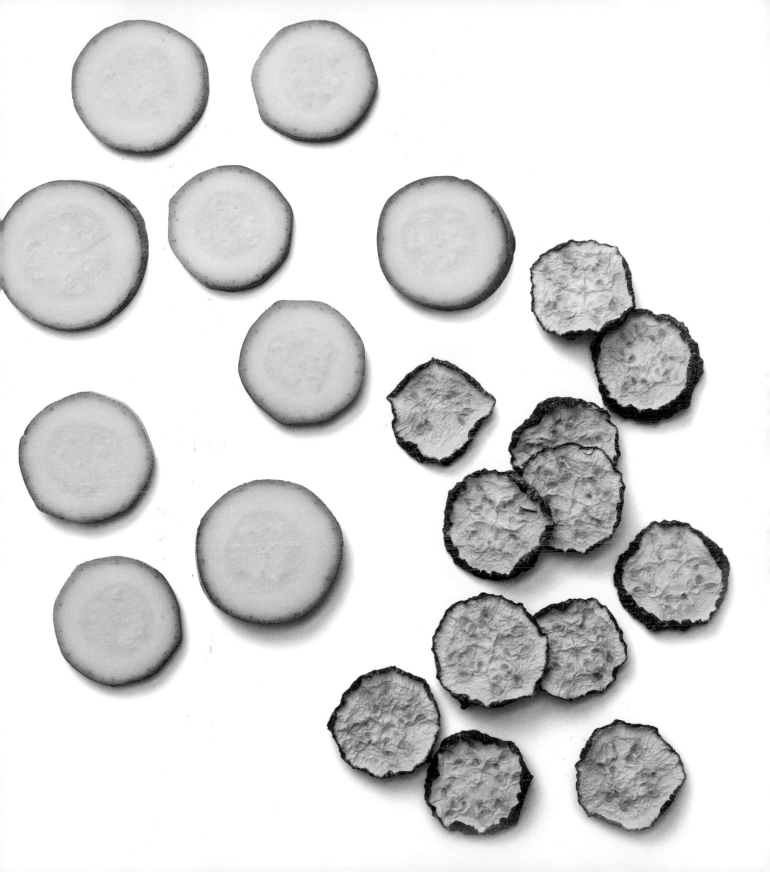

第五章

香草&香料

Herbs & Spices

以烹飪的觀點來看，香草是柔軟（非木本）的植物，其葉子和/或花朵在植物生長未成熟的階段可作為調味料使用，例如羅勒葉、奧勒岡葉以及洋甘菊都是常見的香草。此外，一些柔軟植物的其他部位，如種子、根部和球莖，則會在成熟階段作為調味料使用，像是茴香籽、薑根和大蒜。這些植物的一部分都被當作成「香料」。一些灌木或樹木的果實和葉子也會被當作香料使用，像是杜松果和檫樹葉片。

乾燥香草

　　幾世紀以來，草本植物的葉子和花朵都被用於增添食物風味與顏色，然而事實上，香草裡的成分也確實影響了許多餐點的味道。香草從其揮發油裡獲得更多的風味和香味，不過揮發油對於熱度和光線都很敏感，只要植物一摘下就會開始揮發，持續到香草乾燥為止。即便乾燥香草的味道不可能跟新鮮香草一樣，但是它們在廚房裡仍然有使用價值。

　　為了盡可能保存香草最多的風味，應該以非常低的溫度乾燥，搭配良好的空氣循環和日曬；市售業者使用的設備結合了剛剛好的熱度、高度空氣流動和特製通風設備，在香草品質惡化前以除溼乾燥香草。不過即便使用這些設備，仍需要花費數天乾燥所販賣的香草。

　　目前有幾種方式能在家乾燥香草，可參閱 157 頁的「基本香草類別」取得每種香草的乾燥建議。以非常低溫度運作的食物乾燥機和烤箱，也能用來乾燥一些香草，不過此方法並不適用像是羅勒這種有大片葉子和柔軟莖部的類型。如果將整株香草放在食物乾燥機內，莖部會枯萎，所有葉子會擠在一起，使乾燥困難重重。為了在食物乾燥機或烤箱能有效率地乾燥，必須將羅勒葉從莖部拔除，葉子以**不重疊**的擺法放在盤子上，再以低溫烘烤約 12 小時。如果要乾燥超過一或兩種羅勒，那麼食物乾燥機會需要運作數天處理這款香草。若想減少事前處理準備眾多的植物或莖部，不妨將香草擱置在空氣中，讓時間來完成吧！如果喜歡，也能在同時間乾燥不同種類的香草。

　　一些莖部帶有小片或結實葉片的香草，很適合用市售食物乾燥機或自家烤箱烘烤，百里香就是一個例子，其葉子比羅勒小且紮實，粗硬的莖部在乾燥時不會裂開，因此葉子不會聚成一塊。大多數這類的植物容易蔓生並纏繞在一起，因此需要將植物剪成符合乾燥機盤子大小的小枝長度，或是嘗試一次使用一或兩個盤子烘烤，盤子之間要為捲曲的香草留出空間。

　　當然，放在空氣中乾燥是一個很棒的解決方式，如果可以，將香草的粗莖綁在一起；如果無法，則稍微鬆鬆地放入一個紙袋並放在一旁直到葉子乾掉。當有一堆捲曲的百里香、奧勒岡葉或其他稀疏生長的香草需要乾燥時，這將會是季節尾聲到來時生活裡的一大恩賜。

乾燥香草的收成與準備

　　在多葉香草柔軟且風味十足時摘下，通常會是在植物剛好開花前；像是蒔蘿和洋甘菊必須在種子發展前、花絮聚集時摘取。

　　不要嘗試摘香草，因為可能會使植物葉子掉落土裡，要使用剪刀或修枝剪。一年生多葉植物留下 4 英寸的莖部，多年生的多葉植物則只剪下三分之一，這樣能讓植物持續生長，未來也能收成。如果植物受到季節尾聲結霜的威脅，則將植物整株剪下。

　　在開始乾燥前，先用水管清洗香草，等到隔天太陽曬乾露水後剪下莖部。如果香草看起來髒髒的，則快速沖自來水或噴水清洗乾淨。

將紙巾鋪在蔬菜脫水器的籃子，放入香草，開始轉動直到香草完全乾燥。

用來乾燥的香草準備好後，仔細確認是否有蚊蟲、零星的葉片或其他不需要的東西，將其取出並丟棄任何枯萎、變黑和受損的葉子。

基本香草類別

根據香草的成長形態將最常見的香草分類，以及推薦相關的乾燥方式。

帶有大片葉子的成束香草：這種香草可以綁成一束，最好的方式是置於通風處；若是使用食物乾燥機或烤箱乾燥，應將葉子拔除，以不重疊的方式鋪在同一層盤子上。這類型的香草包含**羅勒、月桂葉、貓草、香葉芹、香菜、檸檬香蜂草、薄荷、巴西里和鼠尾草**。有些人喜歡用針線將個別的小枝羅勒串起來，這個方法可以加快乾燥速度，避免乾燥時黏在一起。

帶有厚度、潮溼莖部的香草：這種香草無法放在通風處乾燥，因為柔軟的莖部過厚且潮溼，在葉子乾燥前就會腐敗；用食物乾燥機或烤箱乾燥葉子。這類型的香草包含**芹菜葉、蒔蘿葉、茴香葉和獨活草**。

堅硬或枯萎莖部帶有小片葉子的香草：這種香草可以置於通風處或食物乾燥機、烤箱內乾燥；乾燥整株時，葉子仍會附著在莖部上。這類型的香草包含**馬鬱蘭、奧勒岡、迷迭香、香薄荷、龍蒿和百里香**。

香草的頭狀花序：花序可以置於通風處或食物乾燥機、烤箱內乾燥，這類型的香草包含**洋甘菊花和蒔蘿花**。

蝦夷蔥則個別歸類為一種類型；這種沒有莖部、帶有長且中空葉子的植物與其他香草不太一樣。置於通風處乾燥時，可將長度較長的蝦夷蔥綁成一束，就像乾燥成束香草一樣，一旦乾燥後就剪成小段；用食物乾燥機或烤箱乾燥時，將蝦夷蔥剪成 ¼ 英寸的小段，接著鋪在附有實心層板的盤子上或鋪有烘焙紙的烤盤。

風乾香草

5
步驟

1

蒐集乾淨、方形底部的紙袋，像是小的午餐袋、大型購物紙袋或任何尺寸介於兩者之間的袋子。另外，也需要廚房棉線、吊掛一束束香草和香草袋的空間，以及圖釘、大頭針、釘書機或任何可以掛香草的工具。

2

準備香草；可參閱 156 頁「乾燥香草的收成與準備」。

3

一次使用一種類型的香草；將小把香草莖部聚集一起，如果莖部相當直挺，葉子也長得很整齊，直接將莖部成束，用棉線緊緊地綑綁莖部末端，在線的末端打一個圈，現在香草可以準備吊掛乾燥；如果莖部堅硬或枯萎，長成粗大又纏繞的狀況，那麼就很難將香草成束，這種香草不用綑綁，直接鬆散地放在紙袋裡，若數量較多則放在購物紙袋內，只要讓莖部是鬆散放置即可。如要乾燥洋甘菊或蒔蘿花序，將長的莖部花序放入紙袋裡。

4

將綁好的香草束吊掛在溫暖、通風的屋裡椽子處（或其他地方），香草頂端朝下，不能直街曬到太陽。小紙袋可以釘在椽子或放在桌上；大紙袋則可放在桌上（如果不會干擾，也可放在地上）。所有袋子的開口應該部分或全部打開。

5

定期檢查香草直到乾燥完全，通常需要花費 1 至 4 週。
參閱 163 頁「香草的保存與使用」儲存香草。

風乾香草的訣竅

- 其中一種方法是在乾燥成束香草時，將前端部分放入午餐紙袋內，再用棉線連同袋子和莖部綁緊，確保綁好。將袋子剪幾個裂縫，接著直接掛起。袋子能保護香草阻絕灰塵和光線，乾燥時若有葉子掉落也會直接掉在裡面。
- 你可以在天花板上掛一根竿子，再將麻線的圈圈掛到竿子內。
- 另一種方法是將線延伸拉緊固定在兩面牆壁上，再用迴紋針穿過線段，將香草束掛在迴紋針上。

用食物乾燥機烘乾香草

5
步驟

1

將實心層板放在食物乾燥機的盤子上以及機器底層；這個實心層板會承接從架子上掉落的小片葉子。將網架放在其他乾燥機盤子上。

2

準備香草；可參閱 156 頁「乾燥香草的收成與準備」。

3

對於有大片柔軟葉子的香草，先將葉子個別拔掉，以不重疊的方式鋪在同一層的網盤上。如果使用堆疊式食物乾燥機，將香草剪成小片以符合盤子大小；若是用箱型食物乾燥機，依照需求將空盤子取出，這樣就可以不用切成小片直接放入機器。乾燥花序時，分別將花朵或小花瓣放在網架上。將網架放在其他乾燥機盤子上。

4

運作食物乾燥機，將溫度設定在 38 至 41 度直到香草變乾。小片葉子和花朵可能得需要 2 小時至 8 小時，大片葉子可能需要至少 18 小時。

5

當香草乾燥完全後，參閱 163 頁「香草的保存與使用」儲存香草。

用食物乾燥機烘乾香草的訣竅

▪ 乾燥香草時，不要與蔬菜或水果一起乾燥，因為這些蔬果會增加空氣中的水分，導致香草需要過長的時間乾燥。

▪ 如果可以，盡量將每一種類型的香草個別乾燥，防止風味混在一起。

▪ 乾燥快結束時，不時檢查香草的狀況，取出已經乾燥好的香草；過度乾燥會讓風味流失。

▪ 自製食物乾燥機也能用來乾燥香草，但不是太理想，因為香草可能會在乾燥期間過度曝曬在光線之下。

用烤箱烘乾香草

5 步驟

1

準備烤箱用的架子並鋪上網架,可參考 34 頁獲得更多資訊。在烤箱底層放一個空烤盤,用來承接從網架掉落的小片葉子。

2

準備香草;參閱 156 頁「乾燥香草的收成與準備」。

3

對於有大片柔軟葉子的香草,將葉子個別拔掉,以不重疊的方式鋪在同一層的網架;帶有堅硬或枯萎莖部的小片香草,則是將整株香草直接放在網架上,如果香草有大量的纏繞部分,需要將它們拉開或切斷以符合烤箱烤盤的大小;花序部分則將個別的花朵或小花瓣鋪在網架上。

4a

如果有**旋風式烤箱**,將放有香草的架子放入烤箱,將溫度設定在 38 度,可參閱 32 頁使用旋風式烤箱的相關資訊。如果需要,可以透過螢幕調整溫度以及相關設定,持續烘烤直到香草乾燥。小片葉子和花朵可能得花 2 至 8 小時;大片葉子可能需要至少 18 小時。

4b

如果是用**不附烤箱燈的一般烤箱**,先預熱至 95 度,關掉,再將放有香草的架子放入烤箱,並用一個鋁箔紙做成的球支撐烤箱門,以關掉烤箱的燈光調節,讓香草在烤箱內 6 至 8 小時(或整晚)。如果香草尚未完全乾燥,將架子放在台面上直到香草完全乾燥為止。

4c

如果是用**附有烤箱燈的一般烤箱**,將放有香草的架子放入沒有預熱的烤箱裡,烤箱燈的的熱氣會使香草慢慢變乾。用一個鋁箔紙做成的球支撐烤箱門,以關掉烤箱的燈光調節。小片葉子和花朵可能得花 2 至 10 小時;大片葉子可能需要至少 20 小時。

5

當香草乾燥時,參閱 163 頁「香草的保存與使用」儲存香草。

用烤箱烘乾香草的訣竅

- 乾燥香草時,不要與蔬菜或水果一起乾燥,因為蔬果會增加空氣中的水分,導致香草需要過長的時間乾燥。
- 如果可以,盡量將每一種類型的香草個別乾燥,防止風味混在一起。

香草的保存與使用

當香草葉子和花朵適當乾燥時，會呈現硬且脆的狀態。如果是連同小葉子和莖部一起乾燥的香草，在儲存前先將葉子剝掉。用一個大烤盤承接掉落的葉子，或是在大且乾燥的袋子內握住成束香草直接剝掉葉子，並丟棄莖部。葉子若能完整保存，並在使用前才弄碎可以保留更好的味道。不過若是準備混合香草，需在混合前弄碎香草。一些像是鼠尾草、奧勒岡葉和馬鬱蘭會在手上大致裂掉；葉子較硬的香草像是迷迭香、香薄荷和龍蒿，可以用桿麵棍滾到平均碎裂。通常月桂葉會使用整株，百里香葉子很小，也許會用整株或在使用前將香草稍微弄碎。

用食物乾燥機或烤箱乾燥的花朵，一旦乾燥好可直接保存。如果用晾乾的方式，用小剪刀從莖部剪下花朵，將花上任何已經裂掉的殘留莖部拔除，並丟棄所有的莖部。

將乾燥香草放入密封玻璃罐保存。小罐子比大罐子更能保留細緻的味道，用大罐子裝的香草只要打開一次，香味就會流失。如果有一大批香草，可將它們分別裝在幾個罐子裡。為了讓乾燥香草維持最佳狀態，隨時將香草存放在乾燥、涼爽且陰暗的地方；不要保存在靠近爐子、散熱器或冰箱的櫃子裡，因為熱氣會使風味逸失。

乾燥香草並不會用水清洗，而是以乾燥狀態使用；乾燥香草的味道會比新鮮香草更突出，因此使用少量即可。一般的準則是，食譜的新鮮香草用乾燥香草取代時，使用新鮮香草三分之一分量的乾燥香草（如果食譜為 1 大湯匙的切碎新鮮香草，則用 1 茶匙的乾燥香草）。雖然很容易會加太多，不過味道過於強烈會讓小心烹煮的料理毀於一旦。

乾燥香料

香料來自植物的一部分，基本上以乾燥狀態使用以及作為調味料。種子也許是草本植物中最常見的香料來源，此外，許多帶有種子的香料植物可以很容易地在花圃裡種植。各種不同的根部、鱗莖和果實都可以收成，並乾燥成香料使用。其中大蒜是最熟悉的品種，不過其他像是杜松子和生薑根也能在家中種植。

香草裡的種子

以種子種植使用的品種包含**茴香、葛縷子、芹菜、香菜（芫荽）、孜然、蒔蘿、茴香和芥末**。當種子變成褐色就可以收成──若太早收成，種子尚未成熟；太晚收成的話，代表種子可能會掉入土裡並消失。有時候種子穗（seed head）內會藏有蚊蟲，這可能造成問題，因此可以將種子穗在乾燥前用滾水稍微汆燙，雖然經過這個步驟會使一些種子從花序脫落並延長乾燥時間。

草本植物的種子穗會變輕並開花，但這些種子穗通常大且纖細，比起用食物乾燥機，最好放在紙袋內乾燥。從植物莖部相當低的地方

剪掉，避免花序彼此擠壓並將種子。從花序先放入紙袋內；如果頭狀花序龐大，或是手上有相當的分量，則使用購物紙袋，將袋子開口打開，放置在不礙眼的地方。乾燥種子穗直到莖部變得易碎且種子完全乾燥，這可能需要數天、幾週或更長。一旦種子穗乾燥，許多種子會自行掉落。花序雖然看起來乾了，但是種子還是會附著在上面，此時可擠壓、搖晃袋子讓種子掉出，或放在鋪有烘焙蠟紙的烤盤上，搖晃盤子讓種子掉出。

如果是使用箱型或自製食物乾燥機，可以用一或兩個盤子乾燥種子穗，並騰出更多空間放這些花序。將所有莖部剪成非常短的小段，有些種子可能會因此掉出，在花序下方放一個碗，將香草頭部朝下放在盤子，以 38 度烘烤直到頭部乾燥，種子掉出，這可能會在 1 小時內就發生，因此要隨時注意。另外也可以將花序放在鋪有廚房烘焙紙的烤盤，再放入預熱的烤箱後，關掉烤箱開關。

當種子掉出後，挑出莖部和殘餘的花瓣。若種子掉出來，但看起來還沒完全乾燥時，可將種子分散排在實心層板，放入 38 度的食物乾燥機或是以短時間預熱還處於溫熱的烤箱內。

許多種子在使用前會磨成粉末，像是比起使用完整種子的孜然，一般多會磨成粉末。使用電動咖啡磨豆機／研磨機是最好的工具，果汁機和食物處理機可能不太適合將種子磨碎。

葉子、根部、鱗莖和果實

這個分類單元包含不同植物的部位介紹，分別列出每一種乾燥與使用的特別方式。

以北美檫樹葉子磨成粉的**費里粉**（Filé powder），同時是香料和增稠劑。費里粉通常用於美國南方料理「卡眞」（Cajun）或克里奧頓菜（Creole stews），特別是秋葵濃湯（gumbo）料理。檫樹會在葉子轉紅的早秋收成。若用食物乾燥機乾燥，將葉子個別薄薄地鋪在有網架的盤子或架子上，以 38 度烘烤直至葉子變得非常酥脆，這樣通常需要 6 至 8 小時；若自然晾乾，則剪成小片，將帶有葉子的小枝綁在一起，掛起來直到變乾。將乾燥葉子放入攪拌機內磨成粉末，再用細目濾網過篩移除一些硬莖部，將粉末放入密封玻璃罐子內保存。在料理上桌前或、離開爐子前加入費里粉，可以依需求，讓費里粉獨自攪拌，若將費里粉滾沸會變成黏稠或黏糊的狀態。

乾燥費里粉

將大蒜瓣切片。

　　大蒜無論是新鮮和乾燥狀態，都很常出現在料理中，因此這裡就不贅述使用方式。準備乾燥大蒜瓣前，剝掉如紙般的外殼。若要乾燥**大蒜片**，將新鮮大蒜橫切成⅛英寸厚的切片，也可以切成¼英寸厚的切片，再用果汁機搗碎成薄片（這個方式雖然能減少切的時間，但會花更多乾燥時間）。若要乾燥**大蒜末**，大致將大蒜剁碎，鋪在鋪有烘焙紙的烤盤上，以38至43度烘烤，期間不時翻攪直到變得酥脆、非常乾的狀態，這樣通常需要4至6小時。也可以如店家一樣，使用電動咖啡磨豆機／香料研磨機將大蒜末磨成**大蒜粉**。

　　乾燥和磨碎的**生薑根**會運用在許多烘焙料理中。準備乾燥時，刮掉根部薄皮，再切成非常薄的切片或大致剁碎，鋪在實心層板或鋪有烘焙紙的烤盤上，以43至52度烘烤直到變得酥脆並完成乾燥，這樣通常需要2至3小時。用電動咖啡磨豆機／香料研磨機磨成粉末，再用細目濾網過篩，丟棄任何濾網內的纖維物質，與市售薑粉的使用方式相同。

刮掉薑根。

杜松子（juniper berries）是常見的圓柏的果實，雖然看起來很像莓果（而且英文名稱也稱莓果），不過其實它們是毬果，味道類似任何人曾經喝過的馬丁尼，而這就是杜松子賦予琴酒的獨特味道。在廚房裡，會以杜松子醃製酸菜燉牛肉以及其他豐盛的肉類料理。在夏末到秋天時從圓柏摘取果實，外觀應該為帶有粉末塗層的暗藍色。採收時要確認是否從真的圓柏上採收，因為美國香柏的果實與杜松子相當類似，不過此刺針葉較扁。將杜松子放在烤盤上，以室溫乾燥一至兩週，或放入食物乾燥機以 38 度烘烤約 2 至 3 小時，將乾燥好的杜松子放入玻璃罐中保存。使用時，加入一些杜松子到醃肉裡，或直接使用在需要杜松子的食譜中。

檸檬香茅鱗莖來自帶有像刀片長葉子的植物，其鱗莖多用在亞洲料理中，特別是泰式或越南料理。因為檸檬香茅鱗莖會在乾燥時流失風味，因此最好使用新鮮的類型，不過很難在市場找到，因此可能會想要乾燥一些作為備用。乾燥鱗莖時，建議使用食物乾燥機。當鱗莖的顏色從白色轉為淡綠色時，切掉鱗莖，再切掉底部帶有纖維的根部。以垂直方式對切鱗莖，接著用大量的冰水清洗掉任何重疊處的髒汙。將切半鱗莖橫切成 ⅛ 英寸厚的切片，鋪在乾燥機的網架上，以 52 度烘烤 3 至 4 小時直到變得酥脆。使用時，用杵臼研磨成粉末或是用電動咖啡磨豆機／香料研磨機，將粉末加入醬油或其他需要檸檬香茅醬的液體中，使用粉末時，分量為新鮮檸檬香茅醬的兩倍。

乾燥杜松子

將檸檬香茅鱗莖切片。

將紅蔥頭切片。

玫瑰果是玫瑰檬的果實，富含維他命 C，常用於茶飲中；另外也可以浸泡到軟化做成果凍，或燉煮、過濾做成果醬和抹醬。晚秋是正值玫瑰果變乾、變成熟的收成季節，玫瑰果若能熬過多季，在結霜後會變得更甜、更軟。玫瑰果內帶有粗毛，這會在食用時造成困擾，為了移除粗毛，可以使用一把小剪刀縱向修剪，再用餐刀刀尖刮掉種子和毛。將裂開的玫瑰果鋪在食物乾燥機的網架，以 32 至 38 度烘烤 4 到 6 小時直到變得粗糙。在玫瑰果茶裡加入像是檸檬香蜂草或薄荷葉香草，可達到相得益彰的效果。

紅蔥頭像是小型的洋蔥，有洋蔥、大蒜的味道。準備乾燥紅蔥頭時，先剝掉如紙般的外皮，再切掉蒂頭和根部，橫切成⅛英寸厚的切片或大致剁碎，接著鋪在實心層板或鋪有烘焙紙的烤盤上，以 38 度至 43 度烘烤，偶爾攪拌直到變得酥脆且非常乾的狀態，這樣通常需要 4 至 6 小時。

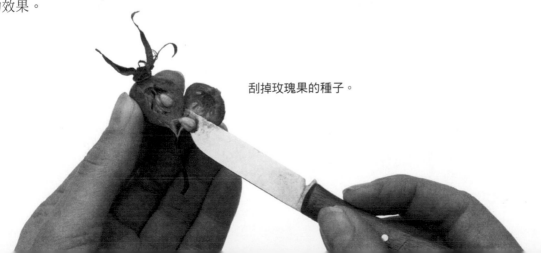

刮掉玫瑰果的種子。

第六章

肉類&家禽肉

Meat & Poultry

此章節的乾燥肉類和家禽肉，主要使用在露營或其他類似場合中的混合食物包裝，包裝內的食物可以快速使用。此外，這種食物可以儲存在低溫數週，自製乾燥肉類和家禽肉若長期保存恐會腐壞、味道變質，除非保存在冰箱且最好是冷凍。若要長期保存，最好直接冷藏生肉和家禽肉。冷凍的生肉和家禽肉會有更廣的用途，比起直接烹煮的乾燥肉乾擁有更佳的質地；像是相當堅硬的乾燥肉塊經過再水化（煮沸牛肉）時，質感無法回復到多汁、柔軟的狀態，不過絞肉以及肉乾薄片比較能成功再水化。不過值得一提的是，當遇到好幾天或幾週的停電狀況時，自製的乾燥肉片和家禽肉仍可以食用，然而那些冷凍生肉則需要經過烹調並且「立刻」食用。

乾燥肉類的訣竅

紅肉和家禽肉可以用食物乾燥機或烤箱乾燥。方形盤子的食物乾燥機比圓形的款式更能有效率放入肉條，如同在第三章日曬單元提及，現代的食物科學告訴我們，由於肉類有滋生細菌的風險，因此不應該使用日曬乾燥；本書並沒有提供日曬肉類的方式。以往未經調味的肉類和魚肉會以生食的狀態日曬或晾乾，事實上，這樣的方式至今在一些國家仍相當常見。然而，為了食物安全起見，肉類和家禽肉應該在乾燥前確實煮熟，以殺死殘留在沒有煮過的乾燥肉類裡的病原體。

肉乾為細長的薄肉條，通常會以鹽或其他調味料調味，接著乾燥（或煙燻）直到完全乾燥並帶有嚼勁。傳統上，肉乾乾燥時不會經過事前烹煮，現在大部分的廚師仍沒有異議地延續這樣的做法。不過，根據美國農業部當代研究報告的出版品所做的結論是，為了百分之百的食物安全，即便是肉乾也應該在乾燥前煮熟；這本書的內容包含從生肉製成的傳統肉乾，以及事先煮好製成肉乾的指南，因此如何選擇全由自己決定。

乾燥肉類和家禽肉時，應該使用比乾燥蔬菜或水果還要高的溫度。大部分的肉類和家禽肉推薦將溫度設定在 60 度，絞肉或其他家禽肉則建議設定在 63 度；為了食物安全起見，不應該將溫度設定低於 54 度。

在這個章節，你會讀到關於乾燥牛肉、羊肉、鹿肉、野牛、雞肉和火雞肉的介紹，以及由紅肉和家禽肉做成的肉乾所需要的醬料和調味料製作方式（參閱 46 頁「準備食物」關於乾燥湯品、烘烤豆子和其他含有肉類或家禽肉食物的指南）。食物乾燥機或烤箱時，大概的乾燥時間會根據切法而定；其他可變動因素包含乾燥機內的溼度以及食物的總量，也會影響乾燥時間，有時候會出現很大的差別，因此以一般的準則時間為依據。每一項目的內容也包含了使用乾燥肉類或家禽肉的建議。

乳製品的注意事項

大部分的乳製品不應該在家中乾燥。雞蛋含有細菌汙染的風險，如果是為了露營用的混合食物或其他用途乾燥雞蛋的話，建議在露營專賣店購買市售的乾燥殺菌雞蛋粉；牛奶則是單純太溼，需要很長的時間乾燥到可以使用，因此不值得在家乾燥；切絲起司雖然可以乾燥，不過仍要保存在冰箱或是冷凍，而且會帶有一種奇怪的味道，因此也不適合花錢製作。

乾燥肉類和家禽肉

像是牛肉、羊肉、鹿肉和野生牛肉的紅肉，這些都是由瘦肉和脂肪組成，此外，瘦肉的部分在乾燥時會保留不錯的狀態，不過脂肪則會很快腐壞；為了降低此狀況，在乾燥前僅切下要乾燥的瘦肉，並移除所有可能的脂肪。處理鹿肉時，確認動物屍體有經過適當的處理，沒有被糞便物汙染，如無法確認就不要乾燥。

挑選雞肉或火雞肉時，僅選擇非常新鮮的肉類；在肉攤由屠夫處理的肉類不應該用來乾燥。其他像是鴨肉和鵝肉通常不會用來乾燥，因為脂肪太多，不過無皮的胸肉則可依照乾燥牛肉的方式製成肉乾。

紅肉絞肉和家禽肉比起整塊瘦肉擁有更多的脂肪，不過可以透過特別的處理方式乾燥。乾燥絞肉可以放在室溫保存一至兩週，確保露營時仍可以安全食用，不過若要長期保存，則應該放在冷藏或冷凍。大部分切好的豬肉不適合乾燥，因為豬肉含有太多油脂，不過瘦肉的火腿和加拿大培根也許可以乾燥。

煮過後剩下的烤肉也適合乾燥，只要經過適當的處理。不過那些經過冷藏放在廚房櫃上，以及油脂過多或曾經用濃稠醬汁煨煮過的烤肉，則不適合乾燥。乾燥剩餘烤肉時，先將肉切成 ¼ 至 ½ 英寸厚的切片，再切成塊狀，接著略過烹煮步驟，按照以下指示進行。

紅肉與家禽肉的切法

處理牛肉、羊肉、鹿肉和野生牛肉時，挑選切好、烤過且已去除外部脂肪的類型；挑選鹿肉時，也要選擇已處理好被槍擊中的受損部位；挑選雞肉和火雞肉時，無骨、去皮雞胸肉是較好的選擇，可能也會用到大腿肉，不過得移除肌內脂肪和靜脈，不然會很難作業。料理時間依據肉塊大小而定，因此以下沒有提供時間。

處理**整塊紅肉切塊**時，先處理掉所有油脂，將肉放在烤肉架上，以 177 度烘烤直到最厚部分的溫度達到 71 度為止；較薄的肉塊則用蒸煮或以少分量的水煨煮直到達到 71 度。紅肉肉塊也能根據市售商品的指示，以不加油脂的方式用壓力鍋處理。

處理**整塊、半塊的火雞胸肉或整塊火雞大腿肉時**，先去皮並修整外層的油脂；家禽肉能以帶骨或無骨的狀態烘烤。將家禽肉放在烤肉架，以 175 度烘烤直到內層最厚部分達到 74 度。另外也可以根據市售商品的指示，以不加油脂的方式用壓力鍋處理。

處理**雞胸肉、雞肉大腿肉**或是**火雞胸肉、腿肉**時，先去皮、去除骨頭以及任何外部脂肪。蒸煮禽肉或以少量的水煨煮，直到裡面最厚部分溫度達 74 度。

接近尾聲時，將食物乾燥機或烤箱預熱到 60 度。讓煮過的肉或家禽肉冷卻到可以處理，再移除所有的骨頭。將肉切成 ½ 英寸的小塊，去除任何油脂、軟骨或肌腱。將肉塊平均鋪在食物乾燥機的盤子上，彼此間保留一些空隙，

接著立刻放入預熱好的食物乾燥機或烤箱裡。

當肉類完全乾燥時，在肉仍溫熱時用紙巾輕拍掉表面的油脂。讓肉塊完全冷卻後再包裝，接著放進冰箱或冷凍做長期保存。

完成度測試：呈現非常硬、乾燥，硬到連刀子都難以切入的狀態。如果肉塊感覺還有彈性，代表尚未乾燥完成。

產量：2磅未烹煮、無骨的紅肉或家禽肉，約可得到2½至3杯乾燥肉塊；再水化時，1杯乾燥紅肉或家禽肉肉塊，約可得1½至1¾杯的分量。

使用：再水化時，在深鍋內慢慢加水到蓋住肉，加熱到沸騰後從火源移開，再放在室溫下浸泡約1小時，接著以中火煨煮直到變軟。可以用於需要燉煮肉類或家禽肉的食譜裡，再水化的肉會帶有堅硬、水煮的質地。如果可能，也可以將煨煮過的水分用在食譜裡，因為這包含很多來自肉類或家禽肉的風味。

乾燥方式：
紅肉和切過的家禽肉

食物乾燥機或旋風式烤箱：使用有網架的盤子或架子，事前煮過的肉類或肉塊以60度烘烤，通常需要4至8小時。

一般烤箱：使用有網架的架子。期間需多次攪拌，以60度烘烤，煮過的肉類或肉塊最短需要4小時或長達12小時。

紅肉絞肉和家禽肉

購買能找到最瘦的絞肉、羊肉、野生牛肉或家禽肉，如果可以的話，盡量與合作的屠夫客製需要的瘦絞肉或去皮家禽肉。購買鹿肉時，使用食物處理器絞成非常細緻的質地。用長柄平底鍋以中火加熱，不停攪拌切碎的肉塊，直到生肉顏色完全消止並碎得相當平均。如果肉會黏鍋，可以加點水，不過不要加油或其他油脂。將鍋子的肉移到濾網內，以熱水清

洗，搖晃濾網讓肉的質地變得平均，接著完全瀝乾。在網架放紙巾，將瀝乾的肉類放在網架上，建議的乾燥溫度為 63 度。

完成度測試：呈現硬、變黑、酥脆的狀態。若擠壓碎肉時仍有彈性，代表尚未乾燥完成。

產量：1 磅瘦生絞肉或家禽肉約可產出 1 至 1⅓ 杯的乾燥絞肉；再水化時，1 杯乾燥絞肉可產出 1½ 杯的分量。

使用：乾燥絞肉塊可不經過再水化，直接加入湯品和燉菜至少再煮 45 分鐘。再水化時，以熱水浸泡 1 至 2 小時並放在室溫直到軟化；可以使用在需要煮過絞肉或家禽肉的食譜中。

乾燥方式：
紅色絞肉和禽肉

食物乾燥機或旋風式烤箱：每 2 小時攪拌絞肉或家禽肉一次，以 63 度烘烤通常需要 4 至 7 小時。

一般烤箱：每小時皆需攪拌絞肉或家禽肉，並將架子邊緣的絞肉移到中間，反之亦然；以 63 度烘烤最短需 3 個半小時或長達 11 小時。

火腿和加拿大培根

挑選無油脂、可以馬上食用的火腿或加拿大培根，去除所有的油脂；這種能立即食用的產品能省略烹煮過程直接乾燥。若在乾燥前加熱，再水化後質地會變得較柔軟。若希望提供食用熱火腿，則可以再烤過。將火腿和加拿大培根切成 ³⁄₁₆ 英寸厚的切片或再薄一些，接著切成 ¼ 至 ½ 英寸、但不超過 2 英寸的長條狀；小片的加拿大培根可以整塊乾燥，不過在最後處理時可能會有點難切。

乾燥肉的表面帶有油脂，趁肉還熱時用紙巾輕拍移除任何一滴油脂，接著在儲存容器中放入乾淨的紙巾，再將擦乾的肉放入保存。

完成度測試：呈現堅硬、帶有深玫瑰色的狀態；切肉時，中心應該看起來完全乾燥。

產量：1 磅火腿或加拿大培根約可以產出 ¾ 杯的乾燥肉塊；再水化時，1 杯乾燥的火腿或加拿大培根約可產出 1¼ 杯的分量。

使用：使用長柄平底鍋加入大量的水再水化，加蓋以小火煮約 1 小時，或煮到肉變軟嫩；瀝乾，可使用在需要煮過火腿或加拿大培根的料理中，再水化的肉會帶有紮實的質地。

乾燥方式：
火腿和加拿大培根

食物乾燥機或旋風式烤箱：使用有網架的盤子或架子；火腿和加拿大培根以 63 度烘烤通常需要 5 到 10 小時；整塊切片需要較長的時間。

一般烤箱：使用有網架的架子。乾燥時需多次攪拌和調整，以 63 度烘烤火腿和加拿大培根最短需要 5 小時或長達 15 小時，整塊需要較長的時間。

肉乾

肉乾是一種富含高蛋白質的理想乾糧，可以不經過額外處理直接食用的食物，另外也能做成美味的燉菜，可參閱 252 頁「西南方肉乾燉菜」提供的版本。全肉肉乾（whole-muscle jerky，指整塊肉而非絞肉）由瘦肉肉條製成，使用有味道的液體醃製或撒上鹽巴調味；有些醃醬的鹽味是來自像醬油或烤肉醬的調味料。大部分市售肉乾會使用含硝酸鈉或亞硝酸鈉的固化劑當作防腐劑。若要自製肉乾，在乾燥或煙燻肉類前，可以購買包含這些化學藥劑的醃製混合鹽用來乾燥。不過這些化學藥劑存有爭議性，根據過去數十年的研究報告指出可能含有致癌物。本書食譜不包含醃製用的鹽。

天然肉乾帶有嚼勁，不過可以自行決定想要怎樣程度的口感。乾燥前沿著肌肉纖維處理的肉類，在乾燥後會變得非常有嚼勁，因為會咬並咀嚼到長肌肉的纖維，其在乾燥後會變硬；那些沒有沿著肌肉纖維切片的肉會比較好咀嚼，這種肉類乾燥後也會變得比較脆。用絞肉做成的肉乾會變得更柔軟，因為肌肉纖維已經被絞肉機切碎。無論使用哪一種切法，如果一開始就稍微冷凍的話，不帶油脂的肉最容易處理，用細刀刀尖刺穿肉時會有一種「鮮脆」的感覺。一台桌上型電動切肉機能加快切肉的速度，不過一把尖銳的廚師專用刀也能作業。

大部分自製肉乾食譜並不包含任何的事前處理，像是將生肉醃製或調味，而是直接放入食物乾燥機或低溫烤箱（或是更傳統的煙燻作法，本書並未介紹）。肉乾一直以來都是以未經事前烹調製成，也許也能選擇從生肉開始準備肉乾；不過根據近期研究報告指出，即便用 71 度——此溫度通常能確保紅肉的食物安全——的食物乾燥機乾燥，包含大腸桿菌在內的病原體仍會殘留。根據美國農業所二〇一一年十一月的紙本報告*，問題在於即便肉類以 71 度的食物乾燥機處理，機器內的潮溼水氣會吸收大部分的熱氣，肉本身在一段時間內並不會達到一定的溫度，因此在那之前細菌會變成具耐熱性且更容易生存的狀態。特別是用絞肉製作肉乾時要注意，絞肉比不含油脂的肉類更容易殘留大腸桿菌、沙門氏桿菌以及其他危險的病原體。為了百分之百的食品安全，在製作肉乾時，特別是絞肉製成的肉乾，應該經過事前烹調，且禽肉溫度應至少達到 71 度或 74 度。關於事前處理肉類和乾燥指南可參閱 182 至 183 頁的介紹。

無論是否事前煮肉類，肉乾乾燥時的溫度至少需 54 度，57 度到 63 度的範圍會更理想。因為乾燥機內的溫度會浮動，這裡建議 60 度。另外建議使用市售的食物乾燥機或烤箱（旋風式或一般類型），但不建議用自製乾燥機乾燥肉乾，因為運作到最後，溫度可能會過高使風扇無法承受。

無論如何製作肉乾，都要考量到短暫的保存期限。應將肉乾放入夾鏈袋或玻璃罐保存以防吸收水分，並放入冰箱或冷凍庫內的收納盒以維持最安全的保存狀態，並在 6 個月內食用完畢。

---

* 美國農業部的紙本報告可於www.fsis.usda.gov內的「肉乾與食物安全」（Jerky and food safety）搜尋。

準備整塊肉製成的傳統肉乾

4
步驟

這個版本不包含事前預煮，如果希望在乾燥前事前煮過請參閱 182 頁。

1

挑選牛肉、鹿肉、野生牛肉、火雞肉或雞肉的瘦肉，修掉任何外部脂肪，接著冷凍肉類直到硬到能容易切片。同時間準備 184 至 185 頁介紹的其中一種醃醬食譜（或是任何你偏好的），每一種食譜能醃製 1 磅的肉品，不過如果準備超過 1 磅的分量也可以依比例增加。將稍微冷凍的肉類或家禽肉切成⅛至³⁄₁₆英寸厚的切片，如果喜歡可以沿著纖維切片（參考前一頁的介紹），切成 1 英寸寬的肉條以及偏好的長度。

2

將一些醬料倒入玻璃烤盤，在醬料上方放上一層肉條，在肉條上薄薄地鋪上一層醬料，剩下的肉條和醬料重複同樣的動作，倒入剩下的醬料蓋住上層；烤盤加蓋，放入冰箱整晚。

3

將醃製後的肉乾瀝乾，丟棄醬料，用紙巾輕拍肉乾。將肉條排在同一層的盤子或架子，肉條彼此間留一些空隙，接著放入食物乾燥機。若使用烤箱，可在底部擺上一個空烤盤以承接滴落的液體。

4

以 60 度乾燥直到肉乾變得粗糙，但仍具彈性；如果表面帶有油脂，在肉條仍溫熱時，用紙巾輕拍。肉乾用食物乾燥機或旋風式烤箱乾燥通常需要 3 至 6 小時；用一般烤箱時若以相同範圍乾燥，需要花費將近兩倍或甚至更長的時間。1 磅的生肉通常能產出半磅的肉乾。

絞肉肉乾（包含家禽肉）

擠肉槍

絞肉製成的肉乾可以維持不錯的嚼勁，比整塊肉做成的肉乾更柔軟，市售的野生牛肉、鹿肉、火雞肉、雞肉甚至是鹿肉絞肉通常都含有一定的油脂，這代表這種肉乾會比由非常瘦、無油脂的肉做成的肉乾更快腐壞。購買絞肉時，盡量尋找油脂含量最少、最瘦的絞肉，大部分超級瘦的牛絞肉約有百分之五到八的油脂，有時甚至更多。雞胸肉絞肉通常比顏色較深的腿肉還瘦，若要使用更瘦的絞肉或禽肉，則購買油脂量低、烤過或無皮的家禽肉，而且有屠夫為你絞肉。如果有一台好的絞肉機，也可以在家作業，另外也能用食物處理機，不過容易產出品質不一的成果。

有關上面提到的全肉肉乾，美國農產品建議所有用來做成肉乾的肉品都應該預煮，讓紅肉內部溫度達到 71 度，家禽肉內部溫度達 74 度。對於使用絞肉而言更重要的是，有可能會比全肉肉乾含有更多的病原體。關於絞肉肉乾的事前準備請參閱 183 頁。預先煮過之後，肉乾以低溫乾燥，避免讓肉太快乾燥而變得太硬。

有關絞肉以及接下來所指的絞肉，是指牛絞肉、野牛絞肉、鹿絞肉和家禽肉絞肉，這些需要處理成類似全肉肉乾的長條狀。乾燥時，絞肉會比整塊肉縮得更小，所以絞肉肉條的理想尺寸是 ³⁄₁₆ 英寸厚、1¼ 英寸寬、長度約 4 英寸。製作條狀肉乾最大的挑戰是厚度，以下提供一些讓絞肉塑形成條狀肉乾的技巧。

擠肉槍看起來像是製作擠花果醬餅乾的餅乾擠壓機，不過擠肉槍末端會有一個平壓嘴，所以肉會呈現平坦條狀。一些擠肉槍很好操作，不過有些容易堵塞或擠成不平均的塊狀。

擠花袋通常用來擠鮮奶油泡芙的醬料和糖霜。使用符合袋子大小的圓形擠花嘴，填入絞肉，在烤盤上擠出希望的長度（如果計畫事前煮肉的話），或是直接擠在食物乾燥機的盤子上，每一塊間隔約 1 英寸的距離。用抹刀劃過每個條狀，讓肉條變扁。另外一個方法是，在鋪有廚房烘焙紙的盤子上，擠出數條間隔 1 英寸的肉條，接著在上面放上烘焙紙用桿麵棍一次壓平，用抹刀將肉條小心地移到乾燥機的盤子（一旦將擠花袋用來擠絞肉時，就應該一直使用，不要再用來擠糖霜和麵糊）。

用手滾動也可以做出肉條。如果沒有擠花袋的話，僅需要將 2 湯匙的調味混合絞肉用手掌滾成長條狀，接著依照使用擠花袋的方式完成。

準備絞肉製成的傳統肉乾

4 步驟

這個版本不包含事前預煮，如果希望在乾燥前事前煮過請參閱 183 頁。

1

將瘦絞肉結合 185 頁的絞肉肉乾混合調味。爲了得到最好的成果，將肉蓋仕，放入冰箱整晚，讓味道融合；也可以省略這個步驟直接做成肉條的形狀。

2

在食物乾燥機的盤子或架子上放上網架。將絞肉做成長條狀，可參閱 180 頁介紹的技巧。

3

將肉條放在網架上，每個肉條間隔一些距離，再放入食物乾燥機或烤箱。若使用烤箱，在底部放一個空烤盤承接滴下來的液體。

4

以 63 度乾燥約 2 小時，再用紙巾擦乾，將肉條翻面，另一面也擦乾。持續乾燥到肉乾變得粗糙但仍具彈性，如果表面帶油，在肉乾還溫熱時用紙巾擦乾。肉乾用食物乾燥機或旋風式烤箱烘烤，通常需要 4 至 7 小時；用一般烤箱則可能需要相同的時間或將近兩倍的時間，甚至更長。1 磅生絞肉會產出約 1⅓ 磅的肉乾。

準備整塊肉製成的預煮肉乾

4
步驟

如果想在乾燥前預煮肉條，可以參考以下步驟。

用整塊肉準備的肉乾較不具嚼勁，而且當肉預煮時，也會比由生肉直接乾燥的肉乾更厚一些。

無論是從整塊肉或絞肉製成，預先煮過的肉其乾燥時間會比從生肉直接乾燥還快。

1

準備醬料，參閱 178 頁「準備整塊肉製成的傳統肉乾」步驟 1 和步驟 2 將肉切片。肉與醬料一起放在玻璃碗中，將肉片分開並確認所有的肉都有沾到醬料；放在室溫約 45 分至 1 小時讓醬料入味，偶爾攪拌一下。

2

將醃好的肉平放在一個大的長柄平底鍋，最好是不沾鍋；理想上，鍋子應該要大到可以放入所有的肉片，肉片稍微重疊還可以接受，因為肉片在煮的時候會快速縮小。將醬料倒入鍋內，開中火。醬料開始煨煮時，調整火力讓醬料持續煨煮並將每一塊肉片翻面，將鍋子中間的肉片移到邊緣。不斷將肉片翻面，確保每一塊肉條已經翻面並多次調整位置；煨煮 3 到 5 分鐘直到肉煮熟，不要煮到超過需要的時間，將鍋子從火源移開。

3

使用夾子將肉移到盤子或架子上，接著放到烤盤或大片的鋁箔紙上以承接滴落的肉汁。放入食物乾燥機；如果使用烤箱，在底部放入一個空烤盤承接滴下的肉汁。

4

以 60 度乾燥直到肉乾變得粗糙但仍具彈性，如果表面帶油，在肉乾仍溫熱時用紙巾擦乾。由經過預煮過的整塊肉塊做成的肉乾，在食物乾燥機或旋風式烤箱內通常需要 2 至 3 小時；用一般烤箱可能需要相同的時間或將近兩倍的時間，甚至更長。1 磅生肉約可產出半磅的肉乾。

準備預煮絞肉製成的傳統肉乾

1

絞肉調味，參閱 181 頁「準備絞肉製成的傳統肉乾」步驟 1。將肉加蓋，放入冰箱整晚讓味道入味。

2

隔天**準備將肉乾塑形**時，將烤架放在低於烤肉架 5 到 6 英寸的距離，預熱烤肉架。用絞肉做幾個約⅜英寸厚的肉球，用來確認完成度。將剩下的絞肉做成肉條，參閱 180 頁介紹的任一種技巧。將肉條移到有邊框的烤盤，在靠近肉乾的地方放一或兩個小肉球，放在靠近邊緣而非中間的位置。

3

將放有肉條的烤盤放入烤箱，低於烤架 5 至 6 英寸，直到表面失去生肉的顏色但還沒變成褐色的情況，通常需要 2 至 3 分鐘。將烤盤從烤箱裡移出，小心將肉條翻面，最簡單的方式是用叉子插入底部，接著用第二支叉子將肉塊翻面，再將烤盤放回烤箱，煮到肉完全煮熟約 2 至 3 分鐘或更長。測試其中一個小肉球的溫度，或是切半確認完成度，紅肉肉球中心的溫度應為 71 度，家禽肉為 74 度；肉球比肉條還厚，也是距離烤架最熱的位置，因此如果肉球煮熟，代表肉條也煮熟了。烤盤從烤箱取出，用紙巾將肉條兩面擦乾。

4

在食物乾燥機架子或盤子上放上網架。將每層網架預煮的肉條彼此隔一點距離，放上去時將每條肉條翻面，乾的那一面朝下。用紙巾擦乾肉條另一面。將盤子放入食物乾燥機，如果使用烤箱，在烤箱底部放一個空盤子承接肉汁。

5

以 **63 度乾燥**直到肉條變得粗糙但仍具彈性，若表面帶油，在肉乾仍溫熱時用紙巾擦乾。預煮過的絞肉肉條在食物乾燥機或旋風式烤箱內，通常需要 3 至 5 小時；用一般烤箱可能需要相同的時間或將近兩倍的時間，甚至更長。根據絞肉的肥瘦度，1 磅生絞肉約可產出⅓至半磅的肉乾。

肉乾醬汁
JERKY MARINADES

這種肉乾混合調味能用於約 1 磅的肉品或家禽肉，如果肉的分量較多，可依照需求增加製作的比例。

肉乾醬汁適用於紅肉或家禽肉切片。若要乾燥未經過事前預煮的切片肉，依照 178 頁「準備整塊肉製成的傳統肉乾」步驟 2 醬料製作方式。若乾燥前有事前預煮，則依照 182 頁「準備整塊肉製成的預煮肉乾」步驟 1 醬料製作方式。

將絞肉肉乾混合調味與生絞肉或家禽肉混合一起，接下來做成肉條的形狀。若是乾燥未經過事前預煮的切片肉，依照 181 頁「準備絞肉製成的傳統肉乾」步驟 2 醬料製作方式。若乾燥前有事前預煮，則依照 183 頁「準備預煮絞肉製成的傳統肉乾」步驟 1 醬料製作方式。

出自本書的乾燥材料會使用**粗體字**表示。

紅肉或家禽肉肉乾
烤肉醃醬

1 杯	烤肉醬
1 湯匙	任意的煙燻水
1 湯匙	伍斯特醬
1 茶匙	**綜合辣椒粉**（見 240 頁）或市售綜合辣椒粉
1 小撮	市售卡宴辣椒粉

紅肉肉乾運動員醃醬

⅓杯	伍斯特醬
⅓杯	醬油
2 湯匙	蜂蜜或楓糖漿
2 湯匙	番茄醬
1 茶匙	任意的煙燻水
½－1 茶匙	大致研磨黑胡椒
1 瓣	切碎大蒜末

原味絞肉肉乾調味料

1 湯匙	伍斯特醬
1 茶匙	調味鹽
¼ 茶匙	**乾燥洋蔥片**

紅肉肉乾辣醬

¾ 杯	啤酒
¼ 杯	燒肉醬
1 湯匙	醃汁
2 茶匙	粗粒黑胡椒
2 茶匙	**乾燥洋蔥片**
1 茶匙	液體狀辣椒醬
½ 茶匙	卡真（Cajun）混合調味粉

蒜味絞肉肉乾調味料

2 茶匙	搗碎**乾燥荷蘭葉**
1 茶匙	新鮮大蒜末
1½ 茶匙	鹽
½ 茶匙	新鮮研磨黑胡椒

家禽肉肉乾鳳梨醃醬

¾ 杯	鳳梨汁
½ 杯	白酒
¼ 杯	蜂蜜
¼ 杯	生洋蔥切塊
2 湯匙	猶太鹽（kosher salt）
2 茶匙	新鮮研磨黑胡椒
2 瓣	切碎大蒜末

辣味絞肉肉乾調味料

1 湯匙	酸橙汁
2 茶匙	**綜合辣椒粉**（見 240 頁）或市售綜合辣椒粉
½ 茶匙	**乾燥洋蔥片**
½ 茶匙	**研磨小茴香粒**

PART 3

將食物乾燥機
發揮到
最大效益

MAKING THE
MOST OF YOUR
DEHYDRATOR

第七章

皮革捲、糖漬水果
&更多

Leathers, Candied Fruits & More

皮革捲如同其名,使用方式也多到不勝枚舉。在開拓時代,移民者會製作薄且乾燥的水果捲和蔬菜捲用來保存新鮮食物,不然食物就得浪費。他們稱此為「紙片」(papers),因為如紙片般的薄度,或稱為「皮革」(leathers),因其柔韌、如皮革般的質地。現在的水果皮革捲有時候稱作水果太妃(fruit taffy),因其美味、如糖果般的味道。皮革捲通常會用塑膠包裝紙包裝,因此又有其他常見的名稱,如「水果捲」(roll-ups)。

嬰兒副食品也可用新鮮蔬果透過食物乾燥機輕鬆製作,原則與製作水果捲和蔬菜捲一樣,參閱200頁獲得更多資訊

水果和蔬菜皮革捲

皮革捲的基本概念很簡單——將水果和蔬菜搗成泥狀鋪在實心層板上，並乾燥到大部分水分去除，此時果泥會變為具彈性、如皮革狀的薄片；可以使用煮過或生的食材製作。由煮過食物做成的皮革捲會呈現明亮、帶有光澤的外觀；未煮過食物做成的則較沒有光澤，不過會帶有更新鮮的風味。

水果皮革捲在水中也能變軟，可以用於派的填料、冰淇淋或布丁甜點填料或優格的調味料。小孩喜歡水果皮革捲，因為這是一種美味且更健康的糖果替代品。多南瓜和其他蔬菜也能做成皮革捲；南瓜捲可以再水化，作為一般煮過的南瓜或用於其他需要南瓜泥的食譜裡。最後，有一些水果和蔬菜的組合也能製作皮革捲，這會是一種美味且令人愛不釋手的點心。

只要市售或自製食物乾燥機、旋風式烤箱或一般烤箱能設定成低溫乾燥，這些機器都能用來製作皮革捲；建議將溫度設定在 57 度。如果打算購買市售食物乾燥機，製作大量的皮革捲，有一些地方要注意。製作皮革捲時，通風是很重要的關鍵，不要考慮沒有風扇的便宜市售乾燥機。此外，箱型食物乾燥機會比堆疊式乾燥機更具效率；堆疊式乾燥機的風力是透過中心孔洞垂直流動，即便是設計良好的類型或但盤子旁邊和中間位置有提供送風，垂直送風還是會受到實心層板相當大的影響。相較之下，箱型乾燥機的風由盤子旁流通，將風送到所有盤子。堆疊式食物乾燥機在中間會有一個孔洞，而箱型、自製或是烤箱中心則為實心的狀態。若使用一般烤箱，則是要確認是否有 33 頁提到的通風系統。

如果你居住在能夠日曬的地區，也能很簡單地製作日曬皮革捲。準備 193 頁「使用實心層板裝果泥」提到的工具，並根據 194 頁的指示進行日曬。確認水果捲在日曬時不會受到蚊蟲的入侵，可以用保護網或網布從盤子底層整個包起來，防止蚊蟲從開口爬入。

製作皮革捲的果泥

無論是使用生的或煮過食物做成的水果和蔬菜泥，都可以用不同類型的廚房用具製作。以下是各種工具的清單，並附上每種工具的優缺點。

果汁機是不錯的工具。你可能需要加一點液體使食物結構變得鬆散，特別是在打碎生蔬

食物研磨器　　　　　　　　　　手搖研磨器

果時。打出來的果泥也許不會完全變得柔順、平均。使用前需去除種子和果皮。

食物研磨器能製作出滑順的泥狀，並承接果皮和種子。在處理種子多的水果如覆盆莓和黑莓時，能達到效果；不過食物研磨器較重不易收納且難以清理。

鐵絲濾網能用來處理煮軟的蔬果，這個方式同樣適用於非常軟、過熟的生水果。將濾網放在碗裡，加入切好的水果或蔬菜，用木製湯匙或橡膠抹刀大力攪拌，並施壓使果肉變成泥狀。確保將附著在濾網底部外的食物泥刮乾淨；果皮和種子會殘留在濾網上，可以方便丟棄。做出來的食物泥會變得相當滑順。

手搖研磨機是個不錯的選擇。當你打算製作很多皮革捲，或是製作果泥和蔬菜泥時，這個放在桌面的工具有一個很大的漏斗用來承接

食物，帶有一個轉動曲柄以磨碎食物的螺旋狀研磨器。手動曲柄時，食物會被弄碎並透過細日濾網擠壓。「Victorio」和「Squeezo」是兩個常見的品牌。

食物處理機以電動的方式製作出滑順的食物泥，不過若製作少量會比使用果汁機的效率還差，因為食物容易噴灑在刀片旁。如同使用果汁機一樣，需先去除食物的種子和外皮。

馬鈴薯壓泥器可以用在煮過、變軟的水果和蔬菜，不過皮革捲可能會呈現塊狀的質地並乾得不太均勻。這是製作食物泥滿意度較低的方式。

大部分的水果可以做成果泥並乾燥成皮革捲。一些能以生食製成，其他最好煮過後再製作。挑選完全成熟或有一點熟過頭（但沒有壞掉）的水果，冷凍水果也能不經過煮過直接製

作，僅需要解凍並壓成泥。水果含有高水分、果膠少，包含像是黑莓、藍莓和覆盆莓等水果在乾燥製成薄或稀的果泥時，比起呈現粗糙的感覺，反而會變得較酥脆，此時最好與蘋果、香蕉、水蜜桃或其他水果一起使用來增加整體的果泥狀。

在處理一些成熟後偏硬的水果如生蘋果時，果汁機會是最適合的工具，當然果汁機也適用處理非常軟、未煮過的水果。小心準備生水果，去除莖部、種子、蒂頭和任何堅硬、無法食用的部分。蘋果和酪梨應該去皮、去芯，即便是帶皮的軟水果如杏桃、水蜜桃也應該去皮（見 52 和 114 頁），若連同皮一起製作果泥捲的話，成品會帶有顆粒。切掉任何壞掉或受傷的部位，如有需要再將水果切成小塊。接著放入果汁機攪碎直到質地變得滑順，若需要讓質地化開可以加一點水或果汁。另外也可以加入像是香草精、肉桂粉等調味料，或是蜂蜜、楓糖漿一類的糖漿。接下來就可以進入乾燥的階段。

像是香蕉、成熟杏桃和水蜜桃、李子、成熟芒果和莓果等生水果，果肉都非常軟嫩，可以用食物研磨器處理。水果清洗乾淨，移除任何大的蒂頭和果核，切掉壞掉或受損的部分；香蕉和芒果應該去皮，杏桃、水蜜桃和李子則是去皮。若有需要則將水果切成小塊，接著放入食物研磨機內，丟棄任何裡面殘留的種子和果皮。可以加入像是香草精或磨碎肉桂粉的調味料，或是糖漿如蜂蜜、楓糖漿，與果泥一起攪拌，接著鋪在盤子上。

一些水果在做成果泥前最好先煮過，像是大黃含有高水分，未煮過的大黃會帶有一些纖維，煮過後更適合用來製作果泥捲；另外煮的過程也能溶解砂糖或黑糖使水果變軟。

也可以結合煮過的甘藷、多南瓜或胡蘿蔔，製作用來當做點心的皮革捲。這些根莖類蔬菜提供低蛋白質量、水分多的水果（如前所述）製作果泥的基底與分量。甘藷、多南瓜和胡蘿蔔含有天然糖分，與水果結合製作果泥捲時，嘗起來會像是水果而非蔬菜；199 頁「綜合莓果」和「甘藷」的食譜提供各種可能性。

番茄皮革捲是一種方便保存的產品，特別是 47 頁於關準備食物乾燥時捲成的小型皮革捲。這些可以再水化，使用在需要番茄糊的食譜裡，或是加一些水變成番茄醬的替代品。番茄含水量高，在做成泥狀前應該先煮過。食物研磨機比果汁機更適合製作，主要是因為食物研磨機可以過濾種子和果皮。可參閱 198 頁番茄皮革捲的食譜。

將派南瓜和其他多南瓜煮到變軟，挖掉果皮（如果煮前未去皮），接著搗成泥狀、製作皮革捲。再水化時，南瓜皮革捲可以運用在派和其他需要南瓜泥的食譜裡，此外，再水化南瓜能作為一般煮過的南瓜使用；也可以捲起來儲存，接著弄碎並加入足夠的滾水混合以再水化。另一個方式是，將南瓜皮革捲乾燥至非常酥脆、乾的狀態，再用果汁機攪碎，攪碎的粉末能與滾水結合輕鬆再水化。再水化的南瓜泥比起搗碎的乾燥南瓜質地更滑順。

使用實心層板裝果泥

　　無論使用哪一種類型的工具，都需要某種實心層板來裝果泥。每一種機型的市售乾燥機都會附有特製的實心層板，有一些乾燥機會附上幾個實心層板，而另一些就必須額外購買。有一些層板能運作地很好並製作出沒什麼問題的皮革捲，有一些則需要稍微噴上廚房噴油塗層，這樣才能夠輕鬆地取出皮革捲。先用少量的皮革捲做測試。

　　如果使用自製的乾燥機、烤箱，或是日曬的方式，不沾黏的烤盤能使皮革捲變得柔軟且不破壞表面。為了得到最好的成果，可以稍微噴一些廚房噴油。另一種方式是在烤盤鋪上廚房烘焙紙，皮革捲乾燥時會因烘焙紙起皺，導致表面不夠平坦；也可以用加厚保鮮膜取代烤盤——雖然溫熱的火力並不會使保鮮膜融化，不過有些人因為擔心化學成分的釋出而避免使用。使用保鮮膜時，用冷凍膠帶固定邊緣，膠帶可以在填料和乾燥時固定保鮮膜。另一種方法是購買輕量砧板——這是一種能在百元商店、廚房用品店購買到的聚丙烯製輕薄板子，購買時確認板子能用洗碗機清洗，這代表板子也能承受乾燥時的溫熱熱度。使用辦公室長尾夾固定散熱架上，或將板子放在烤盤上。

　　乾燥皮革捲和果泥的溫度應與乾燥水果一樣，建議用 57 度進行。以下是製作果泥捲、蔬菜捲或混合皮革捲的步驟，以及 11 種皮革捲食譜。

製作水果和蔬菜皮革捲

1

參閱 190 頁「製作皮革捲果泥」準備果泥，使用 196 至 199 頁的食譜或是自行混合。

2

參閱 193 頁「使用實心層板裝果泥」準備盤子或架子。將果泥倒入盤子，平鋪成一個圓形或約 ¼ 英寸厚的方形。大部分的乾燥機盤子和一般尺寸的烤盤約可裝 1½ 至 2 杯的果泥（參閱下一頁製作較小、袖珍尺寸皮革捲的建議事項）。使用大湯匙的背面將果泥抹平成約 ⅛ 英寸厚，邊緣的厚度應為 ¼ 英寸，邊緣會比中間乾燥得更快。

3a

使用食物乾燥機和烤箱製作，以 57 度乾燥至皮革捲可以從板子上取下且不沾黏，將皮革捲翻面持續乾燥。為了加快乾燥速度，可將皮革捲放到另一個有網架的架子，而非實心層板的盤子或架子上。適當乾燥後，皮革捲的觸感應該會是具彈性且乾燥，沒有任何具黏性的部分，且應該維持彈性。根據果泥的溼度以及乾燥機、烤箱的效能，完整的乾燥時間約落在 6 至 15 小時。

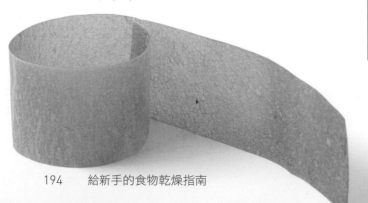

3b

使用日曬方式乾燥，將果泥倒在烤盤後，參閱 38 頁將烤盤放在有充足日照、離地的位置，並蓋上細目的尼龍網或紗布，角落用罐頭或將玻璃倒放撐住網子，避免碰到食物。將布塞進盤子下方，在烤盤四周製造出屏障，只要有一點點的空隙，蚊蟲可能就會跑進去汙染食物。乾燥到皮革捲可以從盤子取下且不沾黏狀態約需要 6 至 8 小時；將皮革捲翻面，並持續乾燥至摸起來呈現乾燥的狀態，且不帶有任何黏黏的部分，不過應該仍具彈性。皮革捲通常需要 1 至 2 天乾燥，晚上時將烤盤放置室內。

4

在保鮮膜仍有溫度、足以支撐全部的皮革捲時，取下皮革捲，捲起，從邊邊捲在一起包裝。接著清楚標上記號，因為很多皮革捲看起來都很像，若沒有註記很難分辨你拿的是那一種。使用長玻璃罐或其他容器保存，皮革捲可以放在室溫好幾個月，不過放在冰箱內可以維持新鮮風味，食用時再放至室溫。

製作皮革捲的訣竅

- 若要增添額外風味和質地，可以在乾燥前撒上切碎核果和細碎的果乾、向日葵種子、燕麥片或椰絲；放有核果或椰絲的皮革捲應放冰箱做長時間保存。

- 製作袖珍大小的皮革捲時，將少量的果泥倒在盤子上。¼杯（1湯匙或2份一口大小湯匙的分量）的果泥可以倒出約3英寸寬的圓圈狀果泥。

- 乾燥少分量的莎莎醬、烤肉醬和其他醬料，露營時帶上這些乾燥的醬料皮革捲能減少重量和空間，也能讓你攜帶這些醬料，否則就得需要冰箱保存。

- 製作使用兩種呈現對比色的不同果泥時，用湯匙畫一個同心圓，或是將果泥並排鋪在旁邊，接著用刀子劃過形成漩渦。也可以用湯匙挖起其中一種顏色的果泥放在上面製作大圓點。

- 製作番茄皮革捲作為番茄糊或番茄醬使用時，煮的時候可以加入香草和一些切塊洋蔥。

- 為了快速、簡單地製作果泥捲，可以混合1½杯滑順的蘋果醬和瀝乾的小杏桃或是其他小水果。

製作水果和蔬菜皮革捲食譜

每一種食譜可以製作 1½ 至 2 杯的果泥。將果泥依照 194 至 195 頁「製作水果和蔬菜皮革捲」的指示，將果泥鋪在實心隔板上。

煮過蘋果皮革捲

4 顆	中型去皮、去芯蘋果，切成 1 英寸的塊狀
½ 杯	水
¼ 杯	蜂蜜或楓糖漿

1. 將蘋果和水放入中型不沾鍋平底鍋，以中火煮至蘋果變軟，不時地攪拌。

2. 從火源移開，不用加蓋，放置冷卻約15分鐘。

3. 放入食物研磨機或鐵絲濾網內，用蜂蜜攪拌。

楓糖漿蘋果皮革捲

3 顆	大型澳洲青蘋（Granny Smith）或其他酸蘋果
5 湯匙	純正楓糖漿
1 湯匙	蘋果汁或柳橙汁
½ 茶匙	香草精

1. 蘋果去皮、去芯，切成½英寸的塊狀。

2. 將切好的蘋果、楓糖漿、蘋果汁和香草精放入不沾鍋平底鍋內，加蓋，以中小火煨煮，不停地攪拌直到蘋果變得非常軟嫩，約煮10分鐘。

3. 將食物放入食物研磨機打至變得滑順，或是將食物放入鐵絲濾網過篩。

不沾黏廚房用具

本書中許多食譜都需要用到不沾黏平底鍋或攪拌盆。這些食譜裡含有高酸性的食物，像是水果或番茄，水果內的酸性會與金屬鋁產生反應，使食物變質（若是食物酸性太高也會使鋁製廚具變黑）。不鏽鋼平底鍋是最好的選擇，攪拌時則可使用耐熱玻璃或陶瓷製的攪拌盆。

煮過杏桃或水蜜桃皮革捲

2 杯	杏桃或水蜜桃切片
½ 杯	砂糖
½ 杯	水
¼ 茶匙	研磨肉桂或肉豆蔻粉

1. 將杏桃、砂糖、水和肉桂放入一中型不沾鍋鍋子，加蓋，以小水煨煮直到水果變得非常軟，約煮10分鐘。

2. 從火源移開，拿起蓋子，靜置冷卻約15分鐘。

3. 放入食物處理機攪拌直到水果變得滑順，或是用食物研磨器、濾網過篩。

南瓜皮革捲

1½ 杯	罐頭南瓜或是由新鮮南瓜煮過製成的果泥
⅓ 杯	蜂蜜
¼ 茶匙	研磨肉桂粉
⅓ 茶匙	研磨肉豆蔻粉
⅓ 茶匙	研磨丁香粉

將南瓜、蜂蜜、肉桂粉、肉豆蔻粉和丁香粉放入攪拌盆攪拌。

香蕉皮革捲

| 4 條 | 中型香蕉，表面帶有許多褐色斑點 |
| ½ 杯 | 剁碎核桃或胡桃，依喜好添加 |

1. 香蕉去皮，掰成數塊，放入食物研磨器或濾網過篩。接著將果泥鋪在實心層板並在上方撒上剁碎的堅果。

2. 將完成的皮革捲冷藏做長時間保存。

番茄皮革捲

任何數量的番茄

1. 將成熟番茄去籽，切成四等分，放入不沾鍋平底鍋，加蓋以小火煮15至20分鐘。

2. 從火源移開，拿開蓋子，靜置冷卻約15分鐘。

3. 放入食物研磨器、手搖濾網或鐵絲濾網過篩去除種子，將果泥倒入煎鍋或寬的深鍋，加鹽調味。如果使用低酸性的番茄，每1夸脫的果泥加入2茶匙的檸檬汁或白醋。

4. 以小火煮至變濃、頻繁地攪拌。

覆盆莓香蕉皮革捲

2 杯	新鮮覆盆莓
¼ 杯	砂糖
1 茶匙	檸檬汁
1 根	大型香蕉，成熟或帶有大量褐色斑點

1. 將覆盆莓、砂糖和檸檬汁倒入中型不沾鍋平底鍋。用馬鈴薯壓泥器壓碎讓水果流出汁液。用中火燉煮約5分鐘，頻繁地攪拌直到水果變得非常軟。

2. 將果泥倒入濾網過篩種子，覆盆莓果泥和香蕉放入果汁機打到滑順。

草莓大黃皮革捲

1½ 杯	切片草莓
1¼ 杯	切段紅色大黃莖部
¾ 杯	砂糖
½ 茶匙	香草精

1. 將草莓、大黃、砂糖和香草精放入中型不沾鍋的鍋子，以中小火煨煮，攪拌至糖溶解；以不加蓋的方式燉煮約10分鐘，大黃和草莓應該會變得非常軟嫩。

2. 從火源移開，靜置冷卻約15分鐘，接著放入果汁機打到滑順。

熱帶風皮革捲

1½ 杯	切塊水蜜桃,切時去皮
2 湯匙	砂糖
1 湯匙	檸檬汁
1 湯匙	水
1 杯	切塊芒果,切時去皮
½ 條	中型香蕉

1. 將水蜜桃、砂糖、檸檬汁和水放入可微波的攪拌盆,以高溫微波約2分鐘,直到攪拌盆邊緣開始冒泡。仔細攪拌,再微波約1分鐘。從微波爐裡取出,放置冷卻約15分鐘。

2. 將水蜜桃混合、芒果和香蕉放入果汁機攪拌直到變得滑順。

生蘋果皮革捲

2 杯	去皮、去芯切塊蘋果
1½ 杯	蘋果酒
¼ 茶匙	研磨肉桂粉

將蘋果、蘋果酒和肉桂粉放入果汁打碎直到變得滑順。

綜合莓果和甘藷皮革捲

1 顆	中型類似地瓜的甘藷
2 杯	冷凍綜合莓果(以冷凍時計量)
⅓ 杯	砂糖
¼ 杯	柳橙汁

1. 用叉子在甘藷上以1英寸為間隔刺出孔洞,防止甘藷在微波時爆炸。用溼紙巾包住甘藷,以高溫微波3至5分直到甘藷按壓時感覺軟嫩(另一個方法是以200度烘烤甘藷40至60分鐘直到變軟,準備莓果時先放一旁冷卻)。

2. 將莓果(解凍或冷凍狀態)、砂糖和柳橙汁放入中型不沾鍋平底鍋煮沸10分鐘,直到莓果變得非常軟,期間持續攪拌。從火源移開,放置冷卻約15分鐘。

3. 當莓果在冷卻時,甘藷去皮,切成1英寸的方塊狀,量出1杯塊狀甘藷,將剩下的甘藷放入冰箱做其他使用。

4. 將1杯甘藷切塊與冰過的莓果混合放入果汁機打碎,直到變得滑順。

自製寶寶副食品

在家用食物乾燥機或烤箱製作營養價值豐富、無添加化學成分的寶寶副食品會是不錯的享受。製作的過程，基本上與皮革捲相差無幾，除了完成後皮革捲應該會較酥脆，方便做成粉末。薄薄的果泥、高溫以及足夠的乾燥時間所製作出來的皮革捲，應該會酥脆到能簡單製成粉末。寶寶的食物通常不會添加砂糖、香料和其他調味料。

牙牙學步的嬰兒已經準備好食用帶有質地的食物，另外也推薦乾燥食物。為寶寶準備食物時，將一些酥脆的乾燥蔬菜或水果放入果汁機裡稍微打碎，做成比一般寶寶副食品還要滑順的食物碎片。將 ¼ 杯食物薄片加入 ½ 杯滾水攪拌，並冷卻到可以食用的溫度，如果需要也可以多加一點水，這樣大概能做出 ¾ 杯稍微紮實的寶寶食物。

準備寶寶食物果泥

（5 步驟）

1

將水果或蔬菜煮到非常軟，可以用蒸的、煮沸或微波，再放入食物研磨器、鐵絲濾網或手持濾網，或放入果汁機打成非常滑順的果泥。果泥會比一般的皮革捲稍微鬆散且水分較多。

2

準備盤子或架子，參閱 193 頁「使用實心層板裝果泥」。將果泥倒入實心層板，整體鋪成約 ⅛ 英寸的圓形或方形，大部分的食物乾燥機盤子和一般尺寸的烤盤，約可裝 1½ 杯薄薄的寶寶食物果泥。

3

以 57 度至 66 度乾燥，直到皮革捲可以從層板撥起且不沾黏，即便碎掉也不用擔心。當皮革捲開始變乾，將它撕碎或敲碎成更小的碎片，接著固定翻面和調整。你的目標是製作出平坦的酥皮或薄片狀，整體呈現乾燥且非常粗脆的狀態。根據果泥中心的溼度和食物乾燥機或烤箱的效能，完整的乾燥時間通常需要 12 小時至 20 小時。

4

冷卻乾燥酥皮和脆片，放入玻璃罐保存，或是立刻做成粉末，放入小玻璃罐保存。

5

再水化寶寶食物時，放入果汁機或電動咖啡磨豆機 / 香料研磨機裡磨碎。將少量的粉末與少量的溫水混合，攪拌至變得溼潤、滑順或是理想的黏稠度。

糖漬水果

　　自製的糖漬水果是一種美味、令人愛不釋手的點心，適合搭配其他乾燥水果，同樣也能加入其他市售糖漬或蜜餞水果。

　　這裡使用的糖漬過程與用糖水汆燙的方式相像，不過糖漿醃漬會更濃稠，水果在放入乾燥機前會花更多時間煨煮。煨煮時，水果會變成透明色，並吸收一定程度的糖分。乾燥時，水果通常會呈現如珠寶般的光澤，並帶有甜美、果香十足以及具嚼勁的口感，此外，自製糖漬水果也不需要市售糖漬水果所使用的染料和防腐劑。

　　這裡推薦的預先乾燥處理方式，會比其他需要拖好幾天（或更長）處理的方式還要簡

單，以這種快速方式處理的水果，僅需要花費短於 1 小時的時間準備乾燥，而且會比需要長時間處理的水果糖量較低，不過仍含有足夠甜分和糖漬，能夠運用在更多用途上。

　　大多數的水果都可以糖漬，這裡提供了多種水果的製作方式，不過你可以參考 204 至 205 頁介紹的基本步驟，並將煨煮時間當作準則，嘗試不同的水果。舉例來說，像是金桔切半、去籽並糖漬後會變得相當美味，若要做成特別的點心，則可以將糖漬金桔中心填滿融化後的白或黑巧可力，直到水果冷卻變得紮實。

　　無論是市售或自製食物乾燥機都適合乾燥糖漬水果，不過需要花費一段不短的時間。如果能確保有數天溫暖、溼度低的好天氣，日曬還算是可以接受的方式；如果烤箱附有旋風式風扇以及帶有乾燥機功能的特性，也能用來乾燥糖漬水果，雖然可能需要花費很長的時間，而且也不是一個實惠的選擇。另外，因為自製乾燥糖漬水果需要長時間乾燥，因此不推薦使用一般烤箱製作。

　　將當天已糖漬的水果處理好後，用紗布瀝乾糖漿，倒入乾淨的玻璃罐，冷卻後，放入冰箱至少 1 個月。這樣之後就會有帶有果香的糖漿可作鬆餅的點綴，也可以倒入冰淇淋，或是使用在任何需要果香糖漿的食物裡。

　　糖漬水果可以放入密封收納盒或夾鏈袋內保存，不過可能會變得很黏。如果水果看起來太黏，可以放入冰箱冷藏，不過在當做點心食用前需要先取出置於室溫下。另外，當糖漬水果是冰的時候，若難以咀嚼且具有黏性，或許可以將填料挖出。

製作自製乾燥糖漬水果

1

準備工具：除了食物乾燥機（或旋風式烤箱）以及合適的架子和網架，也會需要沉重的不銹鋼平底鍋、一支大的深金屬湯匙、煮糖溫度計或快篩溫度計、鐵絲過濾網，以及一個可以放置濾網、大且耐熱的攪拌盆以及不沾鍋食用噴霧。如果居住在陽光充足的地區，日曬也是一種選擇，這樣會需要 36 至 38 頁介紹的網架。

2

挑選紮實、成熟，但沒有過熟的水果。依照接下來每一種水果的指示清洗、準備。如果同一天準備超過一種種類的水果，那麼先處理顏色最淡的類型。開始製作糖漿前，備好第一批水果。

3

製作糖漿：在兩杯分量的量杯測量 1 杯蜂蜜，接著加入 1 杯水，攪拌蜂蜜直到與水混合，倒入平底鍋。接著在量杯內測量半杯的水，將所有黏住的蜂蜜攪拌一起後倒入平底鍋，加入 1 杯白砂糖到平底鍋，以中強火燉煮，不斷攪拌直到糖溶解。以不攪拌的方式燉煮直到煮沸，持續煮到糖漿滾沸，並以煮糖溫度計或快篩溫度計測量至糖漿達到 113 度，這樣通常需要 15 至 20 分鐘。燉煮時，仔細觀察糖漿的變化，如果糖漿看起來快要滾沸，立刻從火源移開，待溫度稍微降溫後再將平底鍋放回。

在煮糖漿時，要小心不要讓糖漿煮到濺出；沸騰的糖漿比沸騰的水溫度還高，且會黏在皮膚上，這樣可能會造成嚴重的燙傷。

4

糖漿溫度一達到 113 度時，將備好的第一批水果加入。加入的分量雖然不到所有水果都能剛好放滿，但至少部分水果（通常是 2 至 3 杯的水果）都能沉入的狀態，攪拌到全部混合。將火力轉到中火，煮至整體開始冒泡（不是煮沸）。接著開始計時，根據每種水果燉煮時間，調整火力，持續煨煮但不煮沸，緩慢地不停攪拌。當水果開始沸騰時，將水果倒入放在大碗中的鐵絲濾網裡，並讓水果靠近爐火。

5

當水果煨煮了一段適當的時間後，將平底鍋從火源移開，使用具深度的湯匙挖起果泥到濾網，讓水果瀝乾幾分鐘。同時間將食物乾燥機的盤子或架子噴上食用噴霧塗層（如個別水果需要網架，則將網架放在盤子／架子上，再用食用噴霧將網架塗層）。

6

將瀝乾的水果輕輕鋪平在準備好的單層盤子／架子或網架上，避免重疊，用湯匙舀水果，直接用手會太燙。如水果變軟且聚集一起，盡可能稍微將水果分開，不過即便水果有點重疊或相鄰也不用太擔心。將放滿的盤子／架子放入食物乾燥機，調整到 63 度。若是用日曬，用紗布蓋住網架，依照 36 至 39 頁的指示將水果移到有陽光的室外。

7

你可能會使用相同的糖漿於另一、兩批的水果上，在這些水果上的糖漿用量較少，因為糖漿分量用在第一批的水果後已經減少。在煨煮兩、三批水果後，額外加入 1 杯蜂蜜、1½ 杯的水和 1 杯白砂糖，用煮第一批水果的溫度 113 度煨煮，第二批會比第一批煮得更快（如果沒有剩下太多水果，則使用上述一半的分量，也就是半杯蜂蜜、¾ 杯水和半杯白砂糖）。

8

乾燥水果直到不黏膩為止，以及最厚的部分不帶水分。根據需求轉動盤子／架子，依照指示就將水果分開，並在 4 至 5 小時後翻面水果，或依照個別指示進行——以保證水果變得更乾，輕鬆從盤子／架子上拿起。每一種水果的乾燥時間可參考以下的內容，這是依據食物乾燥機或旋風式烤箱的溫度設定 63 度時。日曬通常需要兩至三倍時間，每天乾燥後將食物翻面，晚上則將網架放到室內。

9

儲存糖漬水果（見 202 頁）。儲藏日曬乾燥水果前，先放入烤箱以 52 度烘烤 30 分鐘，或以負 18 度或更低的溫度冷凍數天。

蘋果或酪梨

　　無論是切片、環狀和切塊水果都適合糖漬，特別是將切片和環狀水果沾上一半的巧克力，就成了美味的點心；參閱 271 頁的介紹。開始切水果前，準備裝有酸化水的碗（用來糖漬的水果不要使用亞硝酸鈉），參閱 50 頁（蘋果）和 116 頁（酪梨）準備水果，如果喜歡可以去皮、去芯。另外要注意，糖漬時酪梨會變得更硬。將水果切片或切成環狀，也就是⅜英寸厚或更薄一些；若是切塊，將水果橫向切成⅜英寸厚，再將最寬的部分切成½至¾英寸寬。切完後，將水果移到酸化水裡防止褐變，在加入糖漿前瀝乾。以糖漿煨煮約 20 至 25 分鐘，水果應該會變成金色以及有點透明的狀態。

時間：在食物乾燥機或旋風式烤箱內約 5 小時後，將切片或環狀水果翻面。用木製湯匙或是乾淨的指尖將切塊水果翻面，並將擠在一起的水果分開。糖漬切片和環狀水果以 63 度烘烤，通常需要 10 至 18 小時；切塊可能會需要較長的時間。

完成度測試：呈現半透明、帶有光澤以及深邃的金黃色外觀，另外也會變得酥脆不過仍具彈性。切片和環狀水果會變成帶有稍微硬的外表，像是不透明的花窗玻璃。切塊水果看起來會有點乾癟或起皺。

產量：1 磅的完整水果會產出 1½ 杯的糖漬切片或切塊水果。

杏桃、水蜜桃或油桃

這些硬核的水果若做成具有甜味、豐富果香風味的糖漬水果，都是很棒的選擇。糖漬杏桃帶有濃郁的甜味，無論切片和切塊都很適合糖漬；參考 52 頁（杏桃）和 114 頁（水蜜桃和油桃）準備水果，如果喜歡可以去皮並移除果核。將水果切成⅜至 ½ 英寸厚的切片；切塊的話，將水果最厚的部分切成 ½ 至 ¾ 英寸寬。一次不要準備超過 3 杯的分量（或符合糖漿的分量），立刻將水果放入糖漿內——若將切好的水果暴露在空氣中太久，水果會開始變黃。接著在糖漿內煨煮 15 至 20 分鐘，水果的顏色應該會開始變黑並有點半透明。

時間：在食物乾燥機或旋風式烤箱烘烤約 5 小時，將切片翻面；切塊水果用木製湯匙或是乾淨的指尖將可能擠在一起的水果分開。糖漬切片和環狀水果以 63 度烘烤，通常需要 9 至 16 小時；切塊可能會需要較長的時間。

完成度測試：呈現具彈性、帶有深邃橘色，以及有點皺褶與光澤的外表。

產量：1 磅完整水果會產出 1½ 杯至 2 杯的糖漬切片或切塊水果。

香蕉

這個特別的點心帶有愉悅的嚼勁以及濃郁的香蕉風味。度假時，糖漬香蕉會是盤子上愛不釋手的點心。將香蕉去皮，橫向切成 ½ 英寸厚，以糖漿煨煮 5 至 10 分鐘，將變得蓬鬆並有點透明的香蕉挑起，放到備好的盤子上。注意，糖漿會因為香蕉的顆粒變得混濁，因此浸泡過香蕉的糖漿不適合作為鬆餅糖漿使用。

時間：糖漬切片香蕉以 63 度烘烤通常需要 12 至 15 小時。

完成度測試：糖漬切片香蕉會呈現蓬鬆、有點腫大的狀態，顏色上會從金色至黃褐色並帶有拋光的感覺。糖漬香蕉切片或咀嚼時，香蕉中心會變得乾且具嚼勁但不含水分。切片應該有彈性，擠壓時能承受壓力。

產量：1 磅新鮮香蕉約可產出 2¼ 杯的糖漬糖漿。

207

櫻桃

　　無論是甜美或酸澀的櫻桃都適合做成糖漬水果。新鮮櫻桃糖漬時看起來會相當漂亮，解凍櫻桃雖然也可以糖漬，不過因為經過機器去核，看起來會有點爛爛的；去核和切半櫻桃可參閱 82 頁的介紹。煨煮去核切半櫻桃約 25 分鐘，水果應該會變得有點半透明；若使用黑櫻桃的話，可能會很難判斷。將事前冷凍的櫻桃放在網架上時可能會結塊，盡可能地將每顆櫻桃分開。

　　時間：事前冷凍的櫻桃約需乾燥 5 小時，接著使用木製湯匙或乾淨的指尖將擠在一起的櫻桃分開（日曬的櫻桃則在乾燥 1 天後分開）。糖漬新鮮切半櫻桃以 63 度烘烤通常需要 18 至 22 小時，事前冷凍的櫻桃可能需要更長的乾燥時間。

　　完成度測試：糖漬櫻桃會非常光亮，有點起皺但仍呈豐滿的狀態；具彈性，擠壓時能承受壓力。事前冷凍的櫻桃比新鮮的還乾扁；根據使用品種，糖漬櫻桃可能會帶有明亮、半透明的紅色，或是看起來沒這麼半透明的深紅黑色。

　　產量：1 磅完整櫻桃約可產出 2 杯切半糖漬櫻桃。

芒果

　　新鮮或冷凍芒果都適合糖漬，參閱 101 頁準備水果，盡可能將芒果切成接近 ⅓ 英寸的塊狀，以糖漿煨煮 20 分鐘，切塊芒果應該會有點半透明。

　　時間：糖漬切塊芒果以 63 度烘乾通常需要 20 至 25 小時。

　　完成度測試：糖漬切塊芒果呈珠寶般相當半透明且有點飽滿的狀態，以及帶有明亮、深金黃色的外觀，口感則相當有嚼勁。切塊芒果通常會點結塊，形狀較不一致；具彈性，擠壓時能稍微承受壓力。

　　產量：1 磅芒果切塊（清洗過後的重量）約可產出 2¼ 杯的糖漬切塊芒果。

柳橙（和其他柑橘類）切片

　　柑橘類水果在有顏色的果皮下帶有苦澀的白色木髓，糖漬會讓木髓的味道變得柔和，使糖漬柳橙切片雖帶點苦味，但仍是許多人都能享用的美味點心。無籽柳橙也適合糖漬，檸檬和萊姆通常含有很多種子，不過種子會在糖漬過程成中掉出。如果計畫將糖漬柑橘類水果沾巧克力，則檸檬和萊姆也是一種選擇，不過因為水果中心帶有橘絡和黑色的皮，若只是單純糖漬的話，可能看起來不是非常美觀。

　　在乾燥或糖漬前將柑橘類水果刷洗乾淨，將去皮的水果切成⅛英寸厚的切片或更薄點，挑出種子，再將切片對切或切成四等分。以糖漿煨煮15分鐘，木髓的顏色會變深，看起來會有點半透明，中心變得相當柔軟。放在盤子上時應盡可能地將水果切片分開。

　　時間：糖漬柑橘類以63度烘烤通常需要12小時至15小時。

　　完成度測試：糖漬柑橘類切片看起來很像花窗玻璃，帶有半透明的中心以及黑色、有光澤的木髓，果肉的部分不含任何水分，可以咬一口確認。

　　產量：1磅完整柳橙、檸檬或萊姆，鬆散包裝會產出2½至3杯的糖漬切片。

柳橙、檸檬或萊姆果皮

　　將糖漬柑橘類果皮切好加入烘焙食品會是不錯的選擇，有些人則會當作點心享受。糖漬時，柑橘類果皮與108頁的乾燥柑橘類柳丁皮相當不　樣。若只乾燥柳丁皮，不需要移除所有的白色內果皮（木髓），因為內果皮在糖漬過程中會流失一些苦味。雖然柑橘類柳丁皮的的味道不太佳，不過木髓應該會是相當薄的一層。參閱106頁的指示，將水果片切成小的條狀，或是用尖銳的刀子小心地從整顆水果刮掉木髓；一把尖銳、鋸齒狀的番茄刀可以處理得很好。以糖漬煨煮15分鐘，盡可能均勻地鋪在放有網架的盤子或架子上。此時幾乎不太可能將薄且具黏性的果皮鋪好，不過盡你所能。

　　時間：在食物乾燥機或旋風式烤箱乾燥3至4小時後，用乾淨的指尖將果皮分開，這時候分開會非常容易（若是日曬的話，乾燥6小時後檢查，盡可能將果皮分開，或是在乾燥的最後一天分開）。糖漬柑橘類果皮以63度乾燥通常需要10至12小時。

　　完成度測試：果皮會帶有光澤及深邃的顏色，呈現酥脆、鬆脆、如糖果般的口感。

　　產量：糖漬果皮會比新鮮果皮還占空間，因為無法緊密地裝在一起。通常2顆一般大小柳橙表面削下來的果皮，鬆散包裝約可產出1杯糖漬果皮。

木瓜

參閱 109 頁準備水果，將水果切成 ½ 英寸的塊狀，以糖漬煨煮 20 分鐘，應該會變得有點半透明。

時間：糖漬木瓜塊以 63 度烘乾通常需要 12 小時至 18 小時。

完成度測試：糖漬木瓜塊帶有光澤，像珠寶般呈現明亮、深橘紅色以及相當半透明的狀態，並帶有一定嚼勁的口感。糖漬木瓜通常會有點凹凸不平，形狀不規則，擠壓時能稍微承受壓力並具彈性。

產量：1 顆標準大小的木瓜約可產出 ¾ 杯的糖漬塊狀。

鳳梨

糖漬鳳梨塊帶有濃郁、甜美的鳳梨香味，而且沒有任何的酸味，對於一些拒絕新鮮鳳梨的人來說也能接受；它也是一種帶有不錯的嚼勁的美味點心。使用新鮮鳳梨塊狀糖漬時，罐裝鳳梨已含有糖分，僅需要瀝乾並根據 127 頁的指示進行，乾燥時不需要事前處理。若使用新鮮鳳梨，可依照 128 頁的指示清洗，將水果切塊，塊狀邊緣應該會呈現半透明。

時間：糖漬鳳梨切塊以 63 度烘烤，通常需要 15 至 20 小時。

完成度測試：糖漬鳳梨塊會呈現稍微半透明以及剛剛好的光澤，以及帶有明亮的深金黃色。水果通常會結塊，形狀變得不規則。擠壓時的觸感會如皮革般，能稍微承受壓力。

產量：1 顆新鮮整顆鳳梨（約 3⅓ 杯的新鮮切塊）約可產出 2 杯糖漬鳳梨切塊。

李子

　　糖漬李子與乾燥李子相當不一樣，糖漬李子不僅是出色的點心，用於需要糖漬水果的水果蛋糕或其他食譜也非常相配。切片或切塊都適合用來糖漬，參閱 130 頁準備水果，將切成四等分或切半的李子切成 ¼ 至 ⅜ 英寸厚；塊狀的話，將水果橫切成 ½ 英寸厚，再切成最寬部分為 ½ 至 ¾ 英寸寬。以糖漬煨煮 15 至 20 分鐘，水果應該會有點半透明，煨煮過後的果皮應該會滑落，將水果鋪在盤子上的同時，挑起果皮並丟棄。

　　時間：在食物乾燥機或旋風式烤箱烘烤 5 至 6 小時，將水果翻面；塊狀水果則用木製湯匙或乾淨的指尖將結塊分開（日曬的話，則是在一天乾燥完成後翻面並分開）。糖漬切片以 63 度烘烤通常需要 9 至 15 小時，塊狀可能需要長一點的時間。

　　完成度測試：糖漬李子呈現半透明、帶有光澤、如珠寶般的外觀，顏色變化根據使用品種而異。切片會具有彈性，切塊能承受壓力，不過最厚部分應該不含水分。

　　產量：1 磅完整的水果約可產出 1½ 杯的糖漬切片或切塊水果。

草莓

　　糖漬草莓的外觀不會像其他糖漬水果一樣好看，不過它們擁有美味的味道以及令人愉悅的嚼勁。使用新鮮、剛成熟的草莓，冷凍或過熟的草莓在糖漬時會整個裂開。參閱 142 頁清洗、去掉花萼。如果去蒂的草莓整顆大小約 ½ 英寸或是更小，那麼就將整顆糖漬；大顆水果則應該切半，若是更大則切成四等分。以糖漬煨煮約 15 至 18 分鐘，草莓會變得非常軟。煨煮快結束時，為了避免弄碎草莓比起攪拌的方式，應該用旋轉的方式將草莓舀起。用鐵絲濾網瀝乾幾分鐘，再輕輕地將水果移到備好的盤子上。使用木製湯匙輕輕地將每顆水果分開，盡可能地鋪好。

　　時間：在食物乾燥機或旋風式烤箱烘烤 3 至 4 小時，再使用木製湯匙或乾淨的指尖將結塊水果分開（日曬的話，乾燥 6 小時後檢查水果，如果可以，將水果分開，或是在一天結束後分開）。糖漬草莓以 63 度烘烤通常需要 9 至 12 小時。

　　完成度測試：糖漬草莓會變得乾癟或有點結塊，並帶有粗糙的質地以及暗沉的深紅色。

　　產量：1 磅新鮮、完整的草莓約可產出 1 杯糖漬草莓。

日曬果醬

大部分的果醬會用果膠——幫助果醬凝固的商品——烹煮水果，果膠需要一定分量的糖分以及特定長度的烹煮時間。即便製作果醬不一定需要加入果膠，但是這樣就需要長時間、慢火烹煮才能讓水果變得濃稠。

「日曬烹煮」是長久以來製作果醬的方式，特別是用在草莓上，過程相當簡單——在水果內加入少分量的糖分（比一般的果醬還少），不需要加入果膠。有一些食譜僅需短暫的料理時間，另一些則不一定。將綜合水果放入寬口罐子或盤子，再放在陽光之下，透過日曬使果醬在沒有添加果膠的情況下變得濃稠，最後的成果會是含有少量糖分的果醬，帶有令人驚豔的新鮮水果風味。可參閱 213 頁提供的製作古早味果醬技巧指南。

對於沒有住在炎熱、天氣晴朗地區的人來說，使用食物乾燥機或烤箱幾乎也可達到相同的成果，可以有效利用自製食物乾燥機寬敞的底部空間。使用箱型食物乾燥機製作時，需取出額外的盤子；用烤箱製作時，僅需要找架子上沒有使用的地方（不要將水果放在烤箱底部，溫度會過高）；堆疊式食物乾燥機不適合製作，因為盤子之間並沒有額外的空間。任何設定在 38 度至 60 度的溫度皆可以製作，可以在乾燥其他食物時，順便準備果醬（不要與洋蔥、花椰菜或其他味道強烈的蔬菜一起乾燥）。

雖然草莓最常以這樣的方式準備，不過其他多汁的水果也適用，像是杏桃、黑莓、藍莓、油桃、水蜜桃和覆盆莓都是很好的選擇。將水果混合也很棒，例如試著混合草莓和藍莓。下一頁介紹的內容是製作少分量的果醬，不過可以用大盤子或幾個盤子來輕鬆增加分量。最有效率的準備方式是每一層的水果深度不超過 1 英寸。

當果醬已經煮到喜歡的濃稠度時，將果醬放入半品脫玻璃罐並放入冰箱保存，在一個月內使用完畢。也能使用密封玻璃罐放入冷凍長時間保存。

日曬果醬

1½－1¾ 磅　草莓、水蜜桃或其他水果；全部用
　　　　　　同一種或混合
1¼－1¾ 杯　砂糖，根據水果的甜度調整
2 茶匙　　　檸檬汁

1. 將三分之一的水果放入食物處理機內，稍微按壓將水果大致打成塊狀，應該含有小的塊狀，接著將水果移到不沾鍋大平底鍋內；剩下的水果重複同樣動作，將水果批次放入同一個平底鍋。當所有水果都加進去後，加入砂糖、檸檬汁，接著徹底攪拌，並靜置約1小時。

2. 1小時後，以中強火加熱至滾沸，需經常攪拌，滾沸約1分鐘。挑出、丟棄泡沫，將水果移到7×11英寸或9英寸的方形玻璃烤盤。

3a. 使用**市售箱型食物乾燥機或自製食物乾燥機**時，將盤子放入乾燥機底部，從箱型乾燥機內移除幾個盤子騰出空間。將乾燥機溫度設定在38度至60度，每幾個小時攪拌一次。

3b. 若使用**烤箱乾燥**，將盤子放在較低的架子上，但不要放在底層。將溫度設定在38度至60度，每幾個小時攪拌一次。

3c. 若是**日曬**，將盤子依照36至38頁的方式設置，放在陽光下乾燥，確保盤子在乾燥期間不會受到蚊蟲侵襲，必須確認保護網或紗布有包住整個盤子，防止蚊蟲從開口爬入。一天攪拌2次，晚上時將盤子移到室內。

4. 乾燥或日曬直到果泥厚度呈現如果醬般的濃稠度，冷卻時會變得濃稠，所以一開始會有點鬆散。食物乾燥機內以57度烘烤，果醬需要9到12小時，時間長短依據乾燥機溫度而定；日曬通常需要1到3天。

5. 用湯匙將果醬挖入半品脫的果凍罐子裡，用乾淨蓋子密封。放進冰箱可以冷藏1個月或冷凍做長期保存。

各式各樣的烹飪方式

這裡列出一些在廚房內利用乾燥設備製作食品的使用方式。

發酵麵團：箱型或自製乾燥機預熱至 49 度，關掉熱源，底部放入一個裝有熱水的淺盤。將揉捏好的麵團用碗蓋上，直接放在淺盤上方的盤子或架子上。關掉乾燥機電源，讓麵團持續發酵至原本的兩倍大。接著將麵團排氣，放在抹油的麵包盤裡，再將盤子放回乾燥機內直到麵團再次發酵。此時麵包已經準備好可以送入烤箱烘烤。

製作優格：箱型或自製乾燥機預熱至 43 度，同時間將 1 夸脫的牛奶和半杯脫脂奶粉放入平底鍋內攪拌，以中火加熱直到平底鍋邊緣開始出現小泡泡，從火源移開，冷卻至 43 度。接著加入 ¼ 杯含有活性菌的原味優格，或是 1 湯匙的乳酸菌混合。將混合物倒入半品脫殺菌密封罐子中，並放在食物乾燥機的架子上，接著關掉乾燥機電源；讓混合物在食物乾燥機內維持 43 度直到變得濃稠，通常需要 3 至 4 小時；在第三小時檢查，若尚未凝固，則每 15 分鐘檢查一次直到凝固。

製作起司：食物乾燥機的低溫很適合讓牛奶乳化，製成茅屋起司或硬起司。製作起司的過程已經超過本書範圍，不過如果對於製作起司算是熟悉，可以試著使用箱型或自製食物乾燥機製作，在每一個步驟設定好適當的溫度讓牛奶乳化並煮至凝固。

讓薄脆鹹餅乾、餅乾和麥片恢復脆度：這些失去脆度的餅乾和其他烘焙食物，可以藉由放在乾燥盤以及食物乾燥機內恢復原本的脆度。以 63 度乾燥 30 至 40 分鐘，或是乾燥到酥脆為止。

蜂蜜去結晶：當罐子裡的蜂蜜結成顆粒塊狀時，將罐子放入箱型或自製乾燥機內，加熱至 43 度數小時直到結晶溶解。接著就能再次得到沒有流失任何營養價值或天然氧分的液狀蜂蜜。

堅果保存：核桃、山核桃、白胡桃、大胡桃和榛果可以藉由食物乾燥機或旋風式烤箱在幾天內乾燥完成，而不需要花上幾週的時間。堅果類帶殼時乾燥能維持最佳狀況。乾燥前，移除核桃、山核桃、白胡桃和大胡桃紮實、海綿般的殼，通常會將堅果放在堅硬表面上，用腳底滾動直到外殼碎裂。榛果在收成、乾燥後帶有較薄的外殼，可以戴上厚手套剝殼。以 38 度乾燥 8 至 15 小時去掉外殼的堅果肉直到變得酥脆，期間可打碎幾個確認是否乾燥。

製作酥脆麵包點心：將隔夜貝果切片，或將細長的法國長棍切成 ¼ 英寸厚，另外也可以用放了一段時間、已打開並切成四等分的皮塔餅。在表面薄薄塗上一層橄欖油，或是用廚房

噴油噴溼，並撒上綜合香草、大蒜鹽或其他調味料，再薄薄地鋪上一層細碎的帕瑪森起司。在乾燥機盤子或架子放上網架，將處理好的麵包放在同一層，以 66 至 71 度乾燥直到變得酥脆，大約需要 2 至 3 小時。放入密封收納盒內前先確實冷卻。

乾燥南瓜種子：乾燥過的南瓜和其他冬南瓜種子，能增添什錦果乾和烘焙食物酥脆的口感。用濾網清洗種子，去除掉種子周圍的果肉和絲狀物質，鋪在實心層板上以 57 度乾燥 3 至 4 小時直到酥脆。

製作麵包丁：在 ½ 至 ¾ 英寸的麵包丁撒上香草或調味鹽，或是不調味，不要為了做長時間保存而使用油或奶油。將麵包丁鋪在實心層板上以 60 度乾燥直到酥脆。麵包丁可以當作製作麵包時的調味或是家禽肉的填充物，或是當作沙拉、湯品的點綴。

自製義大利麵：任何不含新鮮、未殺菌的蛋的新鮮義大利麵，都可以用食物乾燥機或旋風式烤箱快速乾燥。只要將切段義大利麵薄鋪在架子或盤子上，以 64 度乾燥至完全酥脆，不時地攪拌，通常需要 4 至 6 小時。

乾燥麵包屑：這裡有個可以拯救不新鮮麵包或長棍的好方法。將麵包用切或撕成 1 英寸的塊狀。加入果汁機以中速轉動，途中稍微打開上面的蓋子，放入一把麵包塊快速蓋上，以免麵包塊從果汁機蓋子噴出，再轉成高速攪碎至希望的大小，記住麵包屑乾燥時會再縮小。將麵包屑平均鋪在實心層板或烤盤上約 ½ 英寸的厚度，以 60 度烘烤直到乾燥均勻，不時地攪拌；用乾燥機或旋風式烤箱約需要 2 至 3 小時，或用一般烤箱約需要 1 至 4 小時。

第八章

使用乾燥食物的食譜

Recipes Using Your Dehydrated Foods

現在你已經有許多美味的自製乾燥水果、蔬菜和肉類,可以快速地將肉乾與豐盛的前菜、湯品、附餐和點心,甚至是甜點做結合。這些儲存在儲藏室裡的各種食物選擇會帶來眾多好處,因為它們可以在短時間內僅需要加入少許調味,就能打造出完整且健康的料理。許多乾燥食物也能當作很棒的禮物。最後,可以快速地打包特別、快煮的綜合乾燥食物,然後放入包包(或車上),這些食物可以在露營時輕鬆地再水化和烹調。

儲藏室裡的綜合乾燥食物
DRIED FOOD MIXES FOR THE PANTRY

當你在包裝用於湯品和其他料理的綜合乾燥食物時，可以自己控制任何喜歡的成分。調整食物比例以符合喜好，或根據手邊的食物來取代另一種乾燥香草。製作低鈉混合食物時，使用鹽替代品或不使用。如果遵守無麩質飲食的話，準備雞肉或牛肉肉湯時，要確認任何購買的產品商標，因為有些含有水解小麥麩質。

本章節介紹的綜合食物最好儲存在殺菌玻璃罐子內，這能使乾燥食物避免糊掉或碎掉，以及避免食物接觸空氣，並防止昆蟲和其他小生物跑進去。無論是在為自己包裝玻璃罐或是包裝禮物，都可以將不同的食材分層裝入，這樣看起來會很漂亮。若是當作禮物的話，可以剪下一個方形或圓形彩色布料用來裝飾蓋子的上方，再用鋸齒剪刀修剪邊緣防止布料磨損，再用美麗的緞帶綁住密封蓋子，加上一張附有如何使用食物的標籤。

若當成禮物的話，你也可以考慮 240 至 246 頁的小型綜合香草罐、280 至 281 頁的綜合茶罐；任何一種食物都值得製作出如此貼心的禮物，特別是這分禮物是由自己親手乾燥食物做出來的。

注意：如果有一台真空包裝機的話，那麼就可以用來密封玻璃罐，如指示在裡面裝一些綜合食物；參閱 20 頁真空包裝與食物安全的相關說明。用真空包裝的食物比起未真空包裝的，可以保存更長的時間。

乾燥食材

本章節介紹的食譜有些會以**粗體**標示，這代表此為出自本書的食材。

綜合薏仁蘑菇湯
玻璃罐

½ 杯	洋薏米
⅓ 杯	**乾燥蘑菇片**
3 湯匙	**乾燥剁碎洋蔥**
1 湯匙	切碎**乾燥荷蘭芹葉子**
1⅓ 湯匙	切碎**乾燥蒔蘿葉子**
¼ 杯	**乾燥胡蘿蔔切片或胡蘿蔔丁**
1 片	**乾燥月桂葉**
1 夸脫	牛肉肉湯、雞肉肉湯或蔬菜湯
2 杯	水

填裝食物

在半品脫玻璃罐內依照列出的順序，平均放入一半的洋薏米、蘑菇片、洋蔥、荷蘭芹、蒔蘿和胡蘿蔔，月桂葉塞在罐子邊緣，再將剩下的洋薏米放入，用新蓋子緊緊密封。如果有真空機密封罐子，那麼就用真空方式上蓋。放在陰涼處保存直到使用時。

準備湯品

將罐子的食材倒入大平底鍋內，用肉湯和水攪拌，加熱至沸騰，接著調降火力，煨煮約45分鐘直到洋薏米變軟。食用前取出月桂葉。

義大利雜蔬湯
玻璃罐

若是要製作無麩質版本，用褐扁豆取代洋薏米，並使用由米製成的義大利麵。

½ 杯	**乾燥煮過或罐裝白腰豆或白芸豆** *
1 茶匙	**乾燥義大利綜合香草**（見 241 頁）或市售義大利綜合香草
少許	**乾燥大蒜薄片**
少許	新鮮研磨黑胡椒
¼ 杯	市售**乾燥裂莢豌豆**
3 湯匙	**乾燥甜椒切丁**
3 湯匙	**乾燥剁碎洋蔥**
2 湯匙	**乾燥切片芹菜**
¼ 杯	洋薏米
¼ 杯	**乾燥番茄塊**
¼ 杯	**乾燥胡蘿蔔丁**
½ 杯	**乾燥羽衣甘藍**或其他綠葉（大塊）
1 片	**乾燥月桂葉**
⅔ 杯	未煮過的通心粉或其他小型義大利麵
1 夸脫	水
½ 磅	剁碎牛肉或肉腸絞肉，依喜好添加
1½ 夸脫	牛肉肉湯或蔬菜湯

填裝食物

1. 將豆類平均放入1夸脫容量的寬口玻璃罐，傾斜罐子讓每層平均分配。撒上綜合香草、大蒜和黑胡椒，依照列出的順序平均加入裂莢豌豆、甜椒、洋蔥、芹菜、洋薏米、番茄、胡蘿蔔和羽衣甘藍，月桂葉塞在罐子邊緣。將通心粉放入小塑膠密封袋，用綁帶密封，接著塞在罐子上方，用新蓋子緊緊密封。如果有真空機密封罐子，那麼就用真空方式上蓋。放在陰涼處保存直到使用時。

準備湯品

1. 從罐子取出通心粉，罐子剩下的食材倒入鍋子，用水攪拌，加熱至滾沸，接著加蓋，從火源移開，浸泡約1小時。

2. 浸泡快結束時，用煎鍋將碎肉（如果有使用）加熱，瀝乾多餘油脂。將變褐色的肉與肉湯加入鍋子，加熱至滾沸，將火力轉弱並煨煮，不時地攪拌約30分鐘。加入通心粉，以稍微滾沸的方式將通心粉煮到變軟，食用前取出月桂葉。

---

* 確認使用已煮過的乾燥豆子或乾燥前罐裝的豆子（見60頁）；此食譜不適用未煮過的乾燥豆子。

咖哩風冬南瓜玻璃罐

製作
4
人份

如果是使用市售雞湯塊並遵守無麩質飲食，最好確認產品標籤，因為一些市售高湯含有水解小麥麩質。

1½ 杯	**乾燥奶油南瓜**或**其他冬南瓜切片**
1 湯匙	**乾燥剪段韭菜**
½ 茶匙	綜合咖哩粉
1 小撮	研磨月桂粉
少許	新鮮研磨黑胡椒
2 湯匙	切碎**乾燥蘋果切片**
¼ 杯	**乾燥胡蘿蔔丁**
2 湯匙	**乾燥剁碎洋蔥**
3 杯	水
1 夸脫	雞湯
½ 杯	酸奶油

填裝食物

將一半的南瓜切塊放入1品脫容量的寬口玻璃瓶，在南瓜上撒上韭菜、咖哩粉、肉桂粉和黑胡椒粉，依照列出順序平均加入蘋果、胡蘿蔔和洋蔥。加入剩下的南瓜塊，用新蓋子緊緊密封。如果有真空機密封罐子，那麼就用真空方式上蓋。放在陰涼處保存直到使用時。

準備湯品

1. 將罐子的食材加入大平底鍋內，用水攪拌，加熱至滾沸，接著加蓋，從火源移開，浸泡30分鐘。

2. 浸泡快結束時，加入雞湯，用中火加熱緩慢地沸騰，不時攪拌約30分鐘。南瓜應該會變得非常軟嫩。從火源移開，再用馬鈴薯搗泥器搗碎到非常滑順，如有需要可多加一點水，加入酸奶油攪拌，以中火加熱直到全部熟透為止。

綜合蔬菜香草醬玻璃罐

¼ 杯　　**乾燥胡蘿蔔丁或切片**

2 湯匙又多一點**乾燥切丁甜椒**（任何顏色）

1 湯匙　　**乾燥剁碎洋蔥**

1½ 茶匙　**乾燥芹菜切片**

5 或 6 塊　**乾燥櫛瓜切片**或**乾燥黃瓜切片**

4 或 5 小塊 **乾燥檸檬皮**

1 瓣　　　**乾燥大蒜切片**或⅛茶匙**大蒜粉**

3 湯匙　　切碎**乾燥荷蘭芹葉子**

2 湯匙　　切碎**乾燥羅勒葉子**

1 茶匙　　切碎**乾燥龍蒿葉子**

1 茶匙　　**乾燥百里香葉子**

½ 茶匙　　粗鹽

¼ 茶匙　　砂糖

⅛ 茶匙　　研磨白胡椒粉

如果需要可加酸奶油（一次 ¾ 杯）

如果需要可加美乃滋（一次 ¼ 杯）

填裝食物

將胡蘿蔔、甜椒、洋蔥、芹菜、櫛瓜、檸檬皮和大蒜放入果汁機，處理到非常細緻，不過不應該攪碎成粉末，碎片不超過⅛英寸。打開果汁機前先讓食物沉澱約1分鐘，接著倒入攪拌盆。加入荷蘭芹、羅勒、龍蒿、百里香、鹽和白胡椒粉，確實攪拌，再倒入小罐緊緊密封。

準備沾醬

在平均分配分量前搖晃或攪拌醬料。將¾杯酸奶油、¼杯美乃滋和1湯匙醬料在小攪拌盆確實攪拌，加蓋，放入冰箱至少4小時。可以和新鮮蔬菜和餅乾一起享用。

瑞士綜合水果湯（Fruktsoppa）
玻璃罐

這種特別、美味的甜點為無麩質、素食且低鈉的食物。

1 杯	砂糖
¼ 杯	快煮木薯粉
½ 磅	**乾燥李子切片或切塊**（或市售西梅乾切塊）
½ 茶匙	切成細末**乾燥檸檬皮**
5 或 6 塊	**乾燥柳橙切片**，乾燥前或後去皮
½ 杯	**乾燥無籽葡萄**或市售葡萄乾
⅓ 杯	**乾燥杏桃丁或水蜜桃塊** *
½ 杯	切丁**乾燥蘋果片** *
⅓ 杯	**乾燥切半櫻桃**或綜合**乾燥櫻桃**和**乾燥黑醋栗**
1 根	肉桂
2 夸脫	冰水
	打發鮮奶油（依喜好添加）

填裝食物

砂糖平均倒入1夸脫寬口玻璃罐，砂糖上撒入木薯粉。乾燥李子片切成½英寸切片，平均加入罐子，再平均撒上檸檬皮。柳橙片平平地放入罐子，如果需要則堆疊。依照順序平均加入葡萄、杏桃、蘋果和櫻桃，肉桂條放入罐內的水果旁，用新蓋子緊緊密封。如果有真空機密封罐子，那麼就用真空方式上蓋。放在陰涼處保存直到使用時。

準備水果湯

1. 將罐內的食材加入鍋內，用水攪拌。加蓋，放在室溫浸泡約1至2小時。

2. 浸泡後，加熱至滾沸，攪拌數次，減弱火力並煨煮，不時攪拌直到水果變得軟嫩，液體會變得有點濃稠；將肉桂條取出、丟棄。可以當作熱或冷的甜點。如果當冷食，可以依照喜好每次食用時加入一小團打發鮮奶油。整盤水果湯可以放入冰箱冷藏數天。

---

* 若要做成切丁水果，可以使用乾燥切片或切塊水果，水果在測量前切成¼英寸，使用廚房用剪刀更適合將乾燥水果切丁。

冰涼綜合水果
玻璃罐

製作約
6杯
（備好）

這種受到小孩喜愛的綜合水果能滿足你的味蕾，並提供健康的乾燥水果。

1 杯	白巧克力脆片
1 杯	全穀類麥片燕麥圈
½ 杯	**乾燥糖漬蔓越莓**
½ 杯	切丁**乾燥鳳梨** *
⅔ 杯	乾烤或正常烘乾花生，有鹽或無鹽
¼ 杯	**乾燥藍莓或越橘莓**
½ 杯	切丁**乾燥芒果或木瓜** *

填裝食物

將白巧克力脆片放入一個小塑膠袋，用綁帶密封放在一旁；麥片放入1夸脫的寬口玻璃罐，依照列出順序平均放入蔓越莓、鳳梨、花生、藍莓和芒果，再將白巧克力放在上方，用新蓋子緊緊密封。如果有真空機密封罐子，那麼就用真空方式上蓋。放在陰涼處保存直到使用時。

準備混合點心

用廚房噴油在烤盤上塗層，取出袋中的白巧克力，將綜合水果倒入一個大碗中。將巧克力脆片倒入**完全乾燥**、可微波的碗裡，以百分之七十的火力微波45秒，再用湯匙攪拌；有些巧克力脆片可能會融化，不過大部分應該還呈現固體狀，再放入微波爐以百分之七十的火力加熱15秒，再次攪拌；如果需要，重複此動作直到巧克力可以攪拌到很滑順（另一種方法是用雙層鍋融化巧克力上半部分，持續攪拌至變得滑順）。刮起融化的巧克力沾在綜合水果，用兩支湯匙裹住（很像在攪拌沙拉）直到平均塗層。平均鋪在備好的烤盤上並完全冷卻，弄成可一口食用大小的塊狀，放入塑膠袋或夾鏈袋保存。

---

* 若是做成水果切丁，可以用乾燥切片或切塊水果，將水果在測量前切成¼英寸，使用廚房用剪刀更適合將乾燥水果切丁。

露營者&背包客的綜合乾糧
MIXES FOR CAMPING &BACKPACKING

幾乎每一天備貨充足的運動用品店鋪，都會展示背包客、冷凍乾燥保存食物，特別是專門給露營者、背包客和獵人的食物。這些讓人胃口大開的食物陣列，包含像是蔬菜牛肉燉菜、雞肉湯麵、水蜜桃水果派、炒蛋與培根以及番茄湯，其食物的包裝尺寸對於沒有冰箱、對新鮮食物保存感到困擾的露營旅行來說，是相當便利的選擇。這些食物小到足以攜帶前往僅有小小空間存放糧食的泛舟之旅，重量輕盈適用於背包旅行。

不過這些方便的小包裝都很昂貴；用錫箔紙袋包裝的食物以蔬菜牛肉燉菜為主要食物，其分量為四人份，費用卻能提供八人份新鮮烤牛肉；一袋含有炒蛋和培根的食物價格等同於三盒新鮮雞蛋；另外，露營用的分量通常也都非常少，原本應該是四人份的分量，可以很容易被兩、三位爬山爬了整天的飢餓露營者吃完；再者，冷凍乾燥包裝餐點通常也很鹹、無味，不然就是不太美味。

自製乾燥餐點會是一個很好的解決方式。比起露營專用商店的包裝食物，你可以盡情地打包適合自己口味與分量的食物。

如果你正打算開著旅行車或轎車露營的話，重量和分量通常不會是太大問題，因此可以參閱 218 至 226 頁介紹的罐裝儲存綜合乾糧。對於任何想要將所有東西裝入背包的背包客、泛舟者和露營者來說，他們攜帶的輕量綜合乾糧並不需要大包裝以及花費太多時間料理。這個單元的內容主要是為了這些人而寫，不過其他像是旅行車旅行者、開車露營的人以及想要快速在家裡烹煮的人也能運用。

什錦果乾和肉乾是傳統的露營食物，這些也可以由食物乾燥機製作；參閱第六章各種肉乾準備技巧和食譜。

包裝和準備輕量綜合乾糧

一些露營者——特別是那些跟著大型團體一同露營的人，會選擇攜帶乾燥食物和大量的主食，將兩者結合當作一道料理烹煮。如果這樣的情況適用於你當然很棒，不過對於小團體或是獨自露營者來說，攜帶含有所有食材的料理包裝會更方便，因此就不需要分別攜帶像是麵粉、調味料、米、義大利麵或其他食材。此外，當得知正在準備的料理需要一些食材，但是忘了攜帶時，總會讓人感到失望。如果可以將一道料理所需的食材一次打包，那麼即便離最近的商店幾百里遠也不用擔心；還有在蚊蟲

多、潮溼、多風或是需要快速解決的狀況中，若所有食物都測量好且隨時可以料理，對於餐點準備來說會變得相當簡單。通常只需要攜帶一些像廚房油或楓糖漿等液體，使用防漏塑膠收納盒來收納食物，並將這些食物再額外裝入幾個塑膠袋中，避免任何一個食物流出。

打包露營用的食物時，用塑膠包裝食物會是不錯的方式。冷凍保鮮夾鏈袋能承受食物包裝時的擠壓；另外即便使用滾水，也可以直接連同夾鏈袋再水化，可參閱 229 頁的指示。保鮮雙層拉鍊式夾鏈袋，以及那些能擠在一起或有一個滑動拉頭的類型都能緊密密封，而且比起需要用綁帶密封的開放式袋子還要好用許多。當食物已經準備好，便可以將空袋子捲起，將食物裝在袋子底部。露營時，也能隨手作為其他用途。此外只要袋子仍乾淨、乾燥，也能在下一次裝更多的綜合乾糧。用特別的真空機（見 20 和 22 頁）密封的真空密封袋子也

能達到效果，而且也都有防水功能，不過可能比較無法再次利用。

接下來介紹的食譜包含在家包裝以及在露營時的準備方式。將食譜複印在紙上，連同食物一同放入袋中，一旦食物連同使用說明都裝進袋子後，捲起袋子，盡可能擠出空氣，妥善地密封。另外確認袋子上有註明食譜的名稱，這樣能幫助你根據食糧的種類，將各別的食物袋子一同裝入大的塑膠袋中，讓所有早餐食材都能放一起；當你開始準備餐點時，就能輕鬆地取出需要的食物。

當在處理乾燥食物時，很常遇到一些食材在烹煮前需要再水化。這些可以用任何露營廚具處理，不過通常鍋子在需要輕量旅行時較不常見，因此用塑膠袋再水化會更實際。這樣的話，當在火爐上準備一些食物時，就可以同時再水化不同類型的食物。

出自本書的乾燥食材會以**粗體字**表示。

在塑膠袋裡再水化乾燥食物

3 步驟

1 **取出說明標籤**以及任何裝有其他食材的小袋子。如果要用滾水再水化，可將袋子放入碗、鍋蓋或其他可以裝食物的容器。

2 **加入足夠的水**剛好蓋住乾燥食物，也可以用冰水，不過比起熱水或滾水，冰水需要花更長的時間再水化。**絕對不要在放有輕量或標準重量的塑膠袋加入滾水**，只有在使用冷凍保鮮夾鏈袋時加入滾水。將袋子密封，再水化時騰出袋內足夠的空間讓食物延伸（使用滾水時要小心不要噴到手）。讓袋中食物放在裡面直到變軟、膨脹到沒有硬的部分，或是依照個別食譜的指示進行。稍微揉捏袋子一、兩次，確保所有食物都被水覆蓋，如有需要可再加入更多的水。

3 **浸泡的蔬菜**可以作為額外料理或是單吃，只要將再水化蔬菜倒出來，用蔬菜的湯汁浸泡、煨煮直到蔬菜變軟。大部分其他食物再水化後需要瀝乾；瀝乾時，在袋子角落開一個小開口，將這個小開口當作濾網，提起袋子超過碗的高度，輕輕地擠壓直到所有浸泡的水都流入碗中。浸泡的液體可以用在湯品或燉菜；水果浸泡液體本身就是一種美味的飲品。

輕量露營用綜合乾糧食譜

　　這裡提供一些在家包裝的乾糧食譜，可以在露營時用最少的工具準備餐點（這單元的食譜改編自《偏遠地區的廚房：給泛舟者、登山者和釣客的露營料理》〔The Back-Country Kitchen: Camp Cooking for Canoeists, Hikers, and Anglers〕）。另一個方式是乾燥調理食物，像是烘烤過的豆類、濃湯和德式酸菜；這些乾燥食物可以輕鬆打包，因為重量輕巧，在露營時也能方便再水化；參閱46頁「準備食物」獲得更多資訊。這個單元的最後部分也提供一些露營版本的家中食物，這些食譜經過特別調整，能簡單乾燥，在露營時也能方便準備。

熱燕麥水果

製作
2-3人份

½ 杯	穀物燕麥片
⅓ 杯	快煮麥片或雜糧燕麥
⅓ 杯	乾燥切丁**乾燥杏桃、水蜜桃、蘋果、酪梨或李子**（其中一種水果或混合）
¼ 杯	脫脂奶粉
2 湯匙	包裝黑糖
½ 茶匙	鹽

填裝食物

將穀物燕麥片、麥片、乾燥水果、脫脂奶粉、糖和鹽放入1品脫的夾鏈袋，捲起袋子密封。

露營料理作法

在中型鍋子內煮沸1杯水，將混合食物倒入攪拌約煮5分鐘，頻繁攪拌直到麥片煮好。燕麥不需要額外的牛奶或糖分。

羅宋湯（甜菜根濃湯）

製作
3-4人份

製作這份料理時，會需要一圈乾燥的特別番茄皮革捲。

依照下面指示，可以在任何時間使用其他乾燥機製作。

3 湯匙	番茄糊
1 湯匙	白醋
1 茶匙	中筋麵粉
1 杯	**乾燥甜菜根**
¼ 杯	**乾燥牛絞肉**
¼ 杯	**乾燥條狀或切碎胡蘿蔔**
1 湯匙	**乾燥洋蔥薄片**
1 湯匙	牛肉清湯顆粒
2 茶匙	甜檸檬粉
2 茶匙	**乾燥韭菜段**
2 茶匙	切碎**乾燥香菜葉**
1 撮	新鮮研磨黑胡椒

準備特別的番茄皮革捲

將番茄醬、白醋和麵粉放入小碗攪拌，以小圓圈的方式鋪在層板上製作皮革捲（見第七章），以57度乾燥約4小時直到變乾且粗糙。

填裝食物

將甜菜、牛絞肉、紅蘿蔔、洋蔥片、牛肉清湯顆粒、檸檬粉、韭菜、香菜和黑胡椒放入1夸脫的夾鏈袋。將番茄皮革捲切成小塊，放入袋子內，捲起袋子後密封。將食物放入冰箱冷藏或冷凍直到需要旅行前再取出。

露營料理作法

以中型鍋子煮沸3杯水，將食物倒入攪拌，再次煮沸，加蓋後從火源移開，靜置約30分鐘。確實攪拌後，再次加熱煮沸，調弱火源煨煮10分鐘，不時地攪拌。

露營者玉米巧達濃湯

⅔ 杯	即時搗碎馬鈴薯片
¼ 杯	脫脂奶粉
1 茶匙	玉米粉
1½ 茶匙	**雞湯粉**（見 245 頁）或
	雞肉清湯顆粒
½ 茶匙	砂糖
½ 茶匙	芹鹽或食用鹽
⅛茶匙	新鮮研磨黑胡椒
¼ 杯	**乾燥加拿大培根條**
¾ 杯	**乾燥玉米粒**
¼ 杯	**乾燥紅色或綠色甜椒切丁**或**紅辣椒**
1 湯匙	**乾燥碎洋蔥**
½ 茶匙	**乾燥百里香葉子**

填裝食物

將馬鈴薯、脫脂牛奶、玉米粉、雞湯粉、砂糖、芹鹽和黑胡椒放入小塑膠袋，用綁帶密封，放在一旁；加拿大培根切成¼英寸的條狀，放入1夸脫冷凍保鮮夾鏈袋。將玉米、甜椒、洋蔥、百里香和小袋內的食材一同放入夾鏈袋，捲起袋子密封。將食物放入冷藏或冷凍直到下次旅行前在取出。

露營料理作法

1. 取出裝有馬鈴薯片小袋子內的食材，將1杯滾水倒入有玉米的夾鏈袋內（或將玉米混合物與滾水在鍋內攪拌），密封並浸泡玉米約1小時直到變軟。

2. 中型鍋子加入2¼杯的水煮沸，加入玉米混合物並浸泡，加蓋並再次煮沸，調整火力，稍微煮沸至玉米變軟約15分鐘。攪拌馬鈴薯混合物，調整火力並煨煮2至3分鐘直到變得濃稠，如果太濃稠，額外加點水。

塔布勒沙拉

2 湯匙	搗碎**乾燥荷蘭芹葉**
2 茶匙	搗碎**乾燥薄荷葉**
½ 茶匙	鹽
¼ 茶匙	搗碎**乾燥奧勒岡葉**
⅛ 茶匙	新鮮研磨黑胡椒
1 杯	中型或細磨布格麥
¼ 杯	**乾燥蔥片**
¼ 杯	**乾燥番茄塊**或切段**乾燥番茄片**
	新鮮整顆檸檬
3 湯匙	橄欖油

填裝食物

將荷蘭芹、薄荷、鹽、奧勒岡和黑胡椒放入小塑膠袋，用綁帶密封。將布格麥、蔥片、番茄和小袋內的荷蘭芹混合物一同放入1夸脫的冷凍保鮮雙層夾鏈袋，捲起袋子密封。將檸檬和油分別包裝。

露營料理作法

1. 將含有荷蘭芹混合物的小袋取出。在含有布格麥的夾鏈袋內倒入2½杯的滾水（或將布格麥混合物和滾水放入鍋內攪拌），密封並浸泡30至45分鐘。當布格麥混合物浸泡時，擠入3湯匙的檸檬汁至小碗裡，加入荷蘭芹和橄欖油攪拌。

2. 當布格麥混合浸泡完成時，將水分從袋子小口倒出瀝乾，盡量擠壓，移除水分。將檸檬混合物倒入袋內確實混合，食用前至少靜置5分鐘。

焗烤四季豆

1 袋 (1.8 盎司)	綜合白醬（超市內的肉汁醬）
2 湯匙	切片杏仁
2 湯匙	脫脂奶粉
⅔ 杯	**乾燥切絲四季豆**
2 湯匙	弄碎**乾燥洋菇片**
1 茶匙	**乾燥剁碎洋蔥**
⅓ 杯	弄碎馬鈴薯塊，依喜好添加

填裝食物

剪開綜合白醬上方的開口，加入杏仁和脫脂奶粉，從上方捲起後用橡皮筋密封。將四季豆、洋菇和洋蔥放入1夸脫的夾鏈袋，加入白醬混合物，捲起袋子並密封。如果有使用鈴薯馬塊則另外分別包裝。

露營料理作法

將白醬放置一旁。於中型鍋子內煮沸1½杯的水，加入四季豆混合物後加蓋，靜置10至15分鐘或讓豆子煮到變得柔軟為止。加入白醬，用叉子均勻攪拌，放回爐上滾沸，接著調整火力煨煮，頻繁攪拌直到醬汁變濃稠約2分鐘。如果有用馬鈴薯的話則放在上方。

蘋果手撕麵包

這是一種介於非常厚的鬆餅和溼潤、果香麵包的之間食物；
可以以熱食在早餐、早午餐或點心時享用。

½ 杯	中筋麵粉
⅓ 杯	雞蛋粉（在露營商店購買）
1 湯匙	脫脂奶粉
1 湯匙	奶油口味粉，如黃油（Butter Buds）
⅓ 杯	糖粉，依喜好添加
⅔ 杯	**乾燥蘋果切片**
1½ 湯匙	奶油

填裝食物

將麵粉、雞蛋粉、脫脂奶粉和黃油放在小袋裡用綁帶密封。糖放入另一個小袋用綁帶密封，將蘋果放入1品脫大小的冷凍保鮮夾鏈袋。再將夾鏈袋放入裝有麵粉和裝糖粉（如果有使用）的袋子。捲起袋子密封，奶油另外包裝。

露營料理作法

1. 將裝有蘋果的2個小袋取出，放一旁。在裝蘋果的袋子內加入¾杯的滾水，密封並浸泡約15分鐘直到變軟。將浸泡的水分倒入量杯，靜置直到完全冷卻。

2. 裝有麵粉那一袋倒入小碗，加入½杯浸泡的水分（若未達到½杯則加入額外的水），再用叉子攪成糊狀，靜置10至45分鐘。

3. 準備料理時，攪拌蘋果至糊狀，用煎鍋以中火融化一半的奶油，加入蘋果糊，燉煮至底部變成褐色、上層有點乾燥的狀態。用抹刀將麵包刮到盤子上，融化剩下的奶油，接著小心地將未煮過的麵包翻面至煎鍋內煮約3至5分鐘，或煮到第二面變成褐色且麵包完全煮熟。可撒上糖並切掉四邊。

烹調&乾燥食譜

這裡有些食譜可以在廚房烹調，乾燥後可用於露營時甚至在家中急忙的日子裡。如果要立刻食用的話，這些混合食物因為要加快乾燥時間與提高保存品質，通常會比較乾且油脂少。

鷹嘴豆泥醬

1 茶匙	橄欖油
¾ 茶匙	剁碎大蒜
1 個 (15 盎司)	鷹嘴豆罐頭，瀝乾，鷹嘴豆或 1½ 杯自製
1 湯匙	芝麻醬，依喜好添加
2 湯匙	檸檬汁
1¼ 茶匙	鹽
½ 茶匙	新鮮研磨黑胡椒
½ 茶匙	切碎**乾燥荷蘭芹葉**

1. 在中型煎鍋以中火加熱橄欖油，加入大蒜，不停攪拌約2分鐘。攪拌鷹嘴豆和芝麻醬，燉煮、不時地攪拌約2分鐘直到質地變乾，加入檸檬汁攪拌並約煮1分鐘。從火源移開，加入鹽、黑胡椒和荷蘭芹攪拌，再用馬鈴薯搗泥器搗碎直到變得相當滑順的狀態。

2. 準備如193頁「使用實心層板裝果泥」的盤子或架子，將鷹嘴豆泥醬鋪在備好的層板上，以66度乾燥約1小時，接著調整至57度持續烘乾直到質地變得乾燥、硬且脆、乾燥時會裂開的狀態。全部的乾燥時間約4至6小時。完全冷卻後用雙層夾鏈袋或玻璃罐包裝。

3. 準備鷹嘴豆泥醬時，用小鍋煮沸¾杯的水，加入乾鷹嘴豆泥醬確實攪拌，從火源移開，靜置到完全冷卻，不時地攪拌。如果醬料太濃稠，則加入1茶匙的橄欖油或額外的水攪拌。

義大利麵肉腸醬

為了方便乾燥，這個醬料會比一般的義大利麵醬料還濃厚。肉腸煮過後瀝乾能
減少油脂，可以使乾燥後的醬料更易保存。

8 盎司	未煮過義式香腸（如果使用含腸衣的香腸則移除腸衣）
1½ 杯	切碎綠色甜椒
½ 杯	剁碎洋蔥
¼ 杯	切碎芹菜
2 朵	切碎大蒜瓣
1 個（8 盎司）	番茄醬罐頭
½ 茶匙	鹽
½ 茶匙	搗碎**乾燥羅勒葉**
¼ 茶匙	搗碎**乾燥奧勒岡葉**
¼ 茶匙	搗碎**乾燥辣椒**，依喜好添加
6 湯匙	番茄糊

1. 大煎鍋用中火煮香腸到表面不再呈現粉紅色，頻繁攪拌以弄破大的團塊。用濾網瀝乾數分鐘，再用非常熱的水清洗洗掉油脂，放回煎鍋，接著加入甜椒、洋蔥、芹菜和大蒜，不時攪拌直到蔬菜變得柔軟。如果食材黏在一起就灑上一些水。加入番茄糊、鹽、羅勒、奧勒岡和辣椒（如果有用），約煮10分鐘並頻繁攪拌。從火源移開，加入番茄糊攪拌。

2. 準備193頁「使用實心層板裝果泥」的盤子或架子，將醬料鋪在備好的層板上，乾燥至酥脆並完全乾燥且乾掉時會裂開的狀態。以66度烘烤，乾燥時間約為7至10小時。完全冷卻後，裝入雙層夾鏈袋或玻璃罐，放入冰箱冷藏或冷凍做長時間保存。

3. 使用時，將乾燥醬料加入裝有1½杯滾水的平底鍋，確實攪拌後從火源移開，並靜置15分鐘。如果醬汁看起來有點乾，可額外加水並煨煮5至10分鐘（如果你喜歡，也可以準備一半的分量；在這個階段用¾杯的水做第一次再水化）。

三明治烤肉醬牛肉

1 磅	瘦牛絞肉
1½ 杯	切丁洋蔥
¼ 杯	切丁綠色或紅色甜椒
¾ 杯	烤肉醬
5 湯匙	番茄糊
1 撮	砂糖

1. 中型煎鍋用中火煮碎肉，頻繁攪拌切碎肉塊，直到肉失去原本的顏色；加入洋蔥和甜椒頻繁攪拌，直到碎肉完全煮熟、蔬菜變軟；用濾網瀝乾數分鐘。

2. 用紙巾擦拭煎鍋，將瀝乾的碎肉混合物移到煎鍋內，加入烤肉醬、番茄糊和砂糖攪拌，以中弱火燉煮約3分鐘。

3. 準備193頁「使用實心層板裝果泥」的盤子或架了，將牛肉混合物鋪在備好的層板上，乾燥到酥脆且乾掉時會裂開的狀態。以66度烘乾，乾燥時間約為5至7小時。完全冷卻後，用雙層夾鏈袋或玻璃罐包裝，放入冰箱冷藏或冷凍做長時間保存。

4. 準備做三明治牛肉時，在平底鍋內加入乾燥牛肉混合物和¾杯的滾水確實攪拌，從火源移開並靜置15分鐘。用中火加熱煮沸，接著調整火力並煨煮5至10分鐘。如果需要可加一點水。與漢堡麵包一起享用。

調味料、肉湯&醬汁
SEASONINGS, BROTHS & SAUCES

這本書的食譜常會使用香草和香料作爲輔助，接下來介紹的一些食譜則會特別強調香草和香料。如同前一章，出自本書使用的乾燥食材會以**粗體**表示。

綜合辣椒粉

製作約 1/4杯

2 湯匙	切塊或切碎**乾燥安丘辣椒**或其他溫和的品種
2 茶匙	**乾燥小茴香籽**
2 茶匙	切碎**乾燥奧勒岡葉**
2 茶匙	研磨紅甜椒粉
1 茶匙	**乾燥大蒜片**
½－1 茶匙	切塊或切碎**乾燥卡宴辣椒**或其他嗆辣的品種

1. 將所有食材放入小型電動咖啡磨豆機／香料研磨機，處理至細緻狀態。

2. 用玻璃罐緊緊密封保存。辣椒粉可使用在烤肉醬、豆類料理、肉餅和任何想要品嘗美國西南方料理時。

名字之間有什麼關係？

Chile和Chili這兩個字並不能互相取代。Chile是指辣椒本身，有些非常的辣；而辣椒粉（chili powder）則是指綜合乾燥辣椒和其他香料的粉末。此外，chili同時也是指包含辣椒粉的一種類似燉菜的料理名稱。這樣解釋不曉得是否理解了呢？

家禽肉調味料

製作約 1/4杯

這個混合香草會用來填入家禽肉、小牛肉和豬肉，也能在家禽肉烹煮前撒上。

1 湯匙	切碎**乾燥鼠尾草葉**
1 湯匙	**乾燥百里香**
1 湯匙	切碎**乾燥馬鬱蘭**
1 湯匙	弄碎**乾燥迷迭香葉**

1. 將所有香草放入小碗中搗碎。

2. 將香草放入玻璃罐中密封儲存；使用時，取出1或2茶匙到任何需要填料的食譜中。

乾燥義大利綜合香草

製作約 1/2杯

2 湯匙	切碎**乾燥羅勒葉**
1½ 湯匙	切碎**乾燥荷蘭芹葉**（平葉較佳）
2 茶匙	切碎**乾燥奧勒岡葉**
1 茶匙	切碎**乾燥馬鬱蘭葉**
½ 茶匙	弄碎**乾燥迷迭香葉**
½ 茶匙	**乾燥百里香**

1. 將所有香草放入小碗中搗碎。

2. 將香草放入玻璃罐中密封儲存；可用於肉類、魚肉、義大利麵和蔬菜料理的調味。

法式綜合香料

製作約 ½杯

這種傳統法式綜合香料提供的細膩綜合香味，用在雞肉或魚肉特別對味。其他也適合搭配蛋料理，以及撒在熱騰騰剛煮好的蔬菜上。

2 湯匙	切碎**乾燥細葉芹**
2 湯匙	切碎**乾燥荷蘭芹葉**
2 湯匙	切碎**乾燥龍蒿葉**
1 湯匙	**乾燥蔥段**
1 湯匙	切碎**馬鬱蘭葉**

1. 將所有香草放入小碗中搗碎。

2. 將香草放入玻璃罐中密封儲存；使用在需要法式混合香料的食譜中，或試著加入½茶匙到雞肉、魚肉或蛋料理中。

普羅旺斯綜合香料

製作約 **1杯**

3 湯匙	**乾燥茴香籽**
3 湯匙	切碎**馬鬱蘭葉**
3 湯匙	**乾燥百里香**
3 湯匙	**乾燥香薄荷葉**
2 湯匙	切碎**羅勒葉**
3 湯匙	**乾燥百里香**
2 湯匙	弄碎**乾燥迷迭香葉**
2 湯匙	切碎**乾燥奧勒岡葉**

1. 用杵臼輕輕搗碎茴香籽，將馬鬱蘭、百里香、香薄荷、羅勒、迷迭香和奧勒岡放入碗中搗碎。

2. 將香草放入玻璃罐中密封儲存；可用於肉類、禽肉、魚肉、義大利麵以及蔬菜料理的調味。

蔬菜薄片

製作約
3/4杯

將這種薄片裝入玻璃罐中存放在儲存櫃裡；可以撒在砂鍋料理、沙拉醬、馬鈴薯沙拉、蛋料理或湯品中。

½ 杯	**乾燥胡蘿蔔切片**
2 湯匙	**乾燥芹菜切片**
½ 杯	緊密包裝的**乾燥洋蔥切片**
½ 杯	**乾燥切丁甜椒**
2 湯匙	切碎**乾燥荷蘭芹葉**

1. 將胡蘿蔔和芹菜放入果汁機攪拌，按壓數次直到大致切成塊狀。加入洋蔥和甜椒，按壓啟動直到蔬菜切成薄片狀，不要過度攪拌以免變成粉末狀。將蔬菜薄片放入小碗中與荷蘭芹一起攪拌。

2. 放入玻璃罐中密封儲存；使用前先搖晃或攪拌，使每個食材平均混合。

酸葡萄醬

製作約
2杯

可作為肉類的醬汁，特別適合搭配火腿。

1 杯	包裝黑糖
½ 杯	滾水
1 杯	**乾燥無籽葡萄**
¼ 杯	白醋
2 湯匙	奶油
1½ 茶匙	伍斯特醬
½ 茶匙	鹽
¼ 茶匙	丁香粉

將黑糖和水放入平底鍋煨煮5分鐘，攪拌至砂糖溶解。加入葡萄、白醋、奶油、伍斯特醬、鹽和丁香粉，以小火煮10分鐘，可當作肉類的佐料。剩下的醬汁放冰箱冷藏。

蔬菜肉湯粉

製作
½−⅔杯

使用蔬菜肉湯粉取代雞湯粉,或是如指示與水混合取代食譜裡的蔬菜肉湯或雞湯。根據手邊食材隨意調整濃稠度。

½ 杯	**切丁乾燥甜椒**
½ 杯	**乾燥櫛瓜切片**
¼ 杯	**乾燥番茄切片** *,測量前先切塊
¼ 杯	**乾燥洋菇**
¼ 杯	**乾燥切片洋蔥**或**乾燥切碎洋蔥**
2 湯匙	**乾燥芹菜切片**或 ¼ 杯**乾燥芹菜葉**
2 湯匙	切碎**乾燥荷蘭芹葉**
1 湯匙	切碎**羅勒葉**
1 湯匙	鹽或食鹽替代品,依喜好添加
1 茶匙	切碎**乾燥奧勒岡葉**或**馬鬱蘭葉**
½ 杯	**乾燥大蒜粉**
1 茶匙	紅辣椒粉
½ 杯	研磨白胡椒粉

1. 將甜椒、櫛瓜、番茄、洋菇、洋蔥和芹菜放入果汁機,緊蓋蓋子,按壓幾次攪碎蔬菜;加入荷蘭芹、羅勒、鹽(如果有使用)、奧勒岡和大蒜粉,緊蓋蓋子,按壓高速攪碎直到蔬菜變得細碎。讓食材靜置約1分鐘。倒入細目濾網,用湯匙過篩篩入碗中,將濾網內剩下的蔬菜倒入果汁機繼續處理至細緻;如果需要則重複這個步驟。加入紅辣椒粉和白胡椒粉過篩篩入碗中,攪拌至完全混合。放入玻璃罐密封儲存。

2. 製作蔬菜肉湯時,將1茶匙又多一點的粉末與1杯滾水混合,也許不會完全溶解,不過仍可以在食譜中使用。如果想當作熱飲享用則偶爾攪拌。

---

* 乾燥番茄切片比起乾燥李子番茄更容易做成粉末,可以將一些沒有磨成粉末的少許番茄薄片保留下來,加入湯品或燉菜中。

鮮味雞湯粉

製作約
1杯

這個素食版的混合物可以取代雞湯塊，裡面的營養酵母又稱作啤酒酵母，提供了很好的風味和營養，可以在販賣健康食物的商店內找到。另外也能提供驚人的如雞肉般地風味到雞湯中。

⅓ 杯	**切碎乾燥洋蔥**
¼ 杯	**乾燥洋菇**
¼ 杯	**撕碎乾燥胡蘿蔔**
2 湯匙	**乾燥芹菜切片**或 ¼ 杯**乾燥芹菜葉**
1 杯	營養酵母（見上方說明）
1 湯匙	鹽
1 湯匙	切碎**乾燥荷蘭芹**
1 茶匙	**乾燥百里香葉**
1 茶匙	切碎**乾燥蒔蘿**
1 茶匙	切碎**乾燥馬鬱蘭**
1 茶匙	磨碎薑黃
½ 茶匙	磨碎白胡椒粉

1. 將洋蔥、洋菇、胡蘿蔔和芹菜放入果汁機，緊蓋蓋子，接著按壓啟動數次攪拌蔬菜；加入營養酵母、鹽、荷蘭芹、百里香、蒔蘿和馬鬱蘭，緊蓋蓋子，接著按壓高速啟動數次攪拌至細碎。讓食材靜置1分鐘，倒入細目濾網，用湯匙過篩篩入碗中。將濾網剩下的蔬菜放回果汁機處理至細碎，如果需要可重複這個步驟（如果仍剩下一些薄片，不用磨成粉，也不用擔心該怎麼使用，只要將薄片加入湯品或其他餐點中即可）。加入薑黃和白胡椒粉過篩，攪拌至完全混合。放入玻璃罐緊緊密封。

2. 製作鮮味雞湯時，將1茶匙又多一點的粉末與1杯滾水混合，也許个會完全溶解，不過仍可以在食譜中使用。如果想當作熱飲享用則偶爾攪拌。

蔓越莓櫻桃佐料

1¼ 杯	水
1 杯	**乾燥蔓越莓**（不調味或糖漬）
1 杯	**乾燥櫻桃**（用整顆則去核）
⅔ 杯	砂糖
½ 杯	柳橙汁
1 湯匙	切細**乾燥柳丁皮**或 2 湯匙新鮮磨碎 柳丁皮

1. 將水、蔓越莓、櫻桃、糖、柳橙汁和柳丁皮放入不沾鍋平底鍋以中火煮沸，接著調整火力讓混合物煮至稍微滾沸約35分鐘，頻繁攪拌直到水果變軟，讓大部分的液體吸收。

2. 使用馬鈴薯搗泥器，將部分莓果搗碎成喜歡的黏稠度，冷卻，移到收納盒，放入冰箱確實冷藏，以冰的方式享用。

庫司庫司水果與堅果

製作
5人份

這道簡單的食譜可當作烤禽肉的佐菜，
也很適合搭配高溫炙烤或燒烤魚肉與豬肉。

1¾ 杯	雞湯，低鈉或正常類型
3 湯匙	**乾燥切丁水蜜桃、油桃或杏桃**，測量前切成 ¼ 英寸切丁
3 湯匙	**乾燥葡萄**或市售葡萄乾
2 湯匙	**乾燥蔓越莓**
2 茶匙	奶油或橄欖油
¼ 杯	杏仁條
¾ 茶匙	**乾燥綜合香草**，依喜好選擇
1 杯	庫斯米

1. 將雞湯、水蜜桃、葡萄和蔓越莓放入中型平底鍋，以中火加熱5分鐘直到稍微沸騰。從火源移開並靜置約10分鐘。

2. 在耐熱量杯內放一個小濾網，過濾雞湯和水果，接著放入小碗靜置。如果需要可加入等同1½杯的水到雞湯內，靜置。清洗並擦乾平底鍋。

3. 乾淨的平底鍋以中火融化奶油或熱油，加入杏仁，頻繁攪拌直到變成金褐色；小心不要將杏仁煮過頭。杏仁呈現漂亮的顏色時，加入雞湯和香草煮至滾沸，接著攪拌瀝乾的水果，加熱至滾沸，再加入庫斯米並確實攪拌。加蓋，調弱火力並煨煮約2分鐘，或煮到液體完全被吸收的狀態。從火源移開，靜置約5分鐘。食用前將米弄鬆散。

奶焗蘆筍

1 杯	水
1 杯	**乾燥蘆筍段**
1 湯匙	切丁**乾燥紅辣椒**
1 杯	牛奶，大概分量
3 湯匙	奶油
3 湯匙	中筋麵粉
½ 茶	匙鹽
2 顆	煮熟、去殼的切片雞蛋
¼ 杯	磨碎起司

1. 在平底鍋將水煮沸，攪拌蘆筍和紅辣椒，從火源移開靜置30分鐘。再水化快結束時，烤箱以175度預熱。砂鍋抹上薄薄的油靜置。

2. 將平底鍋放回火源加熱、煨煮約15至20分鐘直到蘆筍變軟，瀝乾。保留剩下的汁液，加入足夠的牛奶使汁液達到1½杯的分量。

3. 在另一個平底鍋內融化奶油並混合麵粉、鹽。以小火緩慢攪拌牛奶混合物，頻繁攪拌直到變得濃稠。小心攪拌瀝乾蔬菜和雞蛋切片。移到備好的盤子，在上方撒上起司，烤30至45分鐘或烤到稍微變褐色。

四季豆與龍蒿

2 杯	水
¾ 杯	**乾燥四季豆**
2 湯匙	**乾燥切碎洋蔥**
4 條	切丁培根
1 湯匙	**龍蒿醋**（見 282 頁）
¼－½ 茶匙	鹽

1. 在平底鍋加水滾沸，加入豆子和洋蔥，加蓋從火源移開靜置約30分鐘。

2. 以小火煮豆子混合物，加蓋約煮15至20分鐘直到豆子變得飽滿、柔軟。同時間用小煎鍋煎培根，煎到變得酥脆、顏色變成褐色，瀝乾培根。

3. 加入瀝乾培根、醋、鹽到有豆子的鍋中，輕輕地混合，以熱食享用。

哈佛甜菜

1 杯	水
1 杯	**切丁或切條乾燥甜菜**
⅓ 杯	砂糖
1 湯匙	玉米粉
½ 茶匙	鹽
½ 杯	白醋
2 湯匙	奶油
1 茶匙	**乾燥切塊洋蔥**

1. 在平底鍋將水煮沸，放入甜菜攪拌，加蓋以小火煮30至40分鐘直到變軟。

2. 接近煮完的時間，將砂糖、玉米粉和鹽放入另一個不沾鍋平底鍋攪拌，加入白醋確實攪拌，以超小火燉煮至變得滑順、濃稠，不時地攪拌。加入奶油、洋蔥和煮軟的甜菜，以超小火煮15至20分鐘讓味道融合，頻繁攪拌。以溫熱或冰的享用。

烤球芽甘藍點綴麵包屑

1 杯	水
1 杯	**乾燥球芽甘藍**
4 湯匙	奶油
3 湯匙	中筋麵粉
½ 茶匙	芥末粉
1 杯	牛奶
½ 杯	乾燥麵包屑

1. 在平底鍋將水煮沸，從火源移開，攪拌球芽甘藍，接著加蓋靜置約30分鐘。再水化快結束時，以175度預熱烤箱；中型砂鍋抹油靜置。

2. 以中火煮球芽甘藍，加蓋煮15至20分鐘直到蔬菜變軟。瀝乾，保留鍋內的汁液。將球芽甘藍移到備好的砂鍋靜置。

3. 在相同的平底鍋內融化2湯匙的奶油，加入麵粉、芥末粉、鹽混合，在牛奶內緩慢地攪拌，保留汁液，頻繁攪拌直到變得滑順、濃稠，將醬汁倒入放有球芽甘藍的砂鍋內。

4. 在耐微波的碗或小平底鍋融化剩下的2湯匙奶油，將麵包屑與奶油混合，撒在球芽甘藍上，送烤箱烤25分鐘直到呈現微微的咖啡色。

香甜酸澀捲心菜與蘋果

製作 **6人份**

2 湯匙	奶油
2 杯	**乾燥捲心菜菜絲**
1 杯	**乾燥蘋果切片**
2 杯	滾水
2 湯匙	中筋麵粉
¼ 杯	包裝黑糖
1½ 茶匙	切細**乾燥檸檬皮**
	鹽和新鮮研磨黑胡椒

1. 大煎鍋以中火融化奶油,加入捲心菜、蘋果切片和滾水,加蓋煨煮30至40分鐘直到捲心菜和蘋果變軟。

2. 在煮好的捲心菜混合撒上麵粉,頻繁攪拌避免結塊;加入糖、檸檬皮攪拌,再加鹽和黑胡椒試味道;加蓋煨煮約5分鐘或更長直到味道融合。

奶焗玉米

製作 **4-6人份**

3 杯	水
1½ 杯	**乾燥玉米粒**
2 杯	**乾燥切丁紅辣椒**
4 湯匙	奶油
2 湯匙	中筋麵粉
½ 茶匙	鹽
	新鮮研磨黑胡椒
2 顆	打好的蛋
½ 杯	乾燥麵包屑
1 撮	研磨辣椒粉

1. 在中型平底鍋將水煮沸,從火源移開,攪拌玉米和辣椒並靜置30分鐘。

2. 平底鍋加蓋,以小火燉煮,頻繁攪拌約30分鐘直到變軟。同時間烤箱以175度預熱;在中型砂鍋抹上薄薄的油靜置。

3. 玉米變軟時,瀝乾,將剩下的汁液倒入量杯內,加水到汁液達1杯的分量。另一個平底鍋以中火加熱融化2湯匙的奶油並攪打麵粉,慢慢加入1杯煮過的汁液,頻繁攪打,以小火煮不斷攪打直到變濃稠。混合瀝乾的玉米和辣椒,倒入備好的砂鍋。

4. 小煎鍋以中火融化剩下的2湯匙奶油,接著加入麵包屑攪拌並撒在砂鍋上,再撒上辣椒粉靜置。放在裝有熱水的深鍋約烤45至50分鐘。

隔夜燕麥水果和堅果

這是製作出豐盛且富含水果與堅果熱燕麥最簡單的方式。這裡的燕麥可以快速燉煮，並在室溫浸泡整晚。隔天早上燕麥變軟，此時只需要快速加熱，便可隨時上桌。另外一個好處是不需要清洗黏膩的鍋子！

製作
6人份*

*（一人份約¾杯）

3 杯	水
¼ 茶匙	鹽
1¼ 杯	剛切燕麥
½ 杯	**乾燥水果** +
¼ 杯	切塊胡桃或核桃
	牛奶、糖漿和奶油（或其他偏好的口味）

1. 水和鹽加入不沾鍋平底鍋，以中強火加熱至煮沸。加入燕麥、乾燥水果和胡桃確實攪拌；再次煮沸，接著緊緊加蓋後從火源移開。在室溫靜置整晚。

2. 隔天早上準備食用時，用湯匙挖出食用的分量到耐微波的碗中，以百分之七十的火力加熱，或放在爐火上以中火加熱。期間可能需要加一點水攪拌防止燒焦。與牛奶、糖漿、奶油或任何喜歡的調味一起享用。

3. 如果不想在早上吃燕麥，可以將燕麥直接放在食物收納盒並放入冰箱冷藏直到需要食用。燕麥能冷藏數天。

+ 使用一種或綜合果乾；切好的蘋果、切丁杏桃、香蕉切片、藍莓、越橘莓、櫻桃、蔓越莓、紅醋栗、鵝莓、葡萄、切好的芒果、切好的木瓜、切好的酪梨、切丁水蜜桃、切丁李子或切丁大黃。

西南方肉乾燉菜

經過調味製作的肉乾能增添燉菜風味。這道燉菜是以來自墨西哥燉菜或湯品的「波佐勒」（pozole）為基礎，在美國西南方是很常見的料理。

3½ 杯	水
3 盎司	**瘦肉肉乾**，切成 ¾ 至 1 英寸大小的塊狀（約 1 杯）
⅔ 杯	**乾燥波布拉諾辣椒**或**其他溫和的辣椒切塊**
⅔ 杯	切好的**乾燥切半李子番茄**，測量前先切成 1 英寸塊狀
½ 杯	緊密包裝的**乾燥洋蔥切片**
⅓ 杯	**切丁乾燥甜椒**
½ 茶匙	**乾燥大蒜片**或 2 塊新鮮切片大蒜瓣
1 杯	雞湯或 1 茶匙**鮮味雞湯粉**（見 245 頁）混合 1 杯滾水
½ 茶匙	**綜合辣椒粉**（見 240 頁）或市售綜合辣椒粉
1 罐 (15.5 盎司)	白或黃色玉米粒浸泡過萊姆水後瀝乾並清洗 *
1 茶匙	切碎**乾燥奧勒岡葉**

裝飾餐點（分量依喜好添加）：切碎**乾燥蘿蔔切片**或新鮮切片蘿蔔、切丁酪梨、新鮮剁碎香菜、萊姆片、切塊新鮮白洋蔥、辣椒醬

1. 將水和肉乾放入不沾鍋湯鍋或大平底鍋混合，以大火加熱至煮沸，從火源移開並靜置約 1 小時。

2. 浸泡結束後，將辣椒粉、李子番茄、洋蔥切片、甜椒和大蒜加入鍋中，以中強火加熱至煮沸，接著調弱火力，讓食物微微冒泡，燉煮 20 分鐘並頻繁攪拌。攪入雞湯和辣椒粉，煮 25 分鐘或更長煮直到肉乾和蔬菜變軟。

3. 攪拌玉米粒和奧勒岡，降低火力並煨煮 10 分鐘或更長。將食物倒入碗中，依喜好加入裝飾。

---

* 玉米粒（hominy）為新鮮玉米粒浸泡在鹼水或萊姆水中的一種食材，這會除去玉米表皮，使玉米膨脹，讓口感變得更有嚼勁。如果可以找到乾玉米粒，則浸泡整晚並煮至變軟，接著在這道料理中使用 1½ 杯的分量。

青豆濃湯

製作 4人份

這是一道基本的奶油濃湯，可以隨意加入香草或香料讓濃湯更具風味。

3 湯匙	奶油
3 湯匙	中筋麵粉
½ 茶匙	鹽
1 撮	研磨研磨肉豆蔻粉
3 杯	全脂或減脂（2%）牛奶
1 杯	稍微裝填的**乾燥菠菜、羽衣甘藍、甜菜葉或蒲公英葉**

1. 大型不沾鍋平底鍋以中小火融化奶油，撒上麵粉、鹽和肉豆蔻粉，不斷攪打並煮約3分鐘。以細流慢慢加入牛奶，不斷攪打，約煮5分鐘直到混合物變得滑順、稍微濃稠。從火源移開，加入蔬菜攪拌，加蓋並靜置約30分鐘。

2. 將平底鍋放回爐子，以中小火煮至混合物變熱並立即享用。

茄子和番茄砂鍋

製作 6人份

12 片	**乾燥茄子切片**
2 杯	滾水
1 顆	蛋
⅓ 杯	牛奶
¼ 茶匙	鹽
3 湯匙	蔬菜油
½ 磅	莫札瑞拉起司，切片
3 顆	中型番茄，切片
1 湯匙	橄欖油
½ 茶匙	乾燥奧勒岡

1. 將切片茄子放入耐熱碗，倒入滾水，在室溫浸泡1至2小時或放冰箱冷卻、浸泡整晚。

2. 準備料理時，烤箱以175度預熱；砂鍋薄薄地抹油並靜置。

3. 將切片茄子瀝乾，拍乾後靜置。在平坦的盤子內用叉子將雞蛋、牛奶、鹽攪成糊狀。大煎鍋以中火熱橄欖油，茄子裹上雞蛋混合物，將其中一面放入煎鍋，兩面煎到帶有微微的褐色，褐色茄子切片放入備好的盤子，上面撒一些起司和番茄，持續煮茄子並鋪上一層起司和番茄，最上面一層撒上起司。起司上刷上橄欖油，再撒上奧勒岡葉，送烤箱約烤30分鐘，以熱食享用。

洋蔥培根派

製作
6-8人份

3 杯	滾水
1½ 杯	**乾燥洋蔥切片**
9 英寸	派皮
6 條	培根
2 顆	蛋加1個蛋黃
¾ 杯	酸奶油或優格
½ 茶匙	切段**乾燥韭菜**
⅛ 茶匙	**乾燥葛蔞子**
	鹽和新鮮研磨黑胡椒
	研磨紅甜椒粉

1. 將滾水和洋蔥切片放在耐熱碗中浸泡45分鐘。

2. 浸泡快結束時，烤箱以200度預熱。將派皮放入9英寸的派盤，調整邊緣，放入冰箱直到需要時。

3. 中型煎鍋以中火煎炒培根，取出培根，用紙巾擦乾。留下3湯匙的培根油滴，其他汁液倒掉。瀝乾洋蔥切片，保留浸泡後的汁液用於湯品或作為其他用途。用培根油滴炒洋蔥，頻繁攪拌直到洋蔥變得金黃但不是褐色。靜置到稍微冷卻。

4. 將蛋、蛋黃、酸奶油、韭菜、葛蔞子放入攪拌盆混合，加入鹽和黑胡椒調味，用叉子攪成糊狀直到變得滑順。培根弄成大的塊狀，加入蛋混合物，放入洋蔥切片內攪拌。最後倒入備好的派皮，撒上紅甜椒粉。

5. 約烤10分鐘，將火力調整至175度，再烤25至30分鐘或更長時間直到中間凝固。以熱或溫熱的狀態享用。

慢燉鍋煮豬肉塊與根莖類蔬菜

1⅓ 杯	**乾燥歐防風、蕪菁甘藍或蕪菁切片** （一種或全部混合）
½ 杯	**乾燥胡蘿蔔切片**
2 杯	滾水
¼ 杯	**乾燥蘋果切片**
4 塊	無骨豬肉塊，每一個 4至5 盎司 鹽和新鮮研磨黑胡椒
¼ 杯	中筋麵粉
1 湯匙	蔬菜油
4 茶匙	番茄醬
4 茶匙	包裝黑糖
1 茶匙	切碎**乾燥羅勒葉**
3 湯匙	剁碎新鮮洋蔥
2 茶匙	奶油，切碎

1. 將歐防風和胡蘿蔔放入慢燉鍋，用滾水攪拌並靜置約45分鐘，攪拌數次（慢燉鍋先不啟動）。

2. 將乾燥蘋果切片切半，撒在蔬菜上。

3. 豬肉塊用鹽和黑胡椒調味，再裹上麵粉，甩掉多餘的麵粉。中型煎鍋以中強火加熱油，將豬肉塊煎至兩面變成褐色，再將豬肉塊放在蘋果和蔬菜上方。

4. 每一塊豬肉塊上方放1茶匙的番茄醬和1茶匙的糖，整體撒上羅勒葉。在豬肉塊上方平均撒上洋蔥片並用奶油提味。將慢燉鍋設定在低溫煮約7至8小時，直到豬肉變軟。豬肉塊與蘋果、蔬菜和汁液一起享用。

仿炸牡蠣

1¾ 杯	水
1¾ 杯	**乾燥婆羅門參切片**
2 顆	蛋
½ 茶匙	鹽
⅛ 茶匙	新鮮研磨黑胡椒
	細切**乾燥麵包屑**作為麵衣
	芥花油用來拌炒

1. 平底鍋加水煮沸，從火源移開，加入婆羅門參攪拌，加蓋並靜置浸泡30分鐘。

2. 浸泡後，將平底鍋放在中火煮約20分鐘，直到婆羅門參變軟；瀝乾，將湯汁倒掉（除非想要保留用在做魚湯）。用馬鈴薯搗泥器或電動攪拌機攪至變得鬆軟，加1顆蛋、融化的奶油、鹽和黑胡椒，用叉子確實混合，做成12顆牡蠣尺寸的肉餅狀。

3. 將剩下的蛋在平坦的盤子上攪成糊狀，在另一個平坦的盤子鋪上麵包屑；將肉餅裹上蛋液後再裹上麵包屑，裹好後靜置，此時先熱油。再準備的時間幫助肉餅外層定型。

4. 在盤子上鋪上紙巾，在厚重的大煎鍋內倒入¼英寸的油，以中火加熱直到表面微微發光而非冒煙，小心地加入婆羅門參肉餅，炸到表面呈現漂亮的褐色，接著小心地翻面煎第二面。煎好後移到鋪有紙巾的盤子上，立起讓紙巾吸取多餘的油脂。以熱食享用。

婆羅門參與芹菜巧達濃湯

2 杯	水
1½ 杯	**乾燥婆羅門參切片**
½ 杯	**乾燥芹菜切片**
6 湯匙	奶油
6 湯匙	中筋麵粉
1 夸脫	全脂或減脂（2%）牛奶
	鹽和新鮮研磨黑胡椒
	牡蠣酥餅

1. 平底鍋加水煮沸，從火源移開，加入婆羅門參和芹菜攪拌，加蓋靜置浸泡30分鐘。

2. 浸泡後，平底鍋以中火加熱，加蓋煮20分鐘直到婆羅門參和芹菜變軟；瀝乾，倒掉湯汁（除非想保留用來做魚湯）。

3. 另一個平底鍋以中小火加熱融化奶油，撒上麵粉，不停攪打並煮約3分鐘。以細流慢慢倒入牛奶，不停攪打，煮5分鐘至混合物變得滑順、稍微濃稠的狀態；加入煮好的婆羅門參和芹菜，用鹽和黑胡椒調味。與牡蠣酥餅一起享用。

乾燥三色蔬菜

製作
4-6人份

2 杯	水
¾ 杯	**乾燥花椰菜**
½ 杯	**乾燥綠色花椰菜**
½ 杯	**乾燥胡蘿蔔切片**
2 湯匙	奶油
½ 茶匙	鹽

1. 平底鍋加水煮沸，從火源移開，加入花椰菜、綠色花椰菜和胡蘿蔔攪拌，加蓋靜置浸泡30分鐘。

2. 以中火、加蓋煮15至20分鐘直到蔬菜變軟，將蔬菜取出放在盤子上，在湯汁內加入奶油和鹽，煮至奶油融化以及水分煮到½杯的分量。倒入蔬菜可後立即享用。

橙釉甘藷

製作
4-6人份

這是一道適合在假日時享用的配菜，也很適合搭配烤家禽肉或火腿一起享用。

3 杯	水
3 杯	**乾燥甘藷切片**
⅔ 杯	砂糖
1 湯匙	玉米粉
½ 茶匙	鹽
½ 茶匙	細切**乾燥柳丁皮**
1 杯	柳橙汁
2 湯匙	奶油

1. 不沾鍋平底鍋加水煮沸，從火源移開，加入甘藷攪拌，加蓋靜置浸泡30分鐘。

2. 浸泡後，平底鍋以小火加熱，加蓋煮15分鐘直到甘藷變軟。同時間烤箱以175度預熱，中型砂鍋薄薄地抹油靜置。

3. 將甘藷瀝乾，放在備好的砂鍋，保留湯汁用在湯品或其他用途。將糖、玉米粉、鹽和柳丁皮放在另一個不沾鍋平底鍋攪拌，慢慢地加入柳橙汁並不斷攪拌。加蓋以小火燉煮到濃稠並頻繁攪拌，加入奶油沸騰1分鐘，期間頻繁攪拌。倒入甘藷，加蓋烤1小時。有時候會沾醬汁享用。

農莊肉與燉蔬菜

製作
6人份

1½ 杯	**乾燥牛肉或鹿肉塊**
½ 杯	**乾燥胡蘿蔔切片**
½ 杯	**乾燥綠豌豆**
½ 杯	**乾燥四季豆**
½ 杯	**乾燥歐防風**
½ 杯	**乾燥芹菜切片**
1 湯匙	**乾燥切塊洋蔥**
¼ 杯	中筋麵粉
	鹽和新鮮研磨黑胡椒

1. 荷蘭鍋以強火煮沸1½杯的水，加入牛肉塊攪拌，接著火力調到中小火，煨煮約1小時直到肉變軟。

2. 肉在煨煮時，將胡蘿蔔、豌豆、四季豆、歐防風、芹菜和洋蔥放入一個耐熱碗中，加入1½ 杯滾水浸泡並靜置。

3. 肉變軟後，加入胡蘿蔔混合以及一同浸泡的湯汁煨煮約30分鐘或更長。在杯子內混合麵粉和¼杯的冰水，慢慢地攪拌，倒入鍋中後頻繁攪拌直到肉汁變濃稠。加入鹽和黑胡椒調味享用。

爐火雞肉麵砂鍋

製作
6人份

1 夸脫	雞湯
2 杯	**乾燥雞肉塊**
3 湯匙	**乾燥芹菜切片**
¼ 杯	**乾燥蘑菇切片**，依喜好添加
1 湯匙	**乾燥洋蔥薄片**
2 杯	義大利捲心蛋麵
	鹽和新鮮研磨黑胡椒
1½ 湯匙	切碎**乾燥荷蘭芹葉**

1. 荷蘭鍋以強火煮沸雞湯，加入雞肉塊和芹菜攪拌，接著火力調到中小火，煨煮約1小時直到雞肉變軟。

2. 加入蘑菇（如果有使用）、洋蔥煨煮15分鐘或更長。加入麵條，調整火力使食物稍微沸騰，煮10至15分鐘直到麵條變軟。用鹽和黑胡椒調味，再撒上荷蘭芹。

牧羊人派

2½ 杯	水
1¼ 杯	**乾燥羊絞肉或牛絞肉**
⅓ 杯	**乾燥切丁或切片胡蘿蔔**
¼ 杯	**乾燥綠豌豆**
3 湯匙	**乾燥剁碎洋蔥**
2½ 湯匙	**乾燥芹菜切片**
1 片	**乾燥月桂葉**
½ 茶匙	切碎**乾燥羅勒葉**
½ 茶匙	鹽
¼ 茶匙	研磨白胡椒粉或黑胡椒
¼ 茶匙	切碎**乾燥馬鬱蘭葉**
2 湯匙	奶油
1½ 湯匙	中筋麵粉
¾ 杯	全脂牛奶
2－2½ 杯	備好的馬鈴薯泥

1. 大平底鍋以強火加水煮沸，從火源移開，加入羊肉、胡蘿蔔、豆子、洋蔥、芹菜和月桂葉攪拌，加蓋浸泡30分鐘靜置，攪拌一至兩次。

2. 浸泡後，烤箱以175度預熱。在1½夸脫的砂鍋內薄薄地抹油靜置。平底鍋以中小火加熱羊肉混合物煨煮，接著加蓋約煮10分鐘，從火源移開，取出並丟棄月桂葉。將羅勒、鹽、黑胡椒和馬鬱蘭加入羊肉混合物攪拌。

3. 小平底鍋以中小火加熱融化奶油，撒上麵粉，用攪拌器或叉子不斷攪拌並約煮3分鐘。牛奶以細流的方式倒入，不停地攪拌，約煮2分鐘煮到湯汁變濃並冒泡。攪拌濃稠的牛奶並倒入羊肉混合物，再將餡料倒入備好的砂鍋。

4. 將馬鈴薯泥平均鋪在上方，烤40至45分鐘，直到餡料冒泡以及上方稍微變成褐色。

綜合蔬菜漢堡

自製蔬菜漢堡可以輕鬆在家製作，也能根據喜好選擇不同的豆類或調味客製。這裡的食譜特別為乾燥食物所設計，可置於儲存櫃保存，能夠隨時立刻食用。這個美味的料理為素食、無麩質；若是限鈉飲食者，可使用食鹽取代品或其他無鹽綜合調味料，另外要確認比起使用高鈉的罐裝豆類，應該要用自行浸泡及滾沸的鷹嘴豆。

1½ 杯	煮過或罐裝鷹嘴豆，如使用罐頭則瀝乾並清洗
½ 杯	煮過的糙米，冷卻
⅓ 杯	切碎核桃
¼ 杯	大致切碎新鮮荷蘭芹
¼ 杯	切絲胡蘿蔔
⅓ 杯	冷凍玉米粒，解凍
¼ 杯	切塊新鮮洋蔥
¼ 杯	研磨亞麻仁籽（必須是研磨而非整粒亞麻仁籽）
3 湯匙	去殼向日葵籽
1 茶匙	橄欖油或蔬菜油
½ 茶匙	鹽
¼ 茶匙	**研磨香菜籽**

1. 將鷹嘴豆、糙米、核桃和荷蘭芹放入食物處理器，按壓啟動直到攪成粗磨的質地。加入胡蘿蔔、玉米和洋蔥，按壓數次直到胡蘿蔔和玉米大致攪碎；不要過度按壓，因為混合物應該仍維持跟原本差不多分量的質地。將混合物倒入碗中，加入亞麻仁、向日葵籽、油和香菜籽攪拌，確實混合。

2. 在兩個實心層板上鋪上放有實心層板乾燥機的盤子，或在大烤盤上鋪上廚房紙巾。將豆子混合物放到盤子上，豆子弄成小於1湯匙的團狀。撕掉任何多餘的紙巾，以免在烤箱或自製乾燥機烘烤時燒焦。以57度至63度乾燥1小時，接著以57度持續乾燥5至7小時，每一小時將食物弄碎並攪拌食物一次，直到完全乾燥、酥脆。完成的食物應該小於豆子的大小，冷卻後，放入玻璃罐緊緊密封。

3. 準備蔬菜漢堡時，每一個漢堡可以量半杯的內餡，將所有要準備的內餡放在耐熱碗中，每½杯的內餡加入¼杯的滾水，將內餡攪拌結合，靜置15分鐘並不時地攪拌。如果內餡看起來很乾，可以加一點水。內餡塑形，平底鍋以中火加一點油煎內餡直到兩面變成褐色並確實熟透。

歐防風或蕪菁馬鈴薯餅

1 杯	**乾燥歐防風或蕪菁塊**
1 杯	滾水
1 顆	烤過、去皮並切成 1 英寸塊狀的大馬鈴薯
1 湯匙	**乾燥蔥段**，切塊
1 顆	蛋，打成蛋液
¼ 杯	中筋麵粉
½ 茶匙	鹽
¼ 茶匙	新鮮研磨黑胡椒
	煎炒用芥花油
1½ 杯	備好的蘋果醬

1. 將歐防風和滾水放入耐熱碗中混合一起，浸泡30分鐘靜置，接著瀝乾歐防風，剩下的湯汁保留可用在湯品或其他用途上。

2. 以強火在大鍋內將水煮沸，加入馬鈴薯塊和瀝乾的歐防風，煮12分鐘直到馬鈴薯變軟，接著瀝乾，將水倒掉。將馬鈴薯混合倒入攪拌盆，加入蔥段攪拌，靜置10分鐘。同時間，盤子鋪上紙巾靜置。

3. 用馬鈴薯搗泥器將冷卻的馬鈴薯混合物搗成泥，搗到相當滑順。加入蛋、麵粉及鹽攪拌，接著加入黑胡椒確實混合。

4. 在厚重的大煎鍋內倒入約¼英寸的油，以中火加熱直到表面微微發光，但還不到冒煙的狀態。使用¼杯乾量挖起約¼杯的馬鈴薯混合物，小心地放入煎鍋。剩下的馬鈴薯重複相同步驟，平均做成6個馬鈴薯餅，煎至表面呈現漂亮的褐色，接著小心地翻面煎另一面。將馬鈴薯餅移到鋪有紙巾的盤子上，並靜置約1分鐘，吸收多餘的油脂。可沾蘋果醬享用。

點心、零食＆飯後甜點
SWEETS, SNACKS & DESSERTS

各式各樣驚喜的美味零食都可以用食物乾燥機製作。這個單元使用的一些食譜會將溫度設定在 63 度，以快速乾燥食物，產生出令人愉悅的酥脆口感。市售的食物乾燥機或旋風式烤箱可以達到很好的效果，而自製的食物乾燥機如能將溫度設定在 60 度或更低也能夠使用。烤薄片餅乾時，一般烤箱則難以控制溫度。

這個章節使用的一些食物常用於生機飲食。雖然在這裡使用的溫度超過 48 度，不過還是需要考量在生食飲食的情況下食物的最高溫度。如果正遵循生機飲食，可以依照第 9 頁調整溫度。嚴格使用新鮮的蔬菜，且最好是有機的食物，並堅持遵守清洗的標準，以降低食物中毒的風險。若是使用市售的食物乾燥機，則可在晚上放入食物，以 43 度至 46 度整晚運作，食物應該會在隔天早上完成。

許多食物也能與其他特別飲食搭配——素食者可以享受各種以蔬菜為基礎的點心，一些食譜對於素食者來說沒有適應上的問題，不過有些人則需要使用純素的帕瑪森起司；對於有麩質不耐的人來說，可以在這裡找到五花八門健康且無麩質的食物；對於低鈉飲食的人，在任何需要鹽的點心食譜中，普通的鹽可以用減鈉或無鈉的版本取代，或是完全不使用。

如前所述，由本書介紹的乾燥食材會用**粗體字**表示。

花椰菜爆米花

製作
2-3人份

此食譜是事前準備，再經過乾燥完成。這個健康的點心會將花椰菜花序切成像大爆米花的外觀；另外，稱作啤酒酵母的「營養酵母」提供了絕佳風味與營養，可以在健康食物商店內找尋。

4 杯	橘色或白色花椰菜（約 ½ 朵），測量前先切成小塊 *
1 茶匙	橄欖油
2 湯匙	切碎磨好帕瑪森起司
1 茶匙	營養酵母粉末，依喜好添加
¼ 茶匙	鹽

1. 蒸煮花椰菜3分鐘，放到冰水冷卻，接著瀝乾用紙巾拍乾。

2. 將蒸煮、擦乾的花椰菜放入大的攪拌盆並加入油，用手指確實攪拌，讓每朵花椰菜稍微用油塗層。撒上一半的帕瑪森起司、營養酵母粉末和鹽確實攪拌，接著撒上剩下的帕瑪森起司、營養酵母粉末和鹽完全攪拌。

3. 在實心層板鋪上乾燥盤或架子。將花椰菜鬆散地排上，花椰菜乾燥時體積會縮小，以63度乾燥約2至3小時或直到花椰菜開始變乾。稍微攪拌並持續乾燥到酥脆、變乾；全部乾燥時間約為5至7小時。

---

* 參閱79頁介紹處理花椰菜的切法。使用花序最寬約為½英寸的花椰菜，切掉花椰菜較長的莖部（可使用在其他料理上）。

塊狀蔬菜玉米餅

此食譜需事前準備，再經過乾燥完成。不像一般的蔬菜脆餅是由薄切生蔬菜做成，這道食譜是由切塊蔬菜所做成，成品會帶有美妙的酥脆口感，非常類似烤過的玉米餅，這美味的玉米餅為素食且無麩質；減鈉飲食的人則可使用鹽替代品。

1 杯	切片胡蘿蔔
¼ 顆	小洋蔥，切成 1 英寸塊狀
2 片	大蒜瓣
¼ 顆	中型紅椒，切成 1 英寸塊狀
2½ 杯	冷凍玉米粒，解凍
¼ 杯	烤過、去殼向日葵籽，有鹽或無鹽
¼ 杯	研磨亞麻仁籽（必須研磨而非整顆亞麻仁籽）
2 湯匙	玉米粉
2 湯匙	水
1 茶匙	鹽
½ 茶匙	研磨小茴香籽
½ 茶匙	研磨紅辣椒粉
¼ 茶匙	新鮮研磨黑胡椒粉

1. 蒸煮胡蘿蔔（此步驟隨意）可以讓蔬菜更容易平均處理。蒸煮3分鐘，再用冰水清洗瀝乾並靜置。如果沒有經過蒸煮，將生胡蘿蔔切成¼英寸的切片。

2. 將洋蔥、大蒜放入食物處理器，按壓數次打成塊狀，用橡膠刮刀將處理器容器的胡蘿蔔刮到下方，再按壓數次讓胡蘿蔔大致攪碎，接著刮掉容器邊緣的胡蘿蔔。加入玉米粒、向日葵籽、亞麻仁籽、玉米粉、水、鹽、小茴香籽、紅辣椒粉和黑胡椒，按壓數次後再刮一下食材，接著按壓高速直到混合物攪成滑順的碎粒狀但仍保留一些質地。如有需要可加一點水幫助食材處理平均。

3. 如果使用市售食物乾燥機，在實心層板鋪上盤子並用廚房噴油稍微塗層，可能需要2至3個盤子。如果使用自製乾燥機或烤箱，最方便的作法是使用已經稍微用油塗層的不沾黏烤盤，你可能會需要2個標準尺寸的盤子。另一個方法是用2個大的輕量砧板，將砧板用夾子固定在冷卻架，或放在烤盤上。可能

也需要在烤盤上放廚房用紙。使用橡膠刮刀將食材薄鋪在備好的盤子上，厚度應該約為兩層25美分硬幣高（約⅛英寸）。花點時間將食物平均鋪平，讓邊緣呈現圓滑。如果使用鋪有廚房用紙的烤盤，撕掉多出來的廚房用紙以免燒焦。

4. 以63度烘乾（自製乾燥機則設定60度），乾燥3至4小時直到上方變乾，堅硬到足以從盤子上撕起。使用乾淨的剪刀剪成2英寸寬的條狀，再剪成三角形。將三角形翻面，乾燥那面朝下放在網狀盤子上；若使用烤盤，可以換成架子或是在剪成三角形後輕拍烤盤並持續在上面乾燥。你會需要另一個盤子或架子，因為玉米餅剪過後會占更多空間。持續乾燥直到變乾、變酥脆；完整的乾燥時間需要9至12小時。

片狀蔬菜餅

此食譜需事前準備好，接著經過乾燥完成；這道料理相當彈性，你可以依照自己喜愛的味道以及手邊有的蔬菜量身定做。使用下方列出的混合蔬菜或是僅用一種蔬菜都可以，另外可以依照喜好改變調味。

4 杯又 1 湯匙	綜合生蔬菜薄片（見步驟 1）：胡蘿蔔、歐防風、金黃色甜菜、甘藷和／或蕪菁
1 茶匙	橄欖油
½—¾ 茶匙	鹽
¼ 茶匙	研磨香菜籽
⅛ 茶匙	研磨白胡椒

1. 準備蔬菜，蔬菜切成¹⁄₁₆至⅛英寸的切片。乾燥所有的蔬菜時，將胡蘿蔔切得比其他蔬菜薄，因為胡蘿蔔需要較長時間乾燥。胡蘿蔔和歐防風可以去皮或不去皮；甜菜、甘藷和蕪菁皆去皮。切片前先垂直切半或四等分，這樣切片才不會太大塊。

2. 將所有切片蔬菜放入一個大攪拌盆，加入油，用手指攪拌，讓蔬菜整體都能裹上油；撒上約一半的鹽、香菜籽和黑胡椒並確實融合，接著撒上剩下的鹽、香菜籽和黑胡椒，再次慢慢地攪拌並確實融合。

3. 將切片放在盤子或架子上，以63度乾燥4至6小時，期間不時地翻面、調整直到蔬菜變得酥脆且乾燥。

亞洲風調味甜菜脆餅

此食譜需事前準備，再經過乾燥完成。加一點芝麻籽油到剩下的醃料，接著將
這個調味當作綜合豆類沙拉的醬汁。

¼ 杯	米醋
2 湯匙	剁碎香菜葉
1 茶匙	砂糖
1 茶匙	醬油，正常或減鈉款
½ 茶匙	剁碎新鮮薑末
2 顆	中型甜菜，每顆 4 至 5 盎司

1. 將米醋、香菜、砂糖、醬油和薑末放入中型攪拌盆攪拌。

2. 用旋轉刀片蔬菜去皮器將甜菜去皮，橫切成 ¹⁄₁₆ 英寸厚的切片，切片時加入米醋混合物。加入所有的甜菜切片後，輕輕地攪拌，將切片分開以確保所有甜菜切片裹上醃料，靜置醃漬約1小時，攪拌並將切片分開一至兩次。

3. 瀝乾切片，排在同一層的盤子或架子，以63度乾燥7至8小時直到蔬菜變得酥脆。

亞麻仁與帕瑪森餅乾

製作
4-5人份

此食譜是事前準備，再經過乾燥完成。可以將綜合香草加入麵糰裡，或在乾燥前撒上芝麻、罌粟籽作為額外的變化。因為有加入帕瑪森起司的關係，這次的食譜不會像這個單元其他餅乾一樣容易保存。

1 杯	研磨亞麻仁籽（必須是研磨而非整顆完整的）
⅓ 杯	磨碎的帕瑪森起司
¾ 茶匙	**大蒜粉**
½ 茶匙	**洋蔥粉**
¼ 茶匙	鹽
½—1 杯	水

1. 將亞麻仁籽、帕瑪森起司、大蒜粉、洋蔥粉和鹽放入攪拌盆，接著攪拌直到確實混合。加入½杯的水攪拌直到混合。如果需要，可以加入額外的水直到混合物呈現滑順並有點硬、但仍可鋪開的狀態（水的分量取決於亞麻仁籽和帕瑪森起司的質地）。

2. 使用市售乾燥機，在尚未放在盤子上的實心層板上塑形食物。盤子上噴油，接著用湯匙盡可能地鋪上亞麻仁籽混合物，在亞麻仁籽混合物上鋪上烘焙紙，再使用桿麵棍稍微滾成少於⅛英寸的厚度。去除烘焙紙，接著使用沾溼的桌刀將亞麻仁籽混合物不平的邊緣弄平。將放上食材的層板放在乾燥機盤子上，再將亞麻仁籽混合物切成1½英寸的方形（或任何喜歡的尺寸和形狀）。

3. 以63度乾燥（自製乾燥機則設為60度），烤3至4小時直到混合物上方變乾且硬到足以從層板取出。將餅乾弄碎，使用餐刀從層板上弄起，將餅乾翻面，乾燥面朝下放在網狀盤子上。如果使用烤盤，可以換成架子或將剝起、翻面的餅乾繼續在烤盤上乾燥。持續乾燥到餅乾變乾、變酥脆。完整乾燥時間為10至12小時，如果喜歡可以乾燥長一點時間讓餅乾變得更酥脆。

腰果羽衣甘藍（或其他綠葉蔬菜）脆餅

此食譜需事前準備，再經過乾燥完成。這道料理不僅美味，並提供與炒馬鈴薯塊類似的酥脆口感。可使用羽衣甘藍、芥蘭菜葉、蕪菁葉、莙蓬菜或其他結實的綠葉。

2 夸脫	緊密包裝的撕碎綠葉
½ 顆	紅椒，去核並切成大塊
¼ 顆	小洋蔥
2 顆	大蒜瓣
½ 杯	腰果，生的或烤過，有鹽或無鹽
2 湯匙	芝麻籽
½ 茶匙	**綜合辣椒粉**（見 240 頁）或市售綜合辣椒粉
¼ 茶匙	鹽
½ 顆	檸檬

1. 準備蔬菜。將大片葉子切或撕成2至3英寸寬，撕掉、丟掉任何粗的葉柄；較小的葉子則不用撕。綠葉徹底洗淨，甩掉上面的水分以及背面殘留的汙漬。將蔬菜放入脫水機轉乾，再放入大的攪拌盆。

2. 將甜椒、洋蔥、大蒜、腰果、芝麻籽、辣椒粉和鹽放入果汁機。將檸檬汁擠到小碗，取出種子，再加入果汁機，按壓數次並攪碎食材，再用高速處理直到混合物變得滑順。如果需要可加一點水。將腰果刮下來，刮到綠葉裡，再用手確實攪拌直到每一個綠葉都裹上腰果混合物。

3. 將綠葉鋪上盤子或架子，鬆鬆地鋪上*。以63度乾燥約2小時，接著調整並分開任何擠在一起的葉子，將重疊一起的葉子撥開。持續乾燥直到葉子變得酥脆且腰果混合物變乾。完整乾燥時間大約7至9小時。

---

* 以低溫整晚運作市售食物乾燥機時，會無法將葉子翻面並分開，所以需要將葉子放在同一層的盤子上，以免葉子黏在一起且乾燥不完全。

斯堪地那維亞薄脆麵包

製作
4-5
打酥餅
（根據尺寸）

此食譜需事前準備，再經過乾燥完成。這道料理特別適合搭配果醬，也適合搭配起司或煙燻鮭魚。

¼ 杯	完整金色亞麻仁籽
¼ 杯	溫水
⅓ 杯	全麥麵粉
⅓ 杯	裸麥麵粉
¼ 杯	芝麻籽
¼ 杯	烤過向日葵籽，有鹽或無鹽
½ 茶匙	猶太鹽
¼ 茶匙	泡打粉
¼ 杯	冰水
2 湯匙	向日葵油或芥花油

1. 將亞麻仁籽放入乾淨的咖啡研磨機或果汁機裡，攪拌直到大致切碎（不要磨到粉狀的稠度），放入小碗用溫水攪拌，靜置約45分鐘，混合物會變成糊狀。同時間，剪3張符合食物乾燥機盤子或烤盤大小的烘焙紙（若乾燥機為圓形且中間有一個洞，剪兩張中間有洞的圓形烘焙紙以及一張方形的烘焙紙）。

2. 將全麥麵粉、裸麥麵粉、芝麻籽、向日葵籽、鹽和泡打粉加入攪拌盆，用木製湯匙攪拌至確實融合。加入冰水、油和浸泡過的亞麻仁籽，攪拌直到完整混和。

3. 挖起一半的麵團放在烘焙紙上，接著拍打成方形（若為圓形的食物乾燥機，則挖起部分麵糰以符合圓形烘焙紙的形狀）；上方放另一張烘焙紙，用桿麵棍桿成非常薄，桿成約為向日葵籽的厚度，取出上方的烘焙紙，再使用薄刀將麵團切割成方形、三角形或鑽石形等任何喜歡的形狀。1½英寸是較佳的平均尺寸。將層板放到乾燥盤上。剩下的麵團重複同樣的步驟。

4. 以60度乾燥5至6小時直到變得酥脆且乾燥。敲掉裂痕，移除烘焙紙，將每一塊餅乾放回盤子，餅乾翻面，約乾燥1小時或更長。

乾燥水果棒

製作 **27根**

1 杯	**乾燥柿子切片**
½ 杯	**乾燥杏桃切片**
½ 杯	**乾燥無花果**
½ 杯	**乾燥切半櫻桃**
1 杯	切碎腰果或胡桃
⅔ 杯	中筋麵粉
1 茶匙	泡打粉
¼ 茶匙	鹽
½ 杯（1條）	奶油，軟化
1 杯	砂糖
2 顆	蛋
1 茶匙	香草精
	糖粉

1. 烤箱以175度預熱。將9英寸方形烤盤抹油靜置。

2. 將乾燥柿子、杏桃和無花果切成小塊，比起使用刀子剪刀會更方便。與櫻桃、腰果、麵粉、泡打粉和鹽放入中型攪拌盆一起攪拌，攪拌至水果裏上麵粉。

3. 奶油和砂糖放在大攪拌盆混合，用電動攪拌機攪打至滑順。加入雞蛋和香草精繼續攪打至融合。加入水果麵粉混合物，一次加1杯，用湯匙攪成糊狀。鋪在備好的烤盤上。

4. 烘烤約45分鐘，在烤盤中冷卻後切成三等分的條狀，將每根水果棒裏上糖粉。

水果冰沙

製作 **2人份**（1份約1杯）

可以依照口味與心情，用一種綜合各種水果製作冰沙。全部使用同一種水果，或使用綜合蘋果、杏桃、黑莓、藍莓、哈密瓜、（甜）櫻桃、蜜香瓜、越橘莓、芒果、油桃、木瓜、水蜜桃、柿子、李子、覆盆莓、草莓或西瓜。

⅓－½ 杯	**乾燥水果切片、乾燥水果切丁**或**乾燥莓果**
1¾ 杯	牛奶（一般牛奶、豆漿或杏仁奶）
½ 根	新鮮香蕉
½ 杯	原味優格
1－1½ 湯匙	蜂蜜
⅛ 茶匙	香草精

1. 將水果和牛奶放入中型攪拌盆確實攪拌，加蓋並放入冰箱整晚。

2. 將水果混合物倒入果汁機，按壓數次，攪拌至水果確實攪碎。

3. 加入香蕉、優格、蜂蜜和香草精，按壓數次，接著轉成高速按壓攪打到變得滑順；如果混合物比想像的還要濃稠，可以加一些水快速按壓；將水果冰沙倒入2個玻璃杯並盡快享用。

裹巧克力水果點心

這個簡單的作法是依照家中任何自製糖漬水果量身定做，同樣也適合用本身就帶有甜分的乾燥水果，如杏桃、甜櫻桃或李子等。不過糖漬水果口味特別棒！

巧克力脆片（半甜白或黑巧克力）
糖漬水果或**甜乾燥水果切塊**（見上方説明）

1. 準備好工作區域。在烤盤或蠟紙上放蛋糕散熱架，這個架子用來放裹醬的水果，下方需要放一些用來接醬汁的盤子。準備好一支餐刀、橡膠抹刀以及一套湯匙和叉子。將糖漬或乾燥水果放在架子旁。

2. 一次使用不超過¾杯（4盎司）的巧克力脆片，這樣的分量大約可以塗層約1½杯的水果。將巧克力脆片放在完全乾燥的可微波碗中，以百分之之七十的火力微波約45秒，再用湯匙攪拌。一些脆片會融化，不過大部分則仍維持堅硬的狀態；用百分之七十的火力再次微波約15秒，之後再次攪拌。重複這個動作直到巧克力變得滑順（也可以在煨煮的水上放一個雙層鍋，不時攪拌直到變得滑順）。

3. 將裝有融化巧克力的碗放在架子旁，放入一批水果；一次試著使用約⅓杯的水果直到習慣這個步驟，用湯匙攪拌將水果塗層。用叉子叉起水果，讓多餘的巧克力流回碗中。如果巧克力醬太厚，用兩支叉子滾動水果，或朝著碗的一面，移除附著在水果上多餘的巧克力塗層。持續將塗層的水果放在架子上，直到碗中所有的水果都裹上巧克力醬。

4. 用橡膠抹刀刮碗邊的巧克力，接著加入另一批水果並持續上述動作。如果巧克力變得太硬難以操作，以百分之之七十的火力加熱15秒，直到巧克力變得滑順。如果需要更多的巧克力，可在碗中加入新鮮的巧克力脆片並用相同方式融化。

燉煮蘋果醬

製作約 **1½杯**

1 杯	水
1 杯	**乾燥蘋果切片**
¼ 茶匙	研磨肉桂粉，依喜好添加

1. 不沾鍋平底鍋以中強火煮沸水，加入乾燥蘋果切片和肉桂粉（若有使用）攪拌。

2. 調弱火力，加蓋煨煮約30分鐘，偶爾攪拌直到蘋果變軟並裂開。食用前冷卻。蘋果醬隨時都可以使用，或先放入冰箱直到需要時再取出。

草莓雪酪

製作 **4人份**

這是一道絕佳的夏季點心。

¾ 杯	水
¾ 杯	**乾燥草莓**
10 盎司	加糖煉乳
2 湯匙	檸檬汁
2 顆	蛋白 *

1. 小平底鍋以中火煮沸水，加入草莓攪拌，加蓋以小火煨煮20至30分鐘直到草莓變軟。

2. 用鐵絲濾網擠壓草莓並將擠壓出來的湯汁流入碗中，丟棄濾網內的種子；加入煉乳和檸檬汁至碗中，加蓋並放冰箱冷藏。

3. 在乾淨的攪拌盆裡放入蛋白，用攪拌器或電動攪拌器攪打直到蛋白尖端變得硬挺狀，拌入草莓混合物。接著移到平坦、有邊的容器，例如沒有分隔的冰塊方盤，冷凍直到變得硬挺。

---

* 如果擔心沙門氏菌，可使用市售經過巴氏殺菌的蛋白（可以在奶製品區找到）。

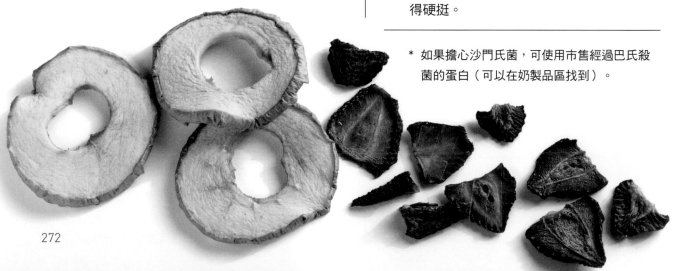

乾燥蘋果酥派

製作
1個派

這個派的填料不像由新鮮蘋果製作的派那樣多且滿，不過味道非常出色。另外，有許多人發現這個派的味道遠遠優於新鮮蘋果派。試著製作看看吧！

9 英寸	派皮
2½ 杯	（包裝）**乾燥蘋果切片**（比 3 盎司多一點）
2 杯	蘋果汁或西打
¼ 杯	粗砂糖
1 湯匙	玉米澱粉
½ 茶匙	研磨肉桂粉
¼ 茶匙	研磨肉豆蔻粉
1½ 茶匙	奶油

酥派配料

¾ 杯	中筋麵粉
⅓ 杯	包裝淺紅糖
¼ 杯	粗砂糖
½ 茶匙	鹽
6 湯匙	奶油，稍微軟化，切成 6 塊

1. 將派皮放入標準的9英寸派皮烤盤（非厚皮烤盤），調整派皮濤緣，先放入冰箱直到需要時再取出。放入烤箱底部的烤箱架子上，以190度預熱。

2. 將蘋果切片和果汁放在不沾鍋平底鍋混合，以中火煮沸並不時攪拌；調弱火力至中小火，加蓋煨煮約20分鐘並不時攪拌。加入砂糖、玉米澱粉、肉桂粉和肉豆蔻粉攪拌煨煮，不加蓋約煮5分鐘，不斷攪拌直到變得濃稠。從火源移開並靜置，不加蓋。

3. 準備酥派配料。將麵粉、紅糖、粗砂糖和鹽放入攪拌盆攪拌，加入6湯匙的奶油，用手指攪拌混合直到變得酥脆，帶有大小不一的團塊。

4. 將蘋果餡料倒備好派片內，平均鋪平，放入1½茶匙的奶油，切成小塊分散在餡料中。將配料撒在餡料上方，放入底部架子約烤35至45分鐘。填料應該會冒泡，派皮應該會變成深邃的褐色。食用前先冰至少1小時。

胡蘿蔔燕麥餅乾

1 杯	包裝紅糖
⅔ 杯	牛奶
½ 杯	植物性起酥油
3 顆	蛋
1 杯	**乾燥刨絲胡蘿蔔**
2 杯	中筋麵粉
1 茶匙	泡打粉
½ 茶匙	小蘇打粉
½ 茶匙	研磨肉桂粉
½ 茶匙	鹽
1½ 杯	傳統燕麥
1½ 杯	**乾燥無籽葡萄**或切碎**乾燥李子**
½ 杯	切碎堅果
1 湯匙	細切**乾燥柳丁皮**

1. 烤箱以175度預熱。將2個烤盤薄薄地抹油靜置。

2. 將砂糖、牛奶、起酥油和雞蛋加入大攪拌盆混合，用叉子確實攪拌成糊狀；加入胡蘿蔔攪拌靜置約10分鐘。

3. 過篩麵粉、泡打粉、小蘇打粉、肉桂粉和鹽放入中型碗中，加入燕麥、葡萄、堅果和柳丁皮攪拌，再加入胡蘿蔔混合物，用木製湯匙攪拌至剛好混合。

4. 使麵團呈圓形茶匙狀滴在烤盤上，每一塊約隔2英寸，未使用的麵團放入冰箱。約烤10至12分鐘或烤到表面稍微變成褐色。將餅乾移到散熱架上，冷卻烤盤，重複動作直到所有麵團都烤好為止。

南瓜和水蜜桃餅乾

½ 杯	**乾燥南瓜餡酥皮** *
½ 杯	滾水
4 湯匙	奶油
½ 杯	砂糖
1 顆	蛋
½ 茶匙	香草精
1 杯	中筋麵粉
½ 茶匙	泡打粉
½ 茶匙	小蘇打粉
½ 茶匙	研磨肉桂粉
¼ 茶匙	鹽
1 杯	切碎**乾燥水蜜桃或杏桃**

1. 將南瓜餡與滾水放入耐熱碗攪拌，靜置30至45分鐘直到確實再水化，期間多次攪拌。如果需要，攪拌時可額外加入1至2湯匙的冰水，使用叉子壓碎任何看到的大塊狀。

2. 當南瓜再水化時，烤箱以175度預熱。在幾個烤盤上抹油靜置。

3. 將奶油放入大攪拌盆，用電動攪拌機打成糊狀直到質地變得蓬鬆，加入糖攪打直到變得綿密。加入蛋、再水化南瓜和香草精確實攪打。過篩麵粉、泡打粉、小蘇打粉、肉桂粉和鹽，倒入另一個攪拌盆，加入水蜜桃攪拌。加入麵粉混合物到南瓜混合物內，一次加一杯，每一次加入時都確實攪打。

4. 麵團滴成圓形茶匙狀在烤盤上，每一塊約隔2英寸，未使用的麵團放入冰箱。烤12至15分鐘或烤到表面稍微變成褐色。將餅乾移到散熱架上，冷卻烤盤，重複動作直到所有麵團都烤好為止。

---

* 這個食譜適用於南瓜或冬南瓜（不是夏南瓜）。也可以用 ½ 杯、由南瓜皮革捲製成的乾燥南瓜粉取代，製作南瓜餡酥皮。

最棒的水果蛋糕

製作
2條
中型尺寸

下列的糖漬或乾燥水果都可以隨時取代。如果家中的水果不夠，也可以購買一些水果加入，不過使用自製的糖漬和乾燥水果才是最棒的選擇。如果喜歡也可以用黑色蘭姆酒取代白蘭地。

綜合水果

½ 杯	**乾燥糖漬切半櫻桃**
½ 杯	切丁**乾燥杏桃** *
½ 杯	**乾燥葡萄**或市售葡萄乾，如果太大則對半切或切成三等分
⅓杯	**乾燥糖漬芒果切塊** *
⅓杯	**乾燥糖漬木瓜切塊** *
¼ 杯	**乾燥藍莓或越橘莓**
¼ 杯	**乾燥蔓越莓**，糖漬較佳
¼ 杯	細切**乾燥柳丁皮**
½ 杯	白蘭地
½ 杯	杏梅露

蛋糕混合物

1¼ 杯	中筋麵粉
½ 茶匙	研磨肉豆蔻粉
½ 茶匙	鹽
¼ 茶匙	研磨肉桂粉
¼ 茶匙	研磨五香粉
¼ 茶匙	研磨小荳蔻粉
¼ 茶匙	小蘇打粉
½ 杯（1條）	無鹽奶油，軟化
½ 杯	包裝紅糖
3 顆	蛋，室溫
1½ 茶匙	香草精
1¼ 杯	切碎胡桃

1. 烘烤前先準備好綜合水果。在大玻璃碗中混合櫻桃、杏桃、葡萄、芒果、木瓜、藍莓、覆盆莓、柳丁皮、白蘭地和杏梅露，確實攪拌，加蓋，放室溫靜置整晚。

2. 烤箱以135度預熱，2個中型麵包盤（8.5×4.5×2.5英寸深，9×4×3.5英寸的鋁箔盤也可以）抹油，鋪上烘焙紙靜置。

3. 將麵粉、肉荳蔻粉、鹽、肉桂粉、五香粉、小荳蔻粉和小蘇打粉過篩至碗中，加入奶油用電動攪拌機攪打至變得輕盈且蓬鬆，加入糖並攪打至滑順。一次加入一顆蛋，每次加入後攪打再加入下一顆蛋，倒入香草精持續攪打，再加入麵粉混合物，用木製湯匙攪拌直到質地變得硬挺且確實混合。加入胡桃和浸泡的水果，以及任何未被吸收的液體，用木製湯匙攪拌至混合。接著挖入備好的烤盤平均分配，使用橡膠刮刀抹平表面。

4. 將烤盤放入烤箱的中間，烤到測試棒插入其中一個蛋糕為乾淨的狀態，約烤1小時30分鐘至1小時45分鐘。將烤盤放在散熱架上，讓麵團完全冷卻。

5. 將烤盤裡冷卻的麵團翻面，用保鮮膜包起，再用鋁箔紙包一次，將邊緣完全密封。麵團置於室溫下可保存一週或更長，也可以包好後冷凍做長時間保存。

---

* 水果測量前先切成½英寸的切丁。在處理乾燥或糖漬水果時，剪刀會比刀子好用。

莓果奶酥

製作
6-8份

餡料

2 杯	**乾燥藍莓、覆盆莓、鵝莓或越橘莓**（一種或綜合；如果使用綜合莓果，可以再加入 ½ 杯**乾燥蔓越莓**）
2 杯	滾水
1－1½ 杯	砂糖（根據莓果的甜分）
2 湯匙	快煮木薯粉
1 湯匙	奶油，依喜好添加

麵糊

4 湯匙	奶油，軟化
½ 杯	砂糖
1 顆	蛋
1½ 杯	中筋麵粉
2 茶匙	泡打粉
½ 茶匙	鹽
½ 杯	全脂或減脂（2%）牛奶

裝飾

奶油或打發鮮奶油，依喜好添加

1. 準備餡料。將乾燥莓果放入耐熱碗，以滾水攪拌並浸泡約1至2小時。

2. 浸泡快結束時，烤箱以190度預熱。用廚房噴油將9英寸方形玻璃烤盤塗層靜置。

3. 瀝乾莓果，保留浸泡的汁液。將浸泡汁液與半杯浸泡、瀝乾的莓果倒入果汁機，處理成綿密的泥狀，加入糖調味，再加入木薯粉混合。

4. 將剩下的莓果放到備好的烤盤，倒入泥狀莓果，加入奶油（如果有使用）後靜置。

5. 準備麵糊。奶油放入攪拌盆用電動攪拌機打至輕盈、蓬鬆的狀態，加入糖攪打直到變得滑順。加入蛋並確實攪打。過篩麵粉、泡打粉和鹽到中型碗中；將半杯的麵粉混合物加入奶油，用木質湯匙攪拌直到變得溼潤。加入半杯牛奶並攪拌，再加入原本半杯的麵粉混合物，接著加入剩下的牛奶，最後再加入剩下的麵粉攪拌直到變得溼潤。

6. 用湯匙挖起小團麵糊蓋住莓果，平均分配在莓果上，麵糊上方會呈現不平的狀態，約烤25分至30分鐘，或烤到餡料開始冒泡以及上方呈現美麗的褐色。以熱食享用，如果喜歡可以搭配奶油或打發鮮奶油。

假日燕麥滴餅乾

製作約
4打餅乾

¾ 杯	包裝紅糖
⅔ 杯	（1條加上剛好 3 湯匙）奶油，軟化
1 顆	雞蛋
1 茶匙	香草精
2 杯	中筋麵粉
1 杯	傳統燕麥
1 杯	綜合**乾燥糖漬水果**，測量前先切成小塊
½ 杯	椰絲
2 茶匙	泡打粉
½ 茶匙	鹽
¼ 杯	牛奶
1 杯	切半胡桃，依喜好添加

1. 烤箱以175度預熱。將幾個烤盤薄薄地抹油靜置。

2. 將砂糖和奶油在大攪拌盆混合，用電動攪拌機攪打至滑順，加入蛋和香草精並確實攪拌。在另一個碗中攪拌麵粉、燕麥、乾燥水果、椰絲、泡打粉和鹽；牛奶一次加入一點點到奶油混合物中，每一次加入時用湯匙確實攪拌。

3. 用茶匙挖麵團到備好的烤盤，每一個餅乾上方壓入半顆胡桃，約烤10至12分鐘。在烤盤上冷卻5分鐘，接著將餅乾移到散熱架到完全冷卻。

茶&醋
TEAS & VINEGARS

簡單香草茶

製作約 **2人份**

使用一種或綜合香草。

2½ 湯匙　切碎**乾燥貓薄荷葉、洋甘菊、檸檬香蜂草**或**薄荷葉**

2 片　　新鮮檸檬切片，依喜好添加

　　　　砂糖或蜂蜜，依喜好添加

1. 將香草放入加熱茶壺中，倒入2杯滾水，加蓋浸泡5分鐘。

2. 過濾香草，以熱或冰的享用。如果喜歡可以搭配檸檬或／和糖享用。

歐薄荷迷迭香綜合茶

製作 ½杯 乾綜合茶

¼ 杯　　切碎**乾燥歐薄荷葉子**

¼ 杯　　大致弄碎**乾燥迷迭香葉**

　　　　砂糖或蜂蜜，依喜好添加

1. 將歐薄荷和迷迭香弄碎混合，放入玻璃罐密封保存。

2. 若要製作2杯茶，將2湯匙的綜合香料加至茶壺，加入2杯滾水，加蓋浸泡約5分鐘。

3. 過濾香草，以熱或冰的享用，可直接或加入砂糖或蜂蜜享用。

玫瑰果茶

製作
2人份

2 湯匙	**乾燥切半玫瑰果**
	檸檬汁，依喜好添加
	砂糖或蜂蜜，依喜好添加

1. 將玫瑰果與2杯冰水放入小型不沾鍋平底鍋，加蓋以小火慢慢煨煮約15分鐘直到煮沸。

2. 用叉子壓爛玫瑰果，接著過濾湯汁。如果喜歡，可以搭配1湯匙的檸檬汁和蜂蜜或糖，以熱或冰飲享用。

玫瑰果氣泡茶

製作
6人份

2 湯匙	**乾燥切半玫瑰果**
3 湯匙	切碎**乾燥歐薄荷葉**
1 湯匙	切碎**乾燥柳丁皮**
	砂糖或蜂蜜，依喜好添加

1. 不沾鍋平底鍋內煨煮玫瑰果與1½夸脫的水約15分鐘後，從火源移開。

2. 加入歐薄荷葉和柳丁皮並浸泡約5分鐘，過濾茶，以熱或冰的飲用，可以單喝或加糖或蜂蜜享用。

龍蒿醋

1 夸脫	紅酒
1 品脫	果醋
2 湯匙	切碎**乾燥龍蒿葉**
¼ 茶匙	**乾燥剁碎大蒜**
2 個	完整丁香

1. 不沾鍋平底鍋攪拌紅酒、醋、龍蒿、大蒜和丁香，靜置約2小時。

2. 以小火煨煮約15分鐘，從火源移除，靜置到冷卻。用咖啡濾紙過濾湯汁，倒入殺菌瓶子內密封保存。

白酒醋與香草

製作
1夸脫

2 杯	白酒醋
2 杯	干白酒
1 茶匙	切碎**乾燥檸檬香蜂草**
½ 茶匙	切碎**乾燥龍蒿葉**
⅛ 茶匙	**乾燥剁碎大蒜**
3 片	**乾燥月桂葉**
2 個	完整丁香

1. 將醋、酒、檸檬香蜂草、龍蒿、大蒜、月桂葉和丁香放入不沾鍋平底鍋以中弱火攪拌，加蓋煨煮約10分鐘直到開始慢慢沸騰。

2. 從火源移開，靜置直到冷卻。用咖啡濾紙過濾，倒入殺菌瓶子密封保存。

鼠尾草醋

製作
1夸脫

這個簡單的技巧也適合搭配其他的香草。

1夸脫　　　白酒醋
1湯匙　　　大致切碎**乾燥鼠尾草葉**

1. 不沾鍋平底鍋以中火加熱醋，從火源移
開，加入鼠尾草攪拌；加蓋並靜置室溫約
24小時。

2. 用咖啡濾紙過濾，倒入殺菌過的瓶子密封
保存。

酸調味米醋

製作
1夸脫

1夸脫　　　未調味米醋
1湯匙　　　**乾燥檸檬草球莖**
1湯匙　　　**乾燥切段韭菜**
3−4個　　　**乾燥薑根切片**
3−4個　　　**乾燥大蒜薄片**

1. 將醋、檸檬草、韭菜、薑根和大蒜放入不
沾鍋平底鍋加熱至沸騰，接著加蓋，調整
火力並煨煮約15分鐘，從火源移開並靜置
約3小時。

2. 用咖啡濾紙過濾，倒入殺菌瓶子，緊緊密封。

鼠尾草醋

附錄：製作自製食物乾燥機
APPENDIX: PLANS FOR A HOME-BUILT DEHYDRATOR

這個食物乾燥機由我設計、製作，並用來當作本書的測試（為了簡化閱讀，接下來將省略第一人稱）。這裡的尺寸是以蛋糕散熱架和烤盤的實際尺寸（13×18 英寸）為基準，你可以調整尺寸以符合需求（見 34 頁「烤箱烘烤或自製乾燥機的架子」獲得相關資訊）。火力來源為 250 瓦特烤箱燈，與浴室風扇／燈具構造相同。在撰寫本書時，都可以在家居中心和大型修繕中心找到，這種並非是現在被淘汰的部分白熾燈泡系統。如果這個構造在未來無法使用，其他像是鹵素燈泡也許可以使用，不過仍需要做一些實驗。

氣流來自電腦用的風扇，可以在販賣電腦零件或電子用品裡找到；這個風扇也能用在冷卻電視櫃，特別能在音響裝置零件店裡尋得（若無法在電腦修繕商店裡找到，或許能在這裡帶走一個二手散熱風扇）。這種風扇體積小且安靜，大部分設計在溫度 66 度或更高時運作，因此比起並非設計用來散熱的小型桌上型風扇來說，這會是更好的解決方式。試著找帶有高氣流的風扇，本書使用的是風量 65cfm（cubic feet per minute，立方英尺／分鐘）的風扇，已經能達到不錯的效果。

下一頁展示的食物乾燥機，是由 ¼ 英寸厚膠合板製作的箱型類型，內附 5 個架子。為了支撐乾燥盤和烤盤，使用了一組 ½ 英寸的木釘，將木釘鑽入箱子邊邊的洞口，讓裝食物的架子和層板能放在木釘上方。這個木釘裝置適用小型的架子和烤盤以及一般尺寸的類型。

注意：如果你的冷卻風扇是直流發電，那麼還會需要一組直流轉交流的電力轉換器，轉換器可以在販售電腦零件設備或電子產品的店內找到。如果對電路熟悉，則可以使用小型電子裝置的電流轉換器。為了簡單起見，可以將風扇線路穿過箱子的孔洞以及插在食物乾燥機外面的轉換器，再將轉換器直接插在壁裝插座，而不是像這裡所展示的將風扇和轉換器接上電燈燈座。

材料&設備耗材

一般材料

- 1個8英寸方形金屬（不沾黏）烤盤（作為隔熱板之用，見289頁）
- 4個釘上尼龍材質的滑行腳釘，½英寸厚
- 電腦用散熱風扇，交流電流較佳（見284頁「注意」）
- 1個250瓦的白熾燈（若乾燥溫度需超過49度，則用375瓦的燈泡）
- 1個小型快篩溫度計或遠端控制溫度計（見32頁）
- 20條中型橡皮筋
- 1條3呎長粗廚房棉線
- 加厚鋁箔紙
- 冷凍膠布或布膠帶

電力器材

- 4英寸八邊形金屬接線盒，1½英寸深（作為燈泡支撐）
- 4英寸金屬二聯方形接線盒，1½英寸深（作為調光器開關）

- 長方形金屬一聯接線盒，1½英寸深（作為風扇線路）
- 5條轉上接頭夾的NM電纜*
- 1個½英寸的電氣金屬管（EMT，electrical metallic tube）鎖上接線盒
- 14/3和14/2 NM電線*各2英尺的塑料護套
- 1條14/2（接地）電動工具替換線（一端插座，一端裸線），長度隨意
- （根據需求）螺帽
- 按壓式調光器開關與符合尺寸的面板
- 陶瓷燈座（以圓形為基底的照明插座）
- 4英寸方形金屬一聯蓋板（調光器開關）
- 長方形金屬一聯蓋版（用於風扇線路）

構造材質

- 1片4×8的¼英寸膠合板
- 4個¾英寸方形（實際尺寸）、4呎長的松木或其他木頭模型

- 5個½英寸、4呎長的圓形松木木釘
- 1個¾英寸、2呎長的四分圓松木模型

扣件

- 50個#6×¾英寸鍍鋅結構螺絲
- 4個#8-32×2英寸鍍鋅機械螺絲（支撐燈光的遮熱板）
- 12個#8-32鍍鋅機械螺絲帽（遮熱板用）
- 12個#6-32×¾英寸鍍鋅機械螺絲（銜接接線盒）
- 12個#6-32×¾英寸鍍鋅機械螺絲帽（接線盒用）
- 3個#10-32×⅜英寸綠色六角接地螺絲（符合接線盒）
- 4個3英寸鍍鋅機械螺絲，符合風扇的安裝孔（我的需要#8-32螺絲）
- 4個墊圈和12個與3英寸機械螺絲吻合的機械螺絲帽

---

* 如果你擅長電路作業，可以選擇使用插在電箱上含有電線的金屬軟管，這樣的話，就能強化食物乾燥機（見296頁）的安全性。如果使用導管，則使用鎖有接線盒連接器電氣金屬管取代接頭夾，同樣用尼龍護套電纜（非標準的獨立絕緣電纜）取代NM電纜。

組裝自製食物乾燥機

　　我假設每個人都有基礎的木工技巧以及基本的電路知識。如果對於這些過程感到困擾，特別是對電路作業的話，那麼就找一位能幫助你的人。組裝時需要標準的製作工具，包含量尺、木工矩尺、圓鋸、電鑽組、螺絲鉗、螺絲起子、扳手或鉗子、剝線鉗和剪線器。開始前先閱讀下列的圖表確保理解相關構造。

切割圖

18 英寸	18 英寸	18½ 英寸	18½ 英寸	初步剪裁
側面 18 × 24	側面 18 × 24	上側 18½ × 24¼	底部 18½ × 25¼	廢木材
背面 18 × 18½		門 18½ × 18¼		

1

根據切割圖裁剪膠合板。將方形模型切成 4 個 24 英寸長以及 4 個 16½ 英寸長的大小；木釘裁成 20½ 英寸長，共會得到 10 個木釘；四分圓模型裁成 18½ 英寸長。將所有模型與木釘磨光。

電路圖

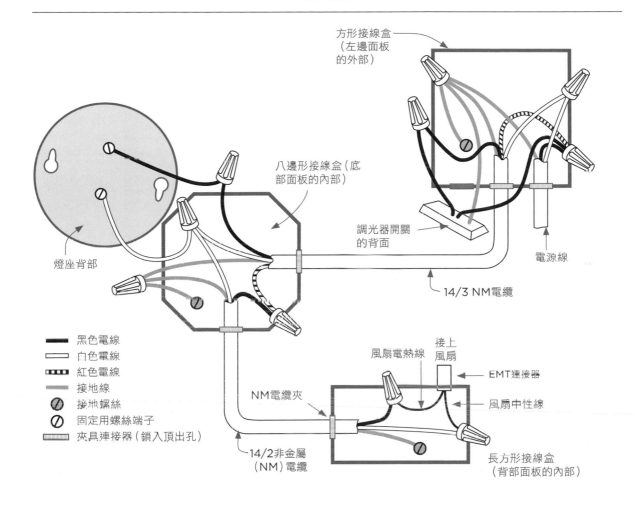

方形接線盒
（左邊面板
的外部）

八邊形接線盒（底
部面板的內部）

調光器開關
的背面

電源線

14/3 NM電纜

燈座背部

黑色電線
□ 白色電線
▨ 紅色電線
接地線
⊘ 接地螺絲
⊘ 固定用螺絲端子
來具連接器（鎖入頂出孔）

NM電纜夾

風扇電熱線　接上
　　　　　　風扇

EMT連接器

風扇中性線

長方形接線盒
（背部面板的內部）

14/2非金屬
（NM）電纜

2

將兩邊面板最平坦的部分面對面用螺絲鎖住。根據 288 頁的面板圖，鑽出 ½ 英寸的孔洞。鬆開面板，根據圖片指示的位置，在面板其中一面鑽一個小洞放入溫度計；這個洞應該大到可以插入溫度計。將洞口邊緣磨光。

3

在烤盤底部靠近邊緣的位置鑽 4 個洞，洞口應該大到足以鑽入 #8-32 的螺絲。依照 289 頁的圖片，將風扇放在面板上方的內部。在風扇上做記號並鑽洞，接著放上膠合板。先將風扇放在一旁。

組裝自製食物乾燥機（接續）

正面

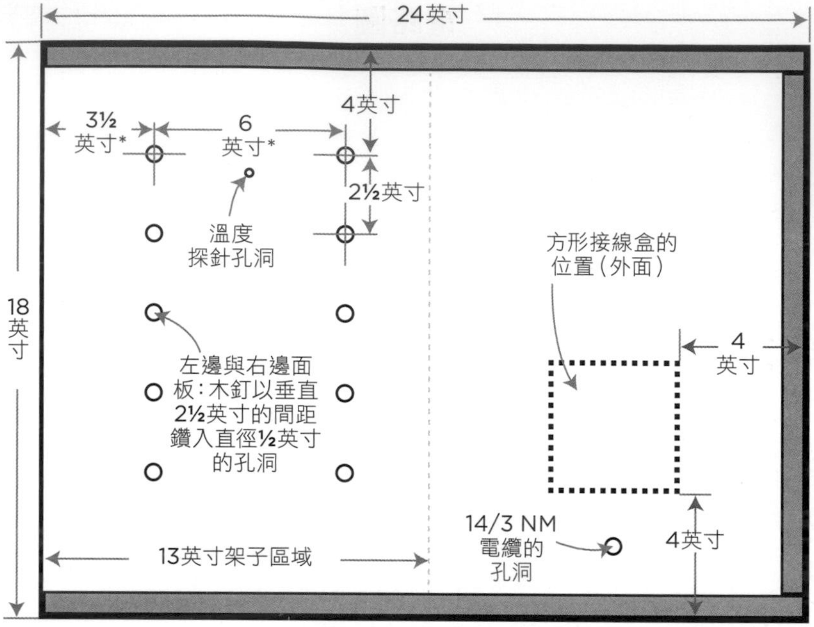
24英寸
18英寸
3½ 英寸*
6 英寸*
4英寸
2½英寸
溫度探針孔洞
左邊與右邊面板：木釘以垂直2½英寸的間距鑽入直徑½英寸的孔洞
方形接線盒的位置（外面）
4 英寸
14/3 NM 電纜的孔洞
4英寸
13英寸架子區域

左邊面板（從內部觀看）

* 左邊與右邊面板：如果要符合散熱架的基腳，則調整平行的孔洞空間。

背面

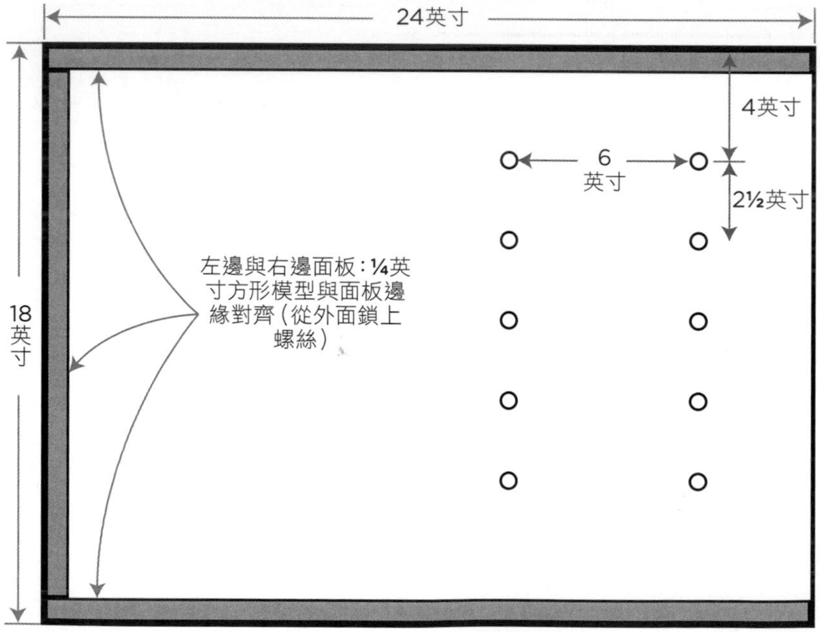
24英寸
18英寸
4英寸
6 英寸
2½英寸
左邊與右邊面板：¼英寸方形模型與面板邊緣對齊（從外面鎖上螺絲）

右邊面板（從內部觀看）

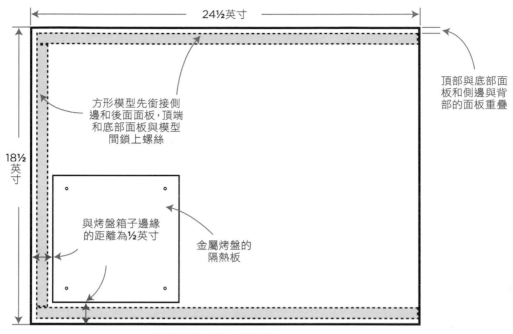

24½英寸

18½
英寸

方形模型先銜接側
邊和後面面板,頂端
和底部面板與模型
間鎖上螺絲

頂部與底部面
板和側邊與背
部的面板重疊

與烤盤箱子邊緣
的距離為½英寸

金屬烤盤的
隔熱板

頂部面板(從內部觀看)

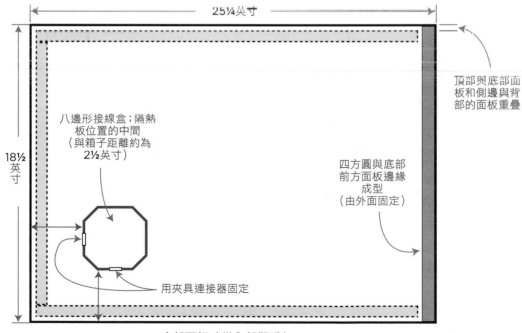

25¼英寸

18½
英寸

八邊形接線盒;隔熱
板位置的中間
(與箱子距離約為
2½英寸)

頂部與底部面
板和側邊與背
部的面板重疊

四方圓與底部
前方面板邊緣
成型
(由外面固定)

用夾具連接器固定

底部面板(從內部觀看)

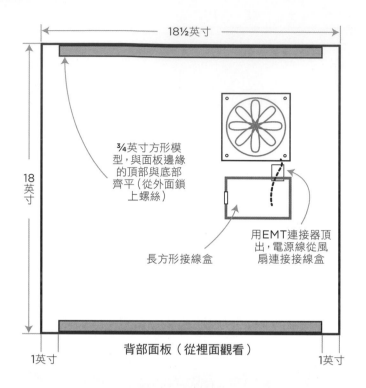

├─ 18½英寸 ─┤

¾英寸方形模型，與面板邊緣的頂部與底部齊平（從外面鎖上螺絲）

18英寸

用EMT連接器頂出，電源線從風扇連接接線盒

長方形接線盒

背部面板（從裡面觀看）

1英寸　　　　　　　　　　　　　1英寸

4

內部最平坦的部分與方形模具用膠合板鎖上螺絲組裝外殼。首先，根據面板圖表，用螺絲鎖上側面面板，沿著模型與面板外側邊緣齊平，從外面釘入 #6×¾ 英寸板模螺絲（預先鑽入孔洞避免模板分離；長邊使用 5 個螺絲，短邊使用 3 個螺絲）。根據上方面板的圖表，將剩下 2 塊的 16½ 英寸模具鑽入背部面板，在距離左邊與右邊 1 英寸的位置鑽入螺絲固定。請一個人幫忙扶著側邊面板後面的位置，讓角落與模具嵌合；背部面板應該與側邊面板重疊。在每個角落事先鑽洞與鑽入螺絲，在側邊面板

方形模具的角落與背部面板角落鎖上螺絲，其他側面面板也用相同方式進行。不要鑽入太多螺絲，因為待會還得移除背部面板處理線路作業。藉由銜接側邊面板的方形模具，從頂部面板鑽入螺絲，與外部邊緣對齊。頂部面板應該和側邊與背部面板重疊（這並非是暫時性的連接，因此在每一個長邊與三個短邊皆要使用 5 個螺絲；作業時，注意避免碰到側邊面板現有的螺絲）。現在用同樣的方式銜接底部面板，底部面板比箱子還深，因此在前方會多出 1 英寸。箱子角落底部與滑行腳釘銜接。

5

根據 287 頁的線路圖，在 3 個接線盒打出 2 個頂出塞 。在八邊形和方形箱子的孔洞以及長方形箱子的孔洞插入並鎖緊夾式連接器。將電氣金屬管連接器鎖上長方形箱子的另一個孔洞。將綠色接地螺絲鎖入每一個接線盒底部指定的孔洞，按照圖表指示安裝方形和八邊形盒子，每一個盒子使用 4 個 #6-32×¾ 英寸的機械螺絲和螺帽，先將長方形盒子放一旁。注意方形盒子應在左側面板的外面。

6

拆除背部面板，這樣能更方便安裝風扇以及八邊形電箱盒的線路銜接。根據 290 頁面板圖的指示位置，在背部面板鑽洞，孔洞位置與風扇內鑽入的孔洞對齊，且應該大到足以符合 3 英寸、用來固定風扇的機械螺絲。將墊圈放在螺絲上方，再將螺絲從面板外面穿入孔洞，從面板內部每一個螺絲內裝上 2 個螺帽；其中一個螺帽應該緊貼面板，另一個應該會突出 ½ 英寸。將螺絲轉入風扇，從每一個螺絲背面面板

風扇安裝的剖面圖

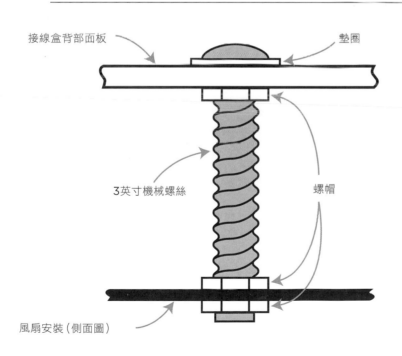

接線盒背部面板

墊圈

3英寸機械螺絲

螺帽

風扇安裝（側面圖）

將螺帽轉緊。調整風扇的位置,每一個螺絲約有 ¼ 英寸的長度會露出在風扇外面,在每一個露出的螺絲裝上螺帽,將風扇接合剛才加入的螺帽前方,再將風扇後面的螺帽轉緊,直到風扇的位置固定(見 291 頁的剖面圖)。使用剩下 4 個 #6-32×¾ 英寸的螺絲和螺帽安裝長方形接線盒並固定位置,因此 EMT 接線盒的末端會在風扇邊緣約 ½ 英寸的位置,這也是電源線的位置所在。電源線透過接線盒穿入長方形接線盒。

7

使用與安裝風扇相同的方式,將烤盤裝在上方面板的內部,使用 #8-32×2 英寸的機械螺絲、一個墊圈以及每一個螺絲用 3 個螺帽。烤盤內部應該會向下朝向機器, 因此烤盤底部距離機器上方應距離 1¾ 英寸。

8

在乾燥機左邊面板鑽一個剛好適合 14/3 MN 電線的孔洞,孔洞與方形和八邊形接線盒的電纜夾齊平。方形接線盒與八邊形間用 14/3 電線連接,再轉緊兩邊的電纜夾。將 14/2 電線一端接上八邊形接線盒,用電纜夾轉緊,另一端先放一旁。如果需要,可將 14/3 電纜線的長度裁剪到需要的長度。將方形和八邊形接線盒內的電纜末端的塑膠殼剝開,接著再剝開各電線的末端。將末端外殼剝開的電源線插入方形接線盒第二個孔洞,並用電纜夾固定。

9

如 287 頁電纜配線圖所示,長方形和八角形的所有電線使用電線螺母連接。在**長方形接線盒**內接上電燈、電源線和調光器開關的線路,你還需要增加一條豬尾式接頭裸銅線,一端接上接地線,豬尾式接頭則接上接地螺絲。**八邊形接線盒**內接上調光器開關、風扇和燈座的電線,加上一條豬尾式接頭裸銅線,一端接上 NM 電線的接地線,另一端接上接地螺絲;將所有電線整理好塞入各自的接線盒內。將陶瓷燈座鎖上八邊形接線盒。在方形接線盒蓋上一聯蓋板,再將調光器開關鎖上蓋子,連接調光器開關的面板。

10

背面面板用 4 個角落螺絲重新銜接。從八邊形接線盒的 14/2 NM 電線接上長方形接線盒背部面板，如果需要則裁剪電纜，並用電纜夾鎖緊。將各電線末端的外殼剝開，用螺母連接所有的電線。如果風扇有接電線（大部分沒有），從 NM 電纜使用螺母連接接地線，加上一條豬尾式接頭裸銅線，將豬尾式接頭接上接線盒的接地螺絲，不然就是直接從 NM 電纜連接接地線到接線盒的接地螺絲。長方形接線盒鎖上金屬蓋板。將散熱燈泡轉入燈座，插電測試線路；插電時，風扇應該會運作，燈光可以由調光器開關調整。一旦確認好所有線路都正確之後，將背部面板固定好，依照需求加上額外的螺絲（記得先鑽孔洞）。將 15 英寸長的鋁箔紙（亮光面朝上）貼在燈光旁的左邊面板，另一面也貼上。

11

裝置前方開口的門的面板。將四分圓的模具放在底部面板邊緣，這樣可以讓圓角緊緊頂住門的面板（面向乾燥機的內部）。請一個人幫忙扶著事前在兩側角落鑽孔的位置，從底部面板將螺絲轉入四分圓的模具內；轉入 2 個 #6×¾ 英寸的螺絲，再增加 2 個螺絲使模具能安全地固定在正確的位置。

測試和調整自製食物乾燥機的溫度

將食物放入乾燥機前，先讓機器運作幾個小時——這樣可以幫助你確認溫度，以及消滅新鮮木頭的味道。依照 294 頁步驟 1 的說明，插入木釘，並用橡皮筋固定，依照步驟 3 關緊機器的門。將小型快篩溫度計或遠端控制溫度計的柄部插入之前在面板邊緣鑽出的孔洞。插入電源線，將調光器開關轉到最高，接著在約 30 分鐘時檢查溫度。如果食物乾燥機的溫度比希望乾燥食物的溫度還高，調低調光器開關的強度，並在約 20 分鐘時再做檢查。

如果機器的溫度比想像低，可能需要將加熱燈轉成 375 瓦特（我的是從網路訂製），這個燈泡的溫度比 250 瓦特還熱，因此需要隨時注意。比起一開始將調光器轉到最高強度，最好是在作業一半左右開啟調光器開關，並在 30 分鐘後確認溫度。為了安全起見以及保護風扇，自製食物乾燥機運作時不應該高於 63 度。

這裡製作的食物乾燥機運作溫度會在 52 度至 54 度間，使用 250 瓦特的燈泡可達到最佳效率。我使用調光器開關降低溫度，一旦溫度開始穩定後就維持溫度。以 375 瓦特燈泡與 66 度溫度運行時，可以依據低於這個溫度的需求調暗燈光。溫度在機器內會比想像還平均，此外，機器比起之前用過的任何市售食物乾燥機還安靜——這就是使用品質良好風扇的好處。

使用自製食物乾燥機

1

用橡皮筋緊緊繞住每一個木釘的末端。將另一端滑入側邊面板的孔洞，再用橡皮筋綁住，避免使用時木釘滑落（這個方式意外地不錯）。所有的木釘都重複這個步驟。

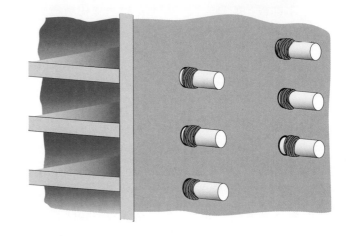

2

放入一個空烤盤或在食物乾燥機底部的盤子區域放一張加厚鋁箔紙，用來承接滴下來的食物。將放食物的架子（或烤盤）放在木釘上，裡面至少有放入 5 個架子的空間。將溫度計柄部滑入側邊面板的洞孔。

螺絲

木釘

在步驟3會讓門部分打開方便水氣流通。

3

在廚房麻線末端打結，套入左側上方最前面的木釘。將門的面板面向開口，插入門底部以及四分圓模具與箱子的邊緣，應該會剛好密合。麻線繞過門面板，接著在右側上方最前面的木釘纏繞幾圈。你會發現這麼做可以將開口的門緊緊拉上，或在上方保留開口讓空氣流通——四分圓模具不僅能使面板依照需求調整角度，同時能避免門傾倒。開始乾燥一批新鮮食物時，需調整門的角度，保留約 1 英寸的開口讓水氣流通。

4

確保調光器開關是關閉的狀態，接著插上電源線，風扇應該會立刻啟動。將調光器轉動，如果使用 250 瓦的燈，調整到最高的強度（如果使用 375 瓦的燈，調光器可於中途打開）——因為門留有開口，因此乾燥機一開始會比關閉時的溫度還低。在 30 分鐘內確認溫度，如果溫度高於預期（絕對不要高於 63 度）則關掉燈；如果溫度低於預期，不要擔心，直接將燈的強度調到最強，一旦將門拉上，溫度會變得更高。**注意**：絕對不要讓機器在無人的狀態下運行，且不要運作整晚。

5

運作 1 小時後，檢查每一層的食物是否都平均乾燥。你可能會需要前後旋轉架子，調整位置。當開口空隙流出的空氣不再含有水分時（通常約運作 60 至 90 分鐘），將門拉上並用麻線固定。定時檢查溫度，依照需求調整燈的強度。當食物乾燥時，溫度會升高，此時也許可以將燈關掉；持續運作乾燥機直到食物確實乾燥，依照需要，移動、旋轉架子，或是取出已經乾燥的食物。使用後清洗架子，如果需要則用手清洗木釘。

自製食物乾燥機的變化、選擇與訣竅

如果是依照本書描述製作食物乾燥機，在使用或移動乾燥機時（特別是 NM 電線從外面連接到方形接線盒），是不太可能破壞電線（正確來說，其風險與桌燈電線損壞一樣）；盡量小心不要破壞塑料護套。如果對於電線作業很內行，也可以在接線盒間使用金屬導管，將電線包裹以確保安全性。

這裡的計畫是讓每一個架子間維持 2½ 英寸的距離，也可以將距離縮短為 2 英寸或更短，這樣就有空間放更多的架子。不過，孔洞的距離不要太近，以免削弱面板的功用。另外也可以在乾燥機底部設置架子或食物烤盤。

食物乾燥機的體積很大，不易移動。為了讓機器利於移動，可在上方面板增加把手以有效從下方支撐。也可以在側邊面板加裝把手，這樣就有固定的空間綑綁廚房麻繩以固定外門，或是思考其他方式固定外門（雖然用廚房麻線的方式就能達到效果，不過看起來不是很好看）；為了不要讓機器看起來太原始，可以在機器外側開關附近設置一個管槽。

- 不需要在烤盤上花費太多，這只是用來充當上方熱源燈的熱源反射。可以在二手店找找看，即便可能會有點破舊，不過仍可以正常運作。不推薦鐵氟龍的材質，一般的鋁質或鋼質烤盤效果最佳，另外烤盤重量愈重，效果愈好。

- 試著找找看有沒有免費的 NM 電線——因為只需要一小段，實在沒必要購買整捆。另外盡可能買最便宜的調光器開關，其價格範圍很廣，但最基本的類型就能達到效果。

- 為了判斷乾燥機內的溼度程度，可以將手放在開口上方，自行決定何時將門拉上。如果空氣充滿水分，可以用手感受；若有戴手錶，則可以觀察手錶表面水珠的凝結。

- 即便開口完全緊閉，空氣中的水分似乎還是會在門邊附近，以及從這個箱子四處的縫隙逸出。不過如果需要額外的通風，可以在靠近門面板的上方，用圓穴鋸鑽出一或兩個 1 英寸的孔洞。

公制單位換算表

除非有非常精確的測量器具，不然美制與公制測量的轉換上多少都會有誤差。轉換食譜內所有的測量非常重要，因爲這樣才能與原本的食譜維持相同的比例。

重量		
轉換	**至**	**乘以**
盎司	公克	1盎司×28.35
磅	公克	1磅×453.5
磅	公斤	1磅×0.45

溫度		
轉換	**至**	
華氏	攝氏	華氏減32後乘以5，再除以9

容量		
轉換	**至**	**乘以**
茶匙	毫升	1茶匙×4.93
湯匙	毫升	1茶匙×14.79
液量盎司	毫升	1液量盎司×29.57
杯	毫升	1杯×236.59
杯	公升	1杯×0.24
品脫	毫升	1品脫×473.18
品脫	公升	1品脫×0.473
夸脫	毫升	1夸脫×946.36
夸脫	公升	1夸脫×0.946
加侖	公升	1夸脫×3.785

長度		
轉換	**至**	**乘以**
英寸	公釐	1英寸×25.4
英寸	公分	1英寸×25.4
英寸	公尺	1英寸×0.0254
英尺	公尺	1英尺×0.3048